轨道交通装备制造业职业技能鉴定指导丛书

铸 造 工

中国北车股份有限公司　编写

中国铁道出版社

2015年·北京

图书在版编目(CIP)数据

铸造工/中国北车股份有限公司编写. —北京：
中国铁道出版社,2015.2
(轨道交通装备制造业职业技能鉴定指导丛书)
ISBN 978-7-113-19577-9

Ⅰ.①铸⋯　Ⅱ.①中⋯　Ⅲ.①铸造－职业技能－鉴定－
教材　Ⅳ.①TG2

中国版本图书馆 CIP 数据核字(2014)第 273204 号

书　　名:	轨道交通装备制造业职业技能鉴定指导丛书 　　　　铸　造　工	
作　　者:	中国北车股份有限公司	
策　　划:	江新锡　钱士明　徐　艳	
责任编辑:	陈小刚	编辑部电话:010-51873193
封面设计:	郑春鹏	
责任校对:	龚长江	
责任印制:	郭向伟	

出版发行:中国铁道出版社(100054,北京市西城区右安门西街 8 号)
网　　址:http://www.tdpress.com
印　　刷:三河市宏盛印务有限公司
版　　次:2015 年 2 月第 1 版　2015 年 2 月第 1 次印刷
开　　本:787 mm×1 092 mm　1/16　印张:14　字数:340 千
书　　号:ISBN 978-7-113-19577-9
定　　价:43.00 元

中国北车职业技能鉴定教材修订、开发编审委员会

序

在党中央、国务院的正确决策和大力支持下,中国高铁事业迅猛发展。中国已成为全球高铁技术最全、集成能力最强、运营里程最长、运行速度最高的国家。高铁已成为中国外交的新名片,成为中国高端装备"走出国门"的排头兵。

中国北车作为高铁事业的积极参与者和主要推动者,在大力推动产品、技术创新的同时,始终站在人才队伍建设的重要战略高度,把高技能人才作为创新资源的重要组成部分,不断加大培养力度。广大技术工人立足本职岗位,用自己的聪明才智,为中国高铁事业的创新、发展做出了重要贡献,被李克强同志亲切地赞誉为"中国第一代高铁工人"。如今在这支近 5 万人的队伍中,持证率已超过96%,高技能人才占比已超过 60%,3 人荣获"中华技能大奖",24 人荣获国务院"政府特殊津贴",44 人荣获"全国技术能手"称号。

高技能人才队伍的发展,得益于国家的政策环境,得益于企业的发展,也得益于扎实的基础工作。自 2002 年起,中国北车作为国家首批职业技能鉴定试点企业,积极开展工作,编制鉴定教材,在构建企业技能人才评价体系、推动企业高技能人才队伍建设方面取得明显成效。为适应国家职业技能鉴定工作的不断深入,以及中国高端装备制造技术的快速发展,我们又组织修订、开发了覆盖所有职业(工种)的新教材。

在这次教材修订、开发中,编者们基于对多年鉴定工作规律的认识,提出了"核心技能要素"等概念,创造性地开发了《职业技能鉴定技能操作考核框架》。该《框架》作为技能人才评价的新标尺,填补了以往鉴定实操考试中缺乏命题水平评估标准的空白,很好地统一了不同鉴定机构的鉴定标准,大大提高了职业技能鉴定的公信力,具有广泛的适用性。

相信《轨道交通装备制造业职业技能鉴定指导丛书》的出版发行,对于促进我国职业技能鉴定工作的发展,对于推动高技能人才队伍的建设,对于振兴中国高端装备制造业,必将发挥积极的作用。

中国北车股份有限公司总裁:

2015.2.7

前　　言

鉴定教材是职业技能鉴定工作的重要基础。2002 年,经原劳动保障部批准,中国北车成为国家职业技能鉴定首批试点中央企业,开始全面开展职业技能鉴定工作。2003 年,根据《国家职业标准》要求,并结合自身实际,组织开发了《职业技能鉴定指导丛书》,共涉及车工等 52 个职业(工种)的初、中、高 3 个等级。多年来,这些教材为不断提升技能人才素质、适应企业转型升级、实施"三步走"发展战略的需要发挥了重要作用。

随着企业的快速发展和国家职业技能鉴定工作的不断深入,特别是以高速动车组为代表的世界一流产品制造技术的快步发展,现有的职业技能鉴定教材在内容、标准等诸多方面,已明显不适应企业构建新型技能人才评价体系的要求。为此,公司决定修订、开发《轨道交通装备制造业职业技能鉴定指导丛书》(以下简称《丛书》)。

本《丛书》的修订、开发,始终围绕促进实现中国北车"三步走"发展战略、打造世界一流企业的目标,努力遵循"执行国家标准与体现企业实际需要相结合、继承和发展相结合、坚持质量第一、坚持岗位个性服从于职业共性"四项工作原则,以提高中国北车技术工人队伍整体素质为目的,以主要和关键技术职业为重点,依据《国家职业标准》对知识、技能的各项要求,力求通过自主开发、借鉴吸收、创新发展,进一步推动企业职业技能鉴定教材建设,确保职业技能鉴定工作更好地满足企业发展对高技能人才队伍建设工作的迫切需要。

本《丛书》修订、开发中,认真总结和梳理了过去 12 年企业鉴定工作的经验以及对鉴定工作规律的认识,本着"紧密结合企业工作实际,完整贯彻落实《国家职业标准》,切实提高职业技能鉴定工作质量"的基本理念,在技能操作考核方面提出了"核心技能要素"和"完整落实《国家职业标准》"两个概念,并探索、开发出了中国北车《职业技能鉴定技能操作考核框架》;对于暂无《国家职业标准》、又无相关行业职业标准的 40 个职业,按照国家有关《技术规程》开发了《中国北车职业标准》。经 2014 年技师、高级技师技能鉴定实作考试中 27 个职业的试用表明:该《框架》既完整反映了《国家职业标准》对理论和技能两方面的要求,又适应了企业生产和技术工人队伍建设的需要,突破了以往技能鉴定实作考核中试卷的难度与完整性评估的"瓶颈",统一了不同产品、不同技术含量企业的鉴定标准,提高了鉴定考核的技术含量,保证了职业技能鉴定的公平性,提高了职业技能鉴定工作质量和管理水平,将成为职业技能鉴定工作、进而成为生产操作者技能素质评价的新标尺。

本《丛书》共涉及98个职业(工种),覆盖了中国北车开展职业技能鉴定的所有职业(工种)。《丛书》中每一职业(工种)又分为初、中、高3个技能等级,并按职业技能鉴定理论、技能考试的内容和形式编写。其中:理论知识部分包括知识要求练习题与答案;技能操作部分包括《技能考核框架》和《样题与分析》。本《丛书》按职业(工种)分册,并计划第一批出版74个职业(工种)。

本《丛书》在修订、开发中,仍侧重于相关理论知识和技能要求的应知应会,若要更全面、系统地掌握《国家职业标准》规定的理论与技能要求,还可参考其他相关教材。

本《丛书》在修订、开发中得到了所属企业各级领导、技术专家、技能专家和培训、鉴定工作人员的大力支持;人力资源和社会保障部职业能力建设司和职业技能鉴定中心、中国铁道出版社等有关部门也给予了热情关怀和帮助,我们在此一并表示衷心感谢。

本《丛书》之《铸造工》由齐齐哈尔轨道交通装备有限责任公司《铸造工》项目组编写。主编凌云飞,副主编林栋;主审刘国侠,副主审张忠;参编人员尹志强、侯进强。

由于时间及水平所限,本《丛书》难免有错、漏之处,敬请读者批评指正。

中国北车职业技能鉴定教材修订、开发编审委员会
二〇一四年十二月二十二日

目　　录

铸造工(职业道德)习题

一、填空题

1. 职业道德是从事一定职业的人们在职业活动中应该遵循的（   ）的总和。
2. 职业化也称"专业化"，是一种（   ）的工作态度。
3. 职业技能是指从业人员从事职业劳动和完成岗位工作应具有的（   ）。
4. 社会主义职业道德的基本原则是（   ）。
5. 社会主义职业道德的核心是（   ）。
6. 加强职业道德修养要端正（   ）。
7. 强化职业道德情感有赖于从业人员对道德行为的（   ）。
8. 敬业是一切职业道德基本规范的（   ）。
9. 敬业要求强化（   ）、坚守工作岗位和提高职业技能。
10. 诚信是企业形成持久竞争力的（   ）。
11. 公道是员工和谐相处，实现（   ）的保证。
12. 遵守职业纪律是企业员工的（   ）。
13. 节约是从业人员立足企业的（   ）。
14. 合作是企业生产经营顺利实施的（   ）。
15. 奉献是从业人员实现（   ）的途径。
16. 奉献是一种（   ）的职业道德。
17. 社会主义道德建设以社会公德、（   ）、家庭美德为着力点。
18. 合作是从业人员汲取（   ）的重要手段。
19. 利用工作之便盗窃公司财产的，将依据国家法律追究（   ）。
20. 认真负责的工作态度能促进（   ）的实现。
21. 到本机关、单位自办的定点复制单位复制国家秘密载体，其准印手续，由（   ）确定。
22. 我国劳动法律规定，女职工的产假为（   ）天。
23. 合同是一个允诺或一系列允诺，违反该允诺将由法律给予救济；履行该允诺是法律所确认的（   ）。
24. 当事人就技术开发、转让、咨询或者服务订立的确立相互之间权利和义务的合同是（   ）。
25. 劳动争议调解应当遵循自愿、（   ）、公正、及时原则。
26. 工伤保险费应当由（   ）缴纳。
27. 《产品质量法》所称产品是指经过加工、制作，用于（   ）的产品。
28. 生产者、销售者应当建立健全内部（   ）制度，严格实施岗位质量规范、质量责任以及相应的考核办法。

29. 产品质量应当检验合格,不得以(　　)产品冒充合格产品。

30. 国家对产品质量实行以(　　)为主要方式的监督检查制度。

31. 为从业人员配备的,使其在劳动过程中免遭或者减轻事故伤害及职业危害的个人防护装备叫作(　　)。

32. 劳动防护用品具有一定的(　　),需定期检查或维护,经常清洁保养不得任意损坏、破坏劳防用品,使之失去原有功效。

33. 进行腐蚀品的装卸作业应该戴(　　)手套。

二、单项选择题

1. 社会主义职业道德以(　　)为基本行为准则。
(A)爱岗敬业
(B)诚实守信
(C)人人为我,我为人人
(D)社会主义荣辱观

2.《公民道德建设实施纲要》中,党中央提出了所有从业人员都应该遵循的职业道德"五个要求"是:爱岗敬业、(　　)、公事公办、服务群众、奉献社会。
(A)爱国为民　　　(B)自强不息　　　(C)修身为本　　　(D)诚实守信

3. 职业化管理在文化上的体现是重视标准化和(　　)。
(A)程序化　　　(B)规范化　　　(C)专业化　　　(D)现代化

4. 职业技能包括职业知识、职业技术和(　　)。
(A)职业语言　　　(B)职业动作　　　(C)职业能力　　　(D)职业思想

5. 职业道德对职业技能的提高具有(　　)作用。
(A)促进　　　(B)统领　　　(C)支撑　　　(D)保障

6. 市场经济环境下的职业道德应该讲法律、讲诚信、(　　)、讲公平。
(A)讲良心　　　(B)讲效率　　　(C)讲人情　　　(D)讲专业

7. 敬业精神是个体以明确的目标选择、忘我投入的志趣、认真负责的态度,从事职业活动时表现出的(　　)。
(A)精神状态　　　(B)人格魅力　　　(C)个人品质　　　(D)崇高品质

8. 下列关于爱岗敬业的说法中,你认为正确的是(　　)。
(A)市场经济鼓励人才流动,再提倡爱岗敬业已不合时宜
(B)即便在市场经济时代,也要提倡"干一行,爱一行,专一行"
(C)要做到爱岗敬业就应一辈子在岗位上无私奉献
(D)在现实中,我们不得不承认,"爱岗敬业"的观念阻碍了人们的择业自由

9. 以下不利于同事信赖关系建立的是(　　)。
(A)同事间分派系
(B)不说同事的坏话
(C)开诚布公相处
(D)彼此看重对方

10. 公道的特征不包括(　　)。
(A)公道标准的时代性
(B)公道思想的普遍性
(C)公道观念的多元性
(D)公道意识的社会性

11. 从领域上看,职业纪律包括劳动纪律、财经纪律和(　　)。
(A)行为规范　　　(B)工作纪律　　　(C)公共纪律　　　(D)保密纪律

12. 从层面上看,纪律的内涵在宏观上包括(　　)。
(A)行业规定、规范　　　　(B)企业制度、要求
(C)企业守则、规程　　　　(D)国家法律、法规

13. 以下不属于节约行为的是(　　)。
(A)爱护公物　　(B)节约资源　　(C)公私分明　　(D)艰苦奋斗

14. 下列选项不属于合作的特征的是(　　)。
(A)社会性　　(B)排他性　　(C)互利性　　(D)平等性

15. 奉献精神要求做到尽职尽责和(　　)。
(A)爱护公物　　(B)节约资源　　(C)艰苦奋斗　　(D)尊重集体

16. 机关、(　　)是对公民进行道德教育的重要场所。
(A)家庭　　(B)企事业单位　　(C)学校　　(D)社会

17. 职业道德涵盖了从业人员与服务对象、职业与职工、(　　)之间的关系。
(A)人与人　　(B)人与社会　　(C)职业与职业　　(D)人与自然

18. 中国北车团队建设目标是(　　)。
(A)实力 活力 凝聚力　　　　(B)更高 更快 更强
(C)诚信 创新 进取　　　　(D)品牌 市场 竞争力

19. 以下体现互助协作精神的思想是(　　)。
(A)助人为乐　　(B)团结合作　　(C)争先创优　　(D)和谐相处

20. 对待工作岗位,正确的观点是(　　)。
(A)虽然自己并不喜爱目前的岗位,但不能不专心努力
(B)敬业就是不能得陇望蜀,不能选择其他岗位
(C)树挪死,人挪活,要通过岗位变化把本职工作做好
(D)企业遇到困难或降低薪水时,没有必要再讲爱岗敬业

21. 以下体现了严于律己的思想是(　　)。
(A)以责人之心责己　　　　(B)以恕己之心恕人
(C)以诚相见　　　　(D)以礼相待

22. 以下法律中,规定了职业培训的相关要求(　　)。
(A)专利法　　(B)环境保护法　　(C)合同法　　(D)劳动法

23. 能够认定劳动合同无效的机构是(　　)。
(A)各级人民政府　　　　(B)工商行政管理部门
(C)各级劳动行政部门　　　　(D)劳动争议仲裁委员会

24. 我国劳动法律规定的最低就业年龄是(　　)。
(A)18周岁　　(B)17周岁　　(C)16周岁　　(D)15周岁

25. 我国劳动法律规定,集体协商职工一方代表在劳动合同期内,自担任代表之日起(　　)年以内,除个人严重过失外,用人单位不得与其解除劳动合同。
(A)5　　(B)4　　(C)3　　(D)2

26. 坚持(　　),创造一个清洁、文明、适宜的工作环境,塑造良好的企业形象。
(A)文明生产　　(B)清洁生产　　(C)生产效率　　(D)生产质量

27. 在易燃易爆场所穿(　　)最危险。

(A)布鞋　　　　　　(B)胶鞋　　　　　(C)带钉鞋　　　　　(D)棉鞋

三、多项选择题

1. 职业道德的价值在于（　　　）。
(A)有利于企业提高产品和服务的质量
(B)可以降低成本、提高劳动生产率和经济效益
(C)有利于协调职工之间及职工与领导之间的关系
(D)有利于企业树立良好形象，创造著名品牌

2. 对从业人员来说，下列要素中，属于最基本的职业道德要素的是（　　　）。
(A)职业理想　　　(B)职业良心　　　(C)职业作风　　　(D)职业守则

3. 职业道德的具体功能包括：（　　　）。
(A)导向功能　　　(B)规范功能　　　(C)整合功能　　　(D)激励功能

4. 职业道德的基本原则是（　　　）。
(A)体现社会主义核心价值观
(B)坚持社会主义集体主义原则
(C)体现中国特色社会主义共同理想
(D)坚持忠诚、审慎、勤勉的职业活动内在道德准则

5. 以下几个选项中，既是职业道德的要求，又是社会公德的要求的是（　　　）。
(A)文明礼貌　　　(B)勤俭节约　　　(C)爱国为民　　　(D)崇尚科学

6. 下列行为中，违背职业道德的是（　　　）。
(A)在单位的电脑上读小说　　　　　(B)拷贝和使用免费软件
(C)用单位的电话聊天　　　　　　　(D)私下打开同事的电子邮箱

7. 职业化行为规范要求遵守行业或组织的行为规范包括（　　　）。
(A)职业思想　　　(B)职业文化　　　(C)职业语言　　　(D)职业动作

8. 职业技能的特点包括（　　　）。
(A)时代性　　　(B)专业性　　　(C)层次性　　　(D)综合性

9. 加强职业道德修养有利于（　　　）。
(A)职业情感的强化　　　　　　　　(B)职业生涯的拓展
(C)职业境界的提高　　　　　　　　(D)个人成才成长

10. 职业道德主要通过（　　　）的关系，增强企业的凝聚力。
(A)协调企业职工间　　　　　　　　(B)调节领导与职工
(C)协调职工与企业　　　　　　　　(D)调节企业与市场

11. 爱岗敬业的具体要求是（　　　）。
(A)树立职业理想　　　　　　　　　(B)强化职业责任
(C)提高职业技能　　　　　　　　　(D)抓住择业机遇

12. 敬业的特征包括（　　　）。
(A)主动　　　(B)务实　　　(C)持久　　　(D)乐观

13. 诚信的本质内涵是（　　　）。
(A)智慧　　　(B)真实　　　(C)守诺　　　(D)信任

14. 诚信要求( )。

(A)尊重事实　　(B)真诚不欺　　(C)讲求信用　　(D)信誉至上

15. 公道的要求是( )。

(A)平等待人　　(B)公私分明　　(C)坚持原则　　(D)追求真理

16. 坚持办事公道,必须做到( )。

(A)坚持真理　　(B)自我牺牲　　(C)舍己为人　　(D)光明磊落

17. 平等待人应树立的观念是( )。

(A)市场面前顾客平等的观念　　(B)按贡献取酬的平等观念

(C)按资排辈的固有观念　　(D)按德才谋取职业的平等观念

18. 职业纪律的特征包括( )。

(A)社会性　　(B)强制性　　(C)普遍适用性　　(D)变动性

19. 节约的特征包括( )。

(A)个体差异性　　(B)时代表征性　　(C)社会规定性　　(D)价值差异性

20. 一个优秀的团队应该具备的合作品质包括( )。

(A)成员对团队强烈的归属感　　(B)合作使成员相互信任,实现互利共赢

(C)团队具有强大的凝聚力　　(D)合作有助于个人职业理想的实现

21. 求同存异要求做到( )。

(A)换位思考,理解他人　　(B)胸怀宽广,学会宽容

(C)端正态度,纠正思想　　(D)和谐相处,密切配合

22. 奉献的基本特征包括( )。

(A)非功利性　　(B)功利性　　(C)普遍性　　(D)可为性

23. 中国北车的核心价值观是( )。

(A)诚信为本　　(B)创新为魂　　(C)崇尚行动　　(D)勇于进取

24. 中国北车企业文化核心理念包括( )。

(A)中国北车使命　　(B)中国北车愿景

(C)中国北车核心价值观　　(D)中国北车团队建设目标

25. 企业文化的功能有( )。

(A)激励功能　　(B)自律功能　　(C)导向功能　　(D)整合功能

26. 坚守工作岗位要做到( )。

(A)遵守规定　　(B)坐视不理　　(C)履行职责　　(D)临危不退

27. 下列不可取的思想或态度是( )。

(A)工作后不用再刻苦学习　　(B)业务上难题不急于处理

(C)要不断提高思想素质　　(D)要不断提高科学文化素质

28. 下列属于劳动者权利的是( )。

(1)平等就业的权利　　(B)选择职业的权利

(C)取得劳动报酬的权利　　(D)休息休假的权利

29. 下列属于劳动者义务的是( )。

(A)劳动者应当履行完成劳动任务义务

(B)劳动者具有提高自身职业技能的义务

(C)执行劳动安全卫生规程

(D)遵守职业道德

30. 调解劳动争议适用的依据（　　　）。

(A)法律、法规、规章和相关政策　　　　(B)依法订立的集体合同

(C)依法订立劳动合同　　　　(D)职工(代表)大会依法制定的规章制度

31. 调解劳动争议的范围（　　　）。

(A)因用人单位开除、除名、辞退职工和职工辞职、自动离职等发生的争议

(B)因执行国家有关工资、社会保险、福利、培训、劳动保护的规定发生的争议

(C)因履行劳动合同发生的争议

(D)法律、法规规定应当调解的其他劳动争议

32. 以下属于劳动关系,适用《劳动法》的规定的是（　　　）。

(A)乡镇企业与其职工之间的关系

(B)某家庭与其聘用的保姆之间的关系

(C)个体老板与其雇工之间的关系

(D)国家机关与实行劳动合同制的工勤人员之间的关系

33. 根据《劳动法》规定,用人单位应当支付劳动者经济补偿金的情况有（　　　）。

(A)劳动合同因合同当事人双方协商一致而由用人单位解除

(B)劳动合同因合同当事人双方约定的终止条件出现而终止

(C)劳动者在试用期间被证明不符合录用条件的

(D)劳动者不能胜任工作,经过培训或者调整工作岗位仍不能胜任工作,由用人单位解除劳动合同的

34. 承担产品质量责任的主体包括（　　　）。

(A)生产者　　　　(B)销售者　　　　(C)运输者　　　　(D)生产原料提供者

35. 在产品质量国家监督抽查中,你认为下列做法正确的是（　　　）。

(A)抽查的样品在市场上随机抽取

(B)抽查的样品由产品质量监督部门与生产者共同确定

(C)抽查的样品由产品质量监督部门与销售者共同确定

(D)抽查的样品在企业的成品仓库内的待销产品中随机抽取

36. 文明生产的具体要求包括（　　　）。

(A)语言文雅、行为端正、精神振奋、技术熟练

(B)相互学习、取长补短、互相支持、共同提高

(C)岗位明确、纪律严明、操作严格、现场安全

(D)优质、低耗、高效

四、判断题

1. 职业道德是企业文化的重要组成部分。（　　　）

2. 职业活动内在的职业准则是忠诚、审慎、勤勉。（　　　）

3. 职业化的核心层是职业化行为规范。（　　　）

4. 职业化是新型劳动观的核心内容。（　　　）

5. 职业技能是企业开展生产经营活动的前提和保证。（　　）

6. 文明礼让是做人的起码要求，也是个人道德修养境界和社会道德风貌的表现。（　　）

7. 敬业会失去工作和生活的乐趣。（　　）

8. 讲求信用包括择业信用和岗位责任信用，不包括离职信用。（　　）

9. 公道是确认员工薪酬的一项指标。（　　）

10. 职业纪律与员工个人事业成功没有必然联系。（　　）

11. 节约是从业人员事业成功的法宝。（　　）

12. 艰苦奋斗是节约的一项要求。（　　）

13. 合作是打造优秀团队的有效途径。（　　）

14. 奉献可以是本职工作之内的，也可以是职责以外的。（　　）

15. 社会主义道德建设以为人民服务为核心。（　　）

16. 集体主义是社会主义道德建设的原则。（　　）

17. 中国北车的愿景是成为轨道交通装备行业世界级企业。（　　）

18. 发生泄密事件的机关、单位，应当迅速查明被泄露的国家秘密的内容和密级、造成或者可能造成危害的范围和严重程度、事件的主要情节和有关责任者，及时采取补救措施，并报告有关保密工作部门和上级机关。（　　）

19. 数字移动电话传输的是数字信号，因此是保密的。（　　）

20. 国家秘密文件在公共场所丢失后，凡能够找回的，就不应视为泄密。（　　）

21. 企业的技术成果被确定为国家秘密技术后，企业不得擅自解密，对外提供。（　　）

22. 上级下发的绝密级国家秘密文件，确因工作需要，经本机关、单位领导批准，可以复印。（　　）

23. 合同是两个或两个以上的当事人之间为实现一定的目的，明确彼此权利和义务的协议。（　　）

24. 合同是一种民事法律行为。（　　）

25. 任何单位和个人有权对违反《产品质量法》规定的行为，向产品质量监督部门或者其他有关部门检举。（　　）

26. 适当的赌博会使员工的业余生活丰富多彩。（　　）

27. 忠于职守就是忠诚地对待自己的职业岗位。（　　）

28. 爱岗敬业是奉献精神的一种体现。（　　）

29. 严于律己宽以待人，是中华民族的传统美德。（　　）

30. 工作应认真钻研业务知识，解决遇到的难题。（　　）

31. 工作中应谦虚谨慎，戒骄戒躁。（　　）

32. 安全第一，确保质量，兼顾效率。（　　）

33. 不懂"安全操作规程"和未受过安全教育的职工，不许参加施工工作。（　　）

34. 安全生产是企业完成任务的必然要求。（　　）

35. 工作服主要起到隔热、反射和吸收等屏蔽作用。（　　）

36. 每个职工都有保守企业秘密的义务和责任。（　　）

37. "诚信为本、创新为魂、崇尚行动、勇于进取"是中国北车的核心价值观。（　　）

铸造工(职业道德)答案

一、填空题

1. 行为规范
2. 自律性
3. 业务素质
4. 集体主义
5. 全心全意为人民服务
6. 职业态度
7. 直接体验
8. 基础
9. 职业责任
10. 无形资产
11. 团队目标
12. 重要标准
13. 品质
14. 内在要求
15. 职业理想
16. 最高层次
17. 职业道德
18. 智慧和力量
19. 刑事责任
20. 个人价值
21. 上级主管部门
22. 90
23. 义务
24. 技术合同
25. 合法
26. 用人单位
27. 销售
28. 产品质量管理
29. 不合格
30. 抽查
31. 劳动防护用品
32. 有效期限
33. 橡胶

二、单项选择题

1. D	2. D	3. B	4. C	5. A	6. B	7. C	8. B	9. A
10. B	11. D	12. D	13. C	14. B	15. D	16. B	17. C	18. A
19. B	20. A	21. A	22. D	23. D	24. C	25. A	26. A	27. B

三、多项选择题

1. ABCD	2. ABC	3. ABCD	4. ABD	5. ABCD	6. ACD	7. ACD
8. ABCD	9. BCD	10. ABC	11. ABC	12. ABC	13. BCD	14. ABCD
15. ABCD	16. AD	17. ABD	18. ABCD	19. BCD	20. AC	21. ABD
22. ACD	23. ABCD	24. ABCD	25. ABCD	26. ACD	27. AB	28. ABCD
29. ABCD	30. ABCD	31. ABCD	32. ACD	33. AD	34. AB	35. AD
36. ABCD						

四、判断题

1. √	2. √	3. ×	4. √	5. √	6. √	7. ×	8. ×	9. √
10. ×	11. √	12. √	13. √	14. √	15. √	16. √	17. √	18. √
19. ×	20. ×	21. √	22. ×	23. √	24. √	25. √	26. ×	27. √
28. √	29. √	30. √	31. √	32. √	33. √	34. √	35. √	36. √
37. √								

铸造工(初级工)习题

一、填空题

1. 对于( )生产及简单的铸件不需要绘制铸件装备图。

2. 工艺补正量是防止铸件( )超差而报废的一种措施。

3. 铸造工艺图是在( )上绘制的,直接用于指导生产。

4. 指导铸造过程最基本的工艺文件是( )。

5. 铸造工艺图中的分型线的甲类形式用( )表示。

6. 分型面一般选取在铸件的( )上。

7. 一般铸钢件的加工余量比铸铁件要( )些。

8. 由于高锰钢的加工十分困难,所以对于不加工的孔和槽应( )。

9. 铸造收缩率主要和( )的种类及成分有关。

10. 拔模困难的模样,允许采用( )的拔模斜度。

11. 如果上下两半模样是对称的,为了保持模样的对称性,则将分型负数在上下两半模样上( )。

12. 为了解决铸件的挠曲变形问题,在制造模样时,按铸件可能产生变形的( )作出反变形量。

13. 铸造用硅砂粒径小于( )的称为泥分。

14. 模数为 2.0 的水玻璃标记为( )。

15. 紧实砂样的孔隙度称为型砂的( )。

16. 配制黏土型砂的主要原材料为( )、黏土及其辅助材料。

17. 涂料有普通用的( )、醇基涂料和特殊用的膏状涂料。

18. 采用砂型硬度计测量砂型硬度,一般手工紧实后的砂型表面硬度为( )单位。

19. 砂型能抵抗高温金属液的热作用而不熔化、软化和烧结的能力叫型砂的( )。

20. 型砂中加入锯木屑是为了改善其( )和退让性。

21. 黏土加入量多,型砂( )下降。

22. 水玻璃一般用参数( )表示。

23. 涂料主要由防粘砂的( )、稀释剂、黏结剂等配制而成。

24. 在型砂中加入锯木屑改善型砂退让性的原因是( )。

25. 铸造用砂中,二氧化硅含量大于 92% 的石英砂常用于( )的生产。

26. 铸铁件用的砂型涂料,其中常用石墨粉作( )。

27. 型砂透气性差,易使铸件产生( )。

28. 铸件热量集中部位称为( )。

29. 铸铁件用的石英砂中,二氧化硅的含量大于( )。

30. 形状复杂零件的毛坯,尤其具有复杂内腔时,最适合采用(　　)生产。

31. 型砂中出砂性最好的是(　　)。

32. 目前最常用的分型剂是(　　)。

33. 水玻璃砂的特点是(　　)低,硬化后强度、透气性均较高;但溃散性差,旧砂回用困难。

34. 铸型内的气体扩散速度越(　　),气孔越不易形成。

35. 将铸型安放在疏松砂地有利于(　　)。

36. 用来测定湿型表面硬度的是(　　)。

37. 按化学成分不同,铸钢可分为(　　)和合金铸钢两大类。

38. 冲天炉主要用于(　　)的熔炼。

39. 生产中普遍应用的是(　　)炼钢。

40. 不需要烘干,而是在湿态下浇注的砂型所用的型砂称为(　　)。

41. 大型铸件通常采用(　　)造型方法。

42. 砂型、砂芯烘干的方法有整体烘干和(　　)两种。

43. 合型时上、下型定位不准确,铸件就会产生(　　)。

44. 厚大截面的砂芯,常用(　　)增强砂芯的排气能力。

45. 小型砂型常采用(　　)紧固。

46. 大型铸钢件常采用(　　)浇包浇注。

47. 挡渣能力较差的浇包是(　　)。

48. 用木材、金属或其他材料制成的,用来形成铸型型腔的工艺装备叫(　　)。

49. 砂芯的主要作用是形成(　　)。

50. 防止铸件产生缩孔和缩松的基本原则是:针对该合金的收缩和凝固特点制定正确的(　　),使铸件在凝固过程中建立良好的补缩条件。

51. 合金从液态转变为固态的状态变化,称为(　　)。

52. 顶箱起模架的检查,要求起模架上升和下降应(　　),无卡制,不歪斜。

53. 金属液浇入铸型后砂型壁发生位移的现象称为(　　)。

54. 凡伸入电弧炉内的工具和往炉内加入的材料必须(　　),防止爆炸。

55. 手工造型时,箱壁和箱带处的舂砂硬度要比模样周围(　　)。

56. 对于起模较困难的模样,可使用(　　)防止型砂被带起。

57. 砂芯产生的气体,通过芯头中的(　　)排出。

58. 机器造型适用于(　　)生产的场合。

59. Z145A造型机可通过调节(　　)来控制起模速度。

60. 射砂紧实是利用(　　),将型砂以高速射入砂箱而得到紧实的方法。

61. 堆摞铸型要用同一高度的垫铁,堆摞高度不得超过其宽度的(　　)倍。

62. 要求同时凝固的铸件,可采取(　　)充满铸型,减少铸型各部分金属液的温差。

63. 从明冒口观察到铸型充满后,稍停片刻,再点燃冒口,可增强冒口的(　　)。

64. 挡渣效果最好的浇口杯是(　　)浇口杯。

65. 直浇道的截面形状通常为(　　)。

66. 直浇道与横浇道的连接处应做成(　　),以减少冲砂的危险。

67. 主要起挡渣作用的浇道是（　　　）。

68. 控制金属液流入型腔方向和速度的浇道是（　　　）。

69. 和开放式浇注系统相比，封闭式浇注系统的优点主要是（　　　）。

70. 有利于对铸件补缩的浇注系统是（　　　）浇注系统。

71. 挡渣作用较好的浇注系统是（　　　）浇注系统。

72. 散热面积最小的冒口形状是（　　　）。

73. 开放式浇注系统各组元的截面关系为（　　　）。

74. 圆形断面的横浇道散热最少，但撇渣效果差，多用于浇注（　　　）。

75. 内浇道最好不要开设在要求（　　　）的表面和曲面上。

76. 冒口应设置在铸件最高而且（　　　）的部位。

77. 一般情况下，内浇道不应该开在横浇道的（　　　）。

78. 开设浇注系统应使金属液能（　　　）流入型腔，以免冲坏砂型和砂芯。

79. 内冷铁的表面锈蚀、油污要去除干净，否则在浇注后的铸件产生（　　　）。

80. 直浇道的主要作用是（　　　）。

81. 上表面与大气接触的冒口称（　　　）。

82. 冒口不能设置在铸件的（　　　）的地方。

83. 砂型铸造的造型方法一般分为手工造型和（　　　）两类。

84. 电炉炼钢工往炉内加入碳粉、硅铁粉、铝粉等粉状物时，要站在炉门（　　　）加入，防止喷火伤人。

85. 电炉炼钢工清理渣坑工作，应在（　　　）进行，并给予警告标志。

86. 镁砂的主要成分是（　　　）。

87. 浇注底盘或中注管跑火时，不准使用稀泥浆堵塞，以免发生（　　　）。

88. 用氧气烧割装载钢液的盛钢桶浇口时，氧气瓶应离开盛钢桶（　　　）米以外存放。

89. 飞边、毛刺属（　　　）缺陷。

90. 偏析和脱碳的缺陷属于性能、成分、（　　　）不合格。

91. 固态收缩指的是从（　　　）到室温间的收缩。

92. 铸件在凝固过程中，由于补缩不良而产生的孔洞称为（　　　）。

93. 浇注温度过高会使铸件缩孔容积（　　　）。

94. 铸造型腔中气体不能及时排出，易使铸件产生气孔和（　　　）。

95. 砂型舂得太硬，铸件容易产生（　　　）。

96. 砂型舂得太松，铸件会产生（　　　）。

97. 型砂强度低，易使铸件产生（　　　）。

98. 防裂筋的主要作用是（　　　）。

99. 拉筋的主要作用是（　　　）。

100. 修补平面时如果反复抹光，铸件容易产生（　　　）缺陷。

101. 浇注时间一般根据各种经验公式和图表，通常根据（　　　）来确定。

102. 铸件中心部细小而较为分散的孔眼称为（　　　）。

103. 铸件内有严重的空壳状残缺称为（　　　）。

104. 错型和偏芯等铸件缺陷属（　　　）缺陷。

105. 冷隔是铸件上有一种（　　　）。

106. 金属液渗入砂型表层砂粒间的空隙,将砂粒粘在铸件表面而造成的粘砂称为（　　　）。

107. 造成铸件产生（　　　）的原因是金属液与砂型发生相互作用产生低熔点化合物。

108. 适用于不怕撞击的无箱小件的落砂机是（　　　）落砂机。

109. 利用铸件余热来清理铸件的方法是（　　　）。

110. 适用于各种铸件浇冒口去除的方法是（　　　）法。

111. 为提高弹簧钢的弹性,常采用（　　　）的热处理方法。

112. 关于铸件清理,（　　　）铸件不易采用滚筒清理。

113. 从铸件上清除表面粘砂、型砂、多余金属等的过程称为（　　　）。

114. 将铸件加热到 Ac3 或 Ac1 以上 30 ℃～50 ℃,然后再水或油中急剧冷却以获得高硬度马氏体组织的工艺操作称为（　　　）。

115. 要求具有良好强度和韧性的机械零件经淬火后应进行（　　　）回火处理。

116. 用于各种机械及设备加工制造的图样,称为（　　　）。

117. 表示单个零件的形状结构、尺寸大小及技术要求等内容的图样称为（　　　）。

118. 机械图中用（　　　）表示可见轮廓线。

119. 标注直径时,应在尺寸数字前加注符号（　　　）。

120. 物体在基本投影面上的投影称为（　　　）。

121. 将机件的某一部分向基本投影面投影所得的视图,称为（　　　）。

122. 基本尺寸相同,相互结合的孔和轴公差带之间的关系叫（　　　）。

123. 工艺尺寸是指依照（　　　）按一定的比例将产品图纸尺寸放大后的尺寸。

124. 生铁一般分为铸造用生铁和（　　　）。

125. 黄铜的密度是（　　　）。

126. 灰铸铁牌号"HT250"中的数字是表示最小（　　　）强度的最低要求值。

127. ZG310-570 屈服强度的最小值为（　　　）。

128. 含碳量大于（　　　）的铁碳合金称为铸铁。

129. 低碳铸钢含碳量≤（　　　）%。

130. 断裂前,材料发生不可逆永久变形的能力称为（　　　）。

131. 石灰的主要成分是（　　　）。

132. 熔炼低合金钢用低碳锰铁,其含碳量一般要求不大于（　　　）。

133. 45# 钢的碳含量为（　　　）%。

134. 米是长度的基本单位,其单位符号为（　　　）。

135. 千克是重量的基本单位,其单位符号为（　　　）。

136. 吨的单位符号为 t,1 吨等于（　　　）千克。

137. 工件为 3 cm×4 cm×5 cm 的长方体铸件,其密度为 7.8 g/cm³,其物体材料为（　　　）千克。

138. 图 1 的周长为（　　　）cm(图中尺寸单位:cm)。

139. 轴之间可实现任意交错的传动类型是（　　　）。

140. 在通电导体中,电流的大小和方向都不随时间而改变的电流称为（　　　）。

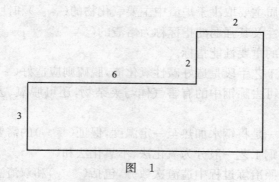

图 1

141. Z2310 型造型机为( )式造型机。

142. 造型机是根据( )进行分类的。

143. 碾轮式混砂机具有搅拌、( )、搓揉的综合作用。

144. 设备油液应定期更换外,遇有特殊情况,如( )变质应立即更换。

145. 用于测量被测平面是否水平的量具是( )。

146. 用重力浇注将熔融金属浇入金属铸型获得铸件的方法叫( )。

147. 用易熔材料如蜡料制成模样,在模样上包覆若干层耐火涂料,制成型壳,熔出模样后经高温焙烧即可浇注的铸造方法称为( )。

148. 采用熔模铸造时,铸件凝固冷却后,清理型壳一般都采用( )方法脱壳。

149. 熔模铸造使用最广泛的黏结剂是( )。

150. 熔模铸造使用最广泛的浇注方法是( )。

151. 凡主要用蜡料配制的模料称为( ),熔点较低约为 60 ℃~70 ℃。

152. 凡主要用天然树脂配制的模料称为( ),熔点稍高,约为 70 ℃~120 ℃。

153. 从业人员在作业过程中,应当严格遵守本单位的安全生产规章制度和操作规程,服从管理,正确佩戴和使用( )。

154. 通常把( )以下的低压叫安全电压。

155. 安全生产监督检查人员应当忠于职守,坚持原则,( )。

156. 我国职业安全健康方针是:安全第一,( )。

157. 环境保护的目的是保障( ),促进经济环境协调发展。

158. 铸件重量与公称重量之间的正偏差或负偏差,称为( )。

159. 电炉炼钢的过程,主要就是将电能转化为( ),促进废钢熔化并且继续升温,满足炼钢不同阶段物理化学反应的需求。

160. 热量传输的基本方式包括导热、对流和( )。

161. 将生铁、废钢炼成钢,必须进行( )熔炼。

162. 碳钢的体积收缩率随含碳量的增加而( )。

163. 钢的体积随温度而变化称为钢的( )。

164. 单位体积钢液所具有的质量称为( )。

165. 当炉渣被加热时,固态渣完全转变为均匀液相或者冷却时候液态渣开始析出固相的温度,我们称为炉渣的( )。

166. 熔渣的( )能决定熔渣所占据的体积大小及钢液液滴在渣中的沉淀速度。

167. 炉渣的化学性质主要取决于炉渣中主要氧化物的（　　）和性质。

168. 判断熔渣酸碱性及其强弱的指标称为熔渣的（　　）。

169. 碱度是（　　）的重要性能指标。

170. 脱磷所采取的工艺手段是造好碱性氧化渣,脱硫则应造好（　　）。

171. 电炉炼钢不仅可去除钢中的有害气体与夹杂物,还可脱氧、去硫、（　　）,故能冶炼出高质量的特殊钢。

172. 炼钢的目的之一是将钢水加热至一定温度,保证（　　）的需要。

173. 碱性电弧炉炼钢工艺一般分为氧化法、不氧化法和（　　）。

174. 电弧炉冶炼按照冶炼过程中造渣次数分,包括（　　）和双渣法。

175. 炼钢电炉的构造主要是由（　　）决定的,同时与电炉的容量大小、装料方式、传动方式等有关。

176. 普通电弧炉炉体包括（　　）、炉门、出钢口与出钢槽、炉盖圈和电极密封圈等组成。

177. 电弧炉炉壳、炉底的形状有平底形、（　　）形和球形。

178. 炼钢炉按炉衬耐火材料的性质分为碱性炼钢炉和（　　）。

179. 炼钢用原材料包括金属材料、造渣材料、氧化剂和增碳剂、（　　）和其他材料。

180. 密闭容器、爆炸物在受热后会引起（　　）,所以要杜绝密闭容器、爆炸物入炉。

181. 石灰是炼钢重要的造渣材料,主要成分为（　　）。

182. 石灰在空气中长期存放易吸收水分成为粉末,粉末状石灰又极易吸水形成（　　）。

183. 卤水的主要成分是（　　）。

184. 电弧炉炉底、炉坡分为绝热保温层、保护层和（　　）三层。

185. 电炉炉壁由外到内依次为绝热层、（　　）、工作层。

186. 配料的准确性包括炉料重量及（　　）两个方面。

187. 电炉炼钢时,如果配碳量过低,（　　）后势必进行增碳。

188. 熔化期主要任务是保证（　　）的前提下,以最少的电耗将固体炉料迅速熔化为均匀的液体。

189. 一般说来,炉料质量越差或对钢的质量要求越严,要求脱碳量相应（　　）些。

190. 氧化前期的主要任务是去磷,温度应稍（　　）些。

191. 氧化后期的主要任务是脱碳,温度应稍（　　）些。

192. 出钢是炉前冶炼的最后一项操作,必须具备出钢条件才能出钢,否则将会影响钢的质量和（　　）。

193. 炉外精炼的目的是提高钢液（　　）。

194. 热电偶具有结构简单、使用方便、测量精度高、（　　）、便于远距离传送和集中检测等优点。

二、单项选择题

1. 专用的工艺文件编制的具体程度和采用的方式,取决于工厂的生产条件和生产性质及加工的复杂程度,如对一目了然的铸造方式常不采用（　　）。

（A）铸型装配图　　（B）铸造操作规程　　（C）工艺守则　　　　（D）铸件图

2. 铸造工艺规程是在生产铸件前由设计人员编制出来的,用于控制该铸件生产过程的

(　　)技术文件,它也是生产准备、管理和铸件验收的依据。

(A)指导性　　　　　(B)准备性　　　　　(C)管理性　　　　　(D)检查性

3. 铸造工艺图是在(　　)上采用规定的专用工艺符号,把分型面位置、浇注位置、浇冒口系统及位置、型芯结构、尺寸及数量和加工余量、收缩率、起模斜度、工艺补正量等工艺参数绘制出来的工艺文件。

(A)铸件图　　　　　(B)蓝图　　　　　(C)墨线图　　　　　(D)零件图

4. 以下选项中,(　　)是铸件检验的基准图和铸件验收及设计机械加工工艺、尺寸和夹具的依据。

(A)铸件图　　　　　(B)零件图　　　　　(C)工艺卡片　　　　　(D)铸造工艺图

5.《铸造工艺符号及表示方法》分为(　　)类形式表示。

(A)1　　　　　(B)2　　　　　(C)3　　　　　(D)4

6.《铸造工艺符号及表示方法》规定:甲类形式是在蓝图上绘制的铸造工艺图,表示的颜色为(　　)。

(A)红、蓝两色　　　　　(B)墨线　　　　　(C)红色　　　　　(D)蓝色

7. 以下(　　)为分型线的工艺符号。

(A)——　　　　　(B)——＜　　　　　(C)—上/下—|　　　　　(D)—上/下—|＜

8. 以下(　　)为分模线的工艺符号。

(A)——　　　　　(B)——＜　　　　　(C)—上/下—|　　　　　(D)—上/下—|＜

9. 以下(　　)为分型分模线的工艺符号。

(A)——　　　　　(B)——＜　　　　　(C)—上/下—|　　　　　(D)—上/下—|＜

10. 工艺补正量的甲类形式是在蓝图上用(　　)表示,并注明正、负补正量数值。

(A)红色线　　　　　(B)墨线　　　　　(C)蓝色线　　　　　(D)红、蓝两色线

11. 模样活块的乙类形式是在墨线图上用(　　)表示,并在此线上画两条平行线。

(A)细实线　　　　　(B)红色线　　　　　(C)蓝色线　　　　　(D)粗墨线

12. 指导铸造过程最基本的工艺文件是(　　)。

(A)铸型装配图　　　　　(B)铸件图　　　　　(C)铸造工艺图　　　　　(D)铸造规程

13. 不铸出孔或槽的甲类形式是在蓝图上用(　　)打叉。

(A)粗墨线　　　　　(B)细实线　　　　　(C)红色线　　　　　(D)蓝色线

14. 硅砂分级代号中,表示二氧化硅含量最高的代号是(　　)。

(A)90　　　　　(B)98　　　　　(C)10　　　　　(D)15

15. 当上型高度不变,一长方形铸铁平板分别用卧、横、立三种位置浇注,抬箱力(　　)。

(A)卧浇时最大　　(B)横浇时最大　　(C)立浇时最大　　(D)一样大

16. 为了防止产生严重粘砂,锰钢件造型用砂常用(　　)。

(A)石英砂　　　　　(B)石英—长石砂　　　　　(C)黏土砂　　　　　(D)镁砂

17. 砂型和砂芯的烘干温度主要决定于(　　)。

(A)黏结剂的种类　　(B)截面尺寸　　(C)复杂程度　　(D)砂子

18. 黏土砂经使用后,它的强度和透气性变化是(　　)。

(A)强度和透气性都提高　　　　　　　(B)强度和透气性都降低

(C)强度提高,透气性降低　　　　　　(D)强度降低,透气性提高

19.造型时填入砂箱内的型砂应该是(　　　)。

(A)紧实的　　　(B)松散的　　　(C)块状的　　　(D)成团状的

20.配制铸钢件型砂、芯砂主要用(　　　)。

(A)石英砂　　　(B)石英—长石砂　　(C)黏土砂　　　(D)镁砂

21.砂子代号S代表是(　　　)。

(A)石英砂　　　(B)黏土砂　　　　(C)石英—长石砂　　(D)石灰石砂

22.铸造用硅砂主要粒度组成通常用残留量最多的相邻(　　　)筛的首尾筛号表示,而且砂量多的筛号写在前面。

(A)一　　　　　(B)二　　　　　(C)三　　　　　(D)四

23.紧实砂样的孔隙度称为型砂的(　　　)。

(A)发气量　　　(B)发气率　　　(C)紧实度　　　(D)流动性

24.型砂调匀处理的主要目的是(　　　)。

(A)冷却　　　　　　　　　　　(B)使黏土充分被湿润

(C)最大限度地发挥黏结作用　　　(D)去除杂质

25.铸造黏结剂中,能自行硬化的黏结剂是(　　　)。

(A)桐油　　　　(B)沥青　　　　(C)糖浆　　　　(D)水玻璃

26.型砂的(　　　)越高,其强度也越高。

(A)紧实度　　　(B)含泥量　　　(C)黏土含量　　　(D)含水量

27.型砂中的(　　　)在遇高温金属液后会自然燃烧产生气体。

(A)膨润土　　　(B)水分　　　　(D)砂粒　　　　(D)煤粉

28.单一砂的性能要求应(　　　)。

(A)高于面砂　　　(B)接近面砂　　　(C)接近背砂　　　(D)低于背砂

29.型砂中应用最广泛的是(　　　)。

(A)黏土砂　　　(B)桐油砂　　　(C)水玻璃砂　　　(D)石灰石砂

30.型砂的(　　　)是获得轮廓清晰铸件的重要因素。

(A)透气性　　　(B)耐火性　　　(C)强度　　　　(D)可塑性

31.铸造铝合金用原砂选用(　　　)。

(A)细粒砂　　　(B)中粒砂　　　(C)粗粒砂　　　(D)中、粗粒砂

32.膨润土经活化处理能提高黏结力,常用的活化剂为(　　　)。

(A)石灰石　　　(B)石灰　　　　(C)苏打　　　　(D)硅铁粉

33.铸造用硅砂100/50表示筛分后主要粒度组成残留量最集中的筛号为(　　　)。

(A)50目和100目

(B)50目、70目和100目,且50目多于100目

(C)50目、70目和100目,且70目最多

(D)50目、70目和100目,且100目多于50目

34.铸造用硅砂最集中的相邻三筛上残留量之和占砂子总量的百分数称为(　　　)。

(A)主含量　　　(B)粒度　　　　(C)平均细度　　　(D)细度

35. 以( )作为黏结剂的原砂,最好不用海砂,因海砂中含有碱金属等杂质,会引起型砂性能恶化和不稳定。

(A)黏土 (B)水玻璃 (C)树脂 (D)合脂

36. 一级砂芯通常宜采用( )制造。

(A)油脂类 (B)水玻璃 (C)黏土 (D)树脂

37. 对型砂的耐火度和热化学稳定性要求最高的铸件是( )。

(A)铸钢件 (B)铸铁件 (C)铸铝件 (D)铸铜件

38. 配制铸铁小件及有色中小件型芯砂主要用( )。

(A)石英砂 (B)水玻璃 (C)黏土砂 (D)镁砂

39. 因铸钢浇注温度高,一般在 1 500 ℃以上,所以要求硅砂的 SiO_2 含量高,通常要求其含量≥( )。

(A)85% (B)92% (C)95% (D)98%

40. 铸铜件浇注温度在( )左右。

(A)800 ℃ (B)1 000 ℃ (C)1 200 ℃ (D)1 400 ℃

41. 硅砂在( )之间,因相变而发生体积膨胀,且膨胀系数较大。

(A)500 ℃~600 ℃ (B)700 ℃~800 ℃
(C)900 ℃~1 000 ℃ (D)1 100 ℃~1 200 ℃

42. 就一般情况而言,对于以合成树脂为黏结剂的型芯和以有机物为黏结剂的型芯,其砂子的( )要求比铸型用砂更低。

(A)耐火度 (B) SiO_2 含量 (C)含泥量 (D)化学成分

43. 钙基膨润土的工艺性能比钠基膨润土好的是( )。

(A)吸水膨胀,胶体分散性 (B)型砂流动性
(C)热湿拉强度 (D)抗膨胀缺陷能力

44. 铸造用黏土又称为普通黏土或白泥,其主要矿物质为高岭石,黏土的( )不一定小于膨润土。

(A)水化与黏结性 (B)干压强度 (C)湿压强度 (D)热湿拉强度

45. 当水玻璃与油类黏结剂混合在一起,水玻璃将( )。

(A)发生皂化而失去黏结能力 (B)增加湿压强度
(C)增强黏结性 (D)降低热湿拉强度

46. 型芯砂中随着黏土量的增加,强度( )。

(A)不一定提高 (B)也随之提高 (C)不一定降低 (D)也随之降低

47. 砂型的排气能力,一方面靠与型腔穿通的出气孔和冒口以及从砂型背部扎出不贯穿的出气孔来决定;另一方面决定于型砂的( )。

(A)原砂粒度 (B)黏土含量 (C)透气性 (D)水分

48. 下列选项中,影响砂型透气性的因素为( )。

(A)粒度越粗越均匀,则型砂的透气性越好
(B)出气孔的数量
(C)型砂含水量越多,则型砂的透气性越好
(D)冒口的数量和大小

49. 采用( ),则型砂的流动性较好。

(A)粒度大而集中的圆形砂 　　　　　　(B)混碾时间足够长的型砂

(C)混碾时间非常短的型砂 　　　　　　(D)在一定范围内增大黏土与水的加入量

50. 以下选项中,( )是指型砂在外力作用下变形,当外力去除后能完整地保持所赋予的形状的能力。

(A)韧性 　　　　　(B)强度 　　　　　(C)流动性 　　　　　(D)可塑性

51. 型砂种类按用途分为面砂、背砂和( )。

(A)黏土砂 　　　　　(B)水玻璃砂 　　　　　(C)单一砂 　　　　　(D)表干型砂

52. 砂型、型芯表面涂敷涂料,一般可降低铸件表面粗糙度( )级。

(A)1～2 　　　　　(B)2～3 　　　　　(C)3～4 　　　　　(D)4～5

53. 粒状涂料的优越性高于( ),使用时无粉尘污染,涂料性能可保证。

(A)粉状涂料 　　　　　(B)浆状涂料 　　　　　(C)膏状涂料 　　　　　(D)醇基涂料

54. 以下选项中,( )适用于涂层要求较厚的大面积型(芯)表面。

(A)刷涂法 　　　　　(B)浸涂法 　　　　　(C)淋(浇)涂法 　　　　　(D)喷涂法

55. 结构用钢的力学性能主要受( )影响。

(A)强化元素 　　　　　(B)含碳量 　　　　　(C)铁素体量 　　　　　(D)珠光体量

56. 三角试样一般多用于检验( )。

(A)低牌号铸铁 　　　　　(B)高牌号铸铁 　　　　　(C)铸钢 　　　　　(D)非铁合金

57. 根据三角试样的断口颜色和白口宽度只可间接知道( )。

(A)碳量范围 　　　　　(B)(Si+C)的总量 　　　　　(C)碳当量 　　　　　(D)硅量

58. 圆柱形试样法一般多用于检验( )。

(A)低牌号铁液 　　　　　(B)高牌号铁液 　　　　　(C)铸钢 　　　　　(D)非铁合金

59. 春砂时,春头应和模样保持( )的距离。

(A)20 mm～40 mm 　　　　　　(B)40 mm～60 mm

(C)60 mm～80 mm 　　　　　　(D)80 mm～100 mm

60. 应尽量避免采用的芯头形式是( )。

(A)卧式芯头 　　　　　(B)悬臂式芯头 　　　　　(C)挑担式芯头 　　　　　(D)垂直芯头

61. 断面细薄,形状复杂的小砂芯,其外形尺寸小于100×100时,芯骨直径为( )。

(A)1.0 mm～1.5 mm 　　　　　　(B)1.5 mm～2.5 mm

(C)2.0 mm～3.5 mm 　　　　　　(D)3.5 mm～4.0 mm

62. 以下选项中,( )的旋转体类铸件,可采用刮板造型。

(A)尺寸较大,数量少 　　　　　　(B)尺寸较大,数量多

(C)尺寸较小,数量多 　　　　　　(D)尺寸较小,数量少

63. 长度较长的圆柱砂芯,常采用( )芯盒制芯。

(A)整体式 　　　　　(B)对分式 　　　　　(C)脱落式 　　　　　(D)分块式

64. 打开烟道闸门,使炉内湿度不断降低的过程是烘干中的( )阶段。

(A)预热 　　　　　(B)高温加热 　　　　　(C)炉内降温 　　　　　(D)炉外降温

65. 修补砂型应最后修整( )。

(A)上表面 　　　　　(B)侧立面 　　　　　(C)下表面 　　　　　(D)端面

66. 一个简单的圆筒铸件,当其粗而短且是单件或少量生产时,可用( )。

(A)刮板造型　　(B)导向刮板造型　　(C)模样造型　　(D)模板造型

67. 通常情况下,( )容易产生气孔。

(A)干型比湿型　　(B)湿型比干型　　(C)干型比表面型　　(D)表面干型比湿型

68. 砂芯中放入芯骨的主要作用是( )。

(A)增加砂芯的刚度和强度　　(B)便于清砂

(C)便于烘干　　(D)便于收缩

69. 造型时,在铸件的弯角处割出三角筋,是为了防止铸件产生( )。

(A)冷裂　　(B)热裂　　(C)变形　　(D)缩松

70. 两半芯盒分别制芯,然后黏合的两半芯结合处要刮成( )的状况。

(A)中间略低,边缘与芯盒平齐　　(B)中间略高,边缘与芯盒平齐

(C)中间与芯盒平齐,两边略低　　(D)中间略低,边缘略高

71. 叠箱造型时是将几个造好的砂型重叠起来,用( )个直浇道进行浇注的造型方法。

(A)一　　(B)二　　(C)三　　(D)四

72. 砂型在烘干过程中,开始时炉温( )。

(A)上升越快越好　　(B)缓慢上升好

(C)上升快慢与砂型烘干无关　　(D)上升一会快,一会慢

73. 高度大于直径的砂芯,为了合型方便,应该( )。

(A)上、下端都做出芯头　　(B)只做下芯头

(C)上、下芯头都不做出　　(D)只做上芯头

74. 一个槽轮铸件,大量生产时用( )。

(A)抛砂造型　　(B)活砂造型　　(C)三箱造型　　(D)型芯造型

75. 形状复杂,外表面凹凸不平的砂芯,通常采用( )芯盒造芯。

(A)整体式　　(B)对分式　　(C)脱落式　　(D)开盒式

76. 一般来说,大型型芯应( )烘干。

(A)低温快速　　(B)低温缓慢　　(C)高温快速　　(D)高温缓慢

77. 砂型型芯的干强度与烘干温度有关,应根据型砂种类、性能特点和砂型及型芯大小来确定合适的烘干温度和烘干时间。干砂型、型芯砂的适宜烘干温度为( )。

(A)250 ℃～350 ℃　(B)350 ℃～450 ℃　(C)200 ℃～300 ℃　(D)300 ℃～400 ℃

78. 一般砂型的干燥层中残留水分要求不大于( )。

(A)0.20%～0.25%　　(B)0.15%～0.20%

(C)0.10%～0.15%　　(D)0.10%

79. 型砂紧实后的压缩程度称为紧实度,高压紧实后的型砂的紧实度为( )。

(A)0.6 g/cm³～1.0 g/cm³　　(B)1.2 g/cm³～1.3 g/cm³

(C)1.55 g/cm³～1.7 g/cm³　　(D)1.6 g/cm³～1.8 g/cm³

80. 生产中,通常采用砂型硬度计测量砂型的表面硬度,从而确定砂型的紧实度。一般高压造型紧实后的砂型表面硬度可达( )以上。

(A)80　　(B)85　　(C)90　　(D)95

81. 造型比压过大会使型砂的透气性降低,铸件容易产生气孔、粘砂等缺陷,同时起模时

易损坏砂型。高压造型的比压通常为( )。

(A)0.7 MPa～1.5MPa (B)1.0 MPa～1.6 MPa
(C)1.2 MPa～1.8 MPa (D)1.5 MPa～2.0 MPa

82. 以下选项中,( )宜采用慢速浇注。

(A)薄壁铸件 (B)复杂铸件 (C)厚壁铸件 (D)简单铸件

83. 挡渣作用较差的横浇道属于( )浇注系统。

(A)减缩式 (B)缓流式 (C)阻流式 (D)增大式

84. 以下选项中,( )有调节金属液流入型腔的速度和对型腔内金属液产生一定的压力的作用。

(A)外浇口 (B)直浇道 (C)横浇道 (D)内浇道

85. 浇口杯通常单独制成或直接在铸型内形成,成为直浇道顶部的扩大部分。( )不是浇口杯的作用。

(A)接纳来自浇包的金属液,避免金属液飞溅
(B)当浇口杯储存有足够的金属液时,可减少或消除在直浇道顶面产生的水平漩涡,防止熔渣和气体卷入型腔
(C)主要作用是挡渣,阻止熔渣进入型腔
(D)增加静压头高度,提高金属液的充型能力

86. 横浇道中局部加高的结构称为集渣包,离心集渣包一般设在横浇道( )。

(A)靠近直浇道段上 (B)末端 (C)中间 (D)中间靠近内浇道段上

87. 出气冒口一般需放在铸件的( )处。

(A)最高 (B)中间 (C)最低 (D)侧面

88. 以下选项中,( )的作用是控制金属液的充型速度和方向,使之平稳地充型型腔,并调节铸型和铸件各个部分的温差和凝固顺序。

(A)外浇口(浇口杯、浇口盆) (B)直浇道
(C)横浇道 (D)内浇道

89. 以下选项中,( )内浇道造成吸动区域小,有助于横浇道发挥挡渣作用,并且模样制造方便,易于从铸件上去除,应用最广。

(A)扁平梯形 (B)新月形 (C)三角形 (D)半圆形

90. 常用的铸造金属中,浇注温度最高的是( )。

(A)铸铁 (B)铸钢 (C)铸铝 (D)铸铜

91. 沿铸件浇注位置高度,开设两层或多层内浇道的浇注系统,称为( )浇注系统。

(A)顶注式 (B)底注式 (C)中注式 (D)阶梯注入式

92. 和顶注式浇口相比,底注式优点是( )。

(A)有利于补缩 (B)容易注满薄壁型腔
(C)不容易造成局部过热 (D)金属液能平稳地注入型腔

93. 牛角浇口属于( )浇注系统。

(A)顶注式 (B)底注式 (C)中注式 (D)阶梯式

94. 要求同时凝固的铸件,内浇道应开在铸件( )的地方。

(A)薄壁 (B)厚壁 (C)重要 (D)不重要

95. 要求定向凝固的铸件,内浇道应开在铸件(　　)的地方。

(A)薄壁　　　　　(B)厚壁　　　　　(C)重要　　　　　(D)不重要

96. 冒口的凝固时间不应(　　)铸件的凝固时间。

(A)大于　　　　　(B)等于　　　　　(C)小于　　　　　(D)大于等于

97. 为增加铸件局部的冷却速度,在砂型、砂芯表面或型腔中安放的金属物为(　　)。

(A)芯骨　　　　　(B)冷铁　　　　　(C)芯撑　　　　　(D)拉筋

98. 冷铁在(　　)中应用最多。

(A)铸铁件　　　　(B)铸钢件　　　　(C)铸铝件　　　　(D)铸铜件

99. 以下选项中,(　　)要和铸件熔接在一起,故要求它的材质与铸件材质相同或相近。

(A)外冷铁　　　　(B)内冷铁　　　　(C)芯骨　　　　　(D)芯撑

100. 白点属于(　　)缺陷。

(A)裂纹冷隔类　　　　　　　　　　　(B)表面

(C)夹杂类　　　　　　　　　　　　　(D)性能、成分、组织不合格类

101. 型砂的耐火性差,易使铸件产生(　　)。

(A)气孔　　　　　(B)砂眼　　　　　(C)裂纹　　　　　(D)粘砂

102. 混砂不匀,型芯砂水分过高,流动性差,湿强度过高,使砂型、型芯强度不均匀,此因素会导致(　　)。

(A)毛刺　　　　　(B)冲砂　　　　　(C)掉砂　　　　　(D)胀砂

103. 铸造中型腔中气体不能及时排出,易使铸件产生(　　)。

(A)缩松　　　　　(B)砂眼　　　　　(C)粘砂　　　　　(D)浇不足

104. 造成铸件产生砂眼缺陷的主要原因是(　　)。

(A)砂型强度低　　(B)砂箱刚性差　　(C)浇注温度高　　(D)砂型强度高

105. 由于金属液的(　　),使铸件在最后凝固的地方产生缩孔或缩松。

(A)液态收缩　　　　　　　　　　　　(B)凝固收缩

(C)液态收缩和凝固收缩　　　　　　　(D)凝固收缩和固态收缩

106. 铸件残缺或轮廓不完整,或轮廓完整,但边角圆而且光亮的缺陷称为(　　)。

(A)浇不足　　　　(B)未浇满　　　　(C)冷隔　　　　　(D)过硬

107. 以下选项中,(　　)是由于金属液的作用,使砂芯的局部或全部发生位置变化,使铸件质量不符合技术条件要求。

(A)错型　　　　　(B)偏芯　　　　　(C)气孔　　　　　(D)变形

108. 和冷裂不同,热裂的特征是(　　)。

(A)裂口较平直断面未氧化　　　　　　(B)裂口较平直,断面氧化

(C)裂口弯曲而不规则,断面未氧化　　　(D)裂口弯曲而不规则,断面氧化

109. 合型时上、下型定位不准确,浇注后铸件会产生(　　)。

(A)错型　　　　　(B)偏析　　　　　(C)裂纹　　　　　(D)变形

110. 消除铸件中残余应力的方法是(　　)。

(A)同时凝固　　　(B)减缓冷却速度　(C)时效处理　　　(D)及时落砂

111. 下面选项中形成疏松倾向最大的的是(　　)。

(A)纯金属 (B)共晶成分的合金

(C)近共晶成分的合金 (D)远离共晶成分的合金

112. 为保证铸件质量,顺序凝固常用于( )铸件生产。

(A)缩孔倾向大的合金 (B)吸气倾向大的合金

(C)流动性较差的合金 (D)裂纹倾向大的合金

113. 比例是图中图形与其实物相应要素的( )之比。

(A)线性尺寸 (B)投影尺寸 (C)斜线尺寸 (D)折算尺寸

114. 比例 1:500 表示的是图纸尺寸为 1 毫米,相对应的实际尺寸为( )。

(A)50 cm (B)50 m (C)50 mm (D)50 km

115. 3 个直径为 6 沉孔 $\phi12\times90°$ 的注写方法是( )。

(A)3-ϕ6 沉孔 $\phi12\times90°$ (B)3-M6 沉孔 $\phi12\times90°$

(C)6-ϕ3 沉孔 $\phi12\times90°$ (D)6-M3 沉孔 $\phi12\times90°$

116. 尺寸就是用特定长度或角度单位表示的数值,并在技术图样上用图线、符号和( )表示出来。

(A)管理要求 (B)控制要求 (C)技术要求 (D)设计要求

117. 技术制图中汉字的高度 h 不应小于( )。

(A)3 mm (B)3.5 mm (C)4 mm (D)4.5 mm

118. 标注半径时,应在尺寸数字前加注符号( )。

(A)r (B)R (C)ϕ (D)S

119. 从前方投影的视图应尽量反映物体的主要特征,该视图称为( )。

(A)前视图 (B)主视图 (C)仰视图 (D)后视图

120. 线段的标注尺寸为 $28.56^{+0.15}_{-0.10}$,其最大公差范围是( )。

(A)0.15 (B)0.71 (C)0.25 (D)0.05

121. 在螺纹的画法中,螺纹的终止线使用( )绘制。

(A)细实线 (B)粗实线 (C)细点划线 (D)粗点划线

122. ZGCr19Mo2 属于( )型不锈耐酸铸钢的牌号。

(A)铁素体 (B)渗碳体 (C)马氏体 (D)奥氏体

123. ZG1Cr13 属于( )型不锈耐酸铸钢的牌号。

(A)铁素体 (B)渗碳体 (C)马氏体 (D)奥氏体

124. 蠕墨铸铁是大部分石墨为( )的铸铁。

(A)片状石墨 (B)团絮状石墨 (C)蠕虫状石墨 (D) 球状石墨

125. 铸铁常分为灰铸铁、球墨铸铁、( )、可锻铸铁和特殊性能铸铁。

(A)蠕墨铸铁 (B)石墨铸铁 (C)耐磨铸铁 (D)碳墨铸铁

126. 碳钢的密度一般为( )。

(A)7.8 kg/m³~7.85 kg/m³ (B)7.8 kg/m³~7.85×10³ kg/m³

(C)7.8 kg/m³~7.85×10³ g/m³ (D)7.8 kg/m³~7.85×10³ kg/cm³

127. 中碳铸钢含碳量为( )。

(A)0.25%~0.40% (B)0.35%~0.60%

(C)0.40%~0.60% (D)0.25%~0.60%

128. 金属抵抗永久变形和断裂的能力称为( )。
(A)强度 (B)硬度 (C)延展性 (D)韧度

129. 以下材料导电性最好的是( )。
(A)银 (B)铜 (C)铝 (D)铁

130. 洛氏硬度可用来测定热处理工件、或品件、高硬度或低硬度的黑色金属材料及非铁金属,其表示符号是( )。
(A)HA (B)HB (C)HR (D)HV

131. 边长为 2 cm×3 cm×4 cm 的长方体,其表面积为( )。
(A)52 cm² (B)50 cm² (C)56 cm² (D)62 cm²

132. 计量大会把表示( )的单位以及表示立体角的单位另列为一类,称为辅助单位。
(A)锐角 (B)钝角 (C)平面角 (D)弧面角

133. 底面半径为 2 cm,高为 6 cm 的圆锥体,其体积为( )。(A、2、Z)
(A)75.36 cm³ (B)37.68 cm³ (C)25.12 cm³ (D)50.24 cm³

134. 图 2 的面积为( )。(图中尺寸单位:cm)
(A)3.28 cm² (B)3.14 cm² (C)1.14 cm² (D)2.28 cm²

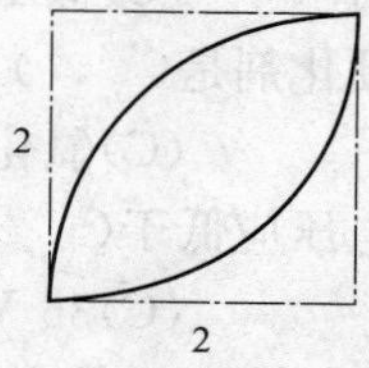

图 2

135. 以下选项中,属于啮合传动类的带传动是( )。
(A)平带传动 (B)V 带传动 (C)圆带传动 (D)同步带传动

136. 带式输送机输送干砂的爬升角度为( )。
(A)0° (B)15° (C)30° (D)60°

137. 液压传动是借助于( )来传递功率和运动。(A、2、Z)
(A)气体介质 (B)油或水 (C)水液介质 (D)光或电

138. 正弦交流电就是电动势、( )、电流随时间按正弦函数规律而变化的交流电。
(A)电阻 (B)电抗 (C)电路 (D)电压

139. 并联时电流分配是电阻值小的支路电流大,电阻值大的支路电流( )。
(A)小 (B)大 (C)零 (D)相同

140. 最高管理者应以增强顾客( )为目的,确保顾客的要求得到确定并予以满足。
(A)要求 (B)满意 (C)放心 (D)信任

141. 卸载回路属于( )回路。
(A)方向控制 (B)压力控制 (C)速度控制 (D)时间控制

142. 以操作工人为主,维修工人配合所进行的保养是( )。
(A)日常保养 (B)一级保养 (C)二级保养 (D)特殊保养

143. 用来修整曲面或窄小凹面的工具是（　　　　）。
(A)压勺　　　　(B)镘刀　　　　(C)双头铜勺　　　　(D)提钩

144. 发现精密量具有不正常现象时，应（　　　　）。
(A)进行报废　　　　(B)及时送交计量室检修
(C)继续使用　　　　(D)自己动手修理

145. 主要用于测量型芯的高度、厚度及相对高度的量具是（　　　　）。
(A)卡规　　　　(B)环规　　　　(C)样板　　　　(D)量规

146. 铸件内部质量最好的铸造方法是（　　　　）。
(A)砂型铸造　　　　(B)熔模铸造　　　　(C)金属型铸造　　　　(D)陶瓷型铸造

147. 下列铸造方法中，生产铸件重量最小的方法是（　　　　）。
(A)熔模铸造　　　　(B)离心铸造　　　　(C)陶瓷型铸造　　　　(D)连续铸造

148. 最适宜浇注耐热合金复杂铸件的特种铸造方法是（　　　　）。
(A)压力铸造　　　　(B)离心铸造　　　　(C)熔模铸造　　　　(D)低压铸造

149. 下列特种铸造方法中，仅适宜生产中小件的方法是（　　　　）。
(A)熔模铸造　　　　(B)离心铸造　　　　(C)陶瓷型铸造　　　　(D)连续铸造

150. 下列特种铸造方法中，能生产最薄铸件的方法是（　　　　）。
(A)熔模铸造　　　　(B)金属型铸造　　　　(C)低压铸造　　　　(D)离心铸造

151. 水玻璃涂料型壳硬化采用的硬化剂是（　　　　）。
(A)氢氧化钠　　　　(B)氯化钠　　　　(C)氯化铵　　　　(D)苯磺酸

152. 铸造车间修炉使用的照明灯电压应低于（　　　　）。
(A)220 V　　　　(B)380 V　　　　(C)36 V　　　　(D)12 V

153. 特殊劳动保护是对（　　　　）在劳动过程中的安全与健康予以的特殊保护。
(A)女职工　　　　(B)未成年工
(C)女职工和未成年工　　　　(D)年老妇女和未成年工

154. 下列关于清理作业操作规程说法错误的是（　　　　）。
(A)长期从事铸件清理工作会影响呼吸系统，容易引起尘肺病
(B)工作完成之后，可以使用风管吹拭工作服及身体上的灰尘
(C)清理工作场地应经常湿式作业
(D)当有触电事故发生时，应立即拉闸断电，使触电者脱离电源

155. 生产经营单位应建立、健全本单位（　　　　）责任制。
(A)安全生产　　　　(B)文明生产　　　　(C)安全作业　　　　(D)文明作业

156. 垃圾侵占土地，堵塞江湖，有碍卫生，危害农作物生长及（　　　　）的现象，称为垃圾污染。
(A)人体卫生　　　　(B)人体生命　　　　(C)安全作业　　　　(D)文明作业

157. 热节不大的小型铸铁件，可采用（　　　　）。
(A)明顶冒口　　　　(B)暗顶冒口　　　　(C)压边冒口　　　　(D)暗侧冒口

158. 镇静钢、沸腾钢主要区别在于（　　　　）。
(A)脱氧工艺不同　　　　(B)脱氧剂不同
(C)脱氧程度不同　　　　(D)吹氧量不同

159. 炉渣的主要作用是( )。
(A)保温与脱气
(B)脱硫与脱磷等
(C)控制和调整化学成分
(D)脱硫、调整化学成分

160. 酸性炉渣是指炉渣碱度( )。
(A)<1　　　　　(B)=1　　　　　(C)<2　　　　　(D)=2

161. 碱性电弧炉单渣法炼钢是指( )。
(A)氧化法　　　(B)不氧化法　　　(C)返回法　　　(D)AOD法

162. 电炉以出钢槽形式出钢时,炉体向出钢口方向倾动( )。
(A)0~15°　　　(B)15°~30°　　　(C)30°~45°　　　(D)45°~60°

163. 电弧炉炼钢常用的造渣剂不包括( )。
(A)炭粉　　　　(B)萤石　　　　　(C)石灰　　　　　(D)锰铁

164. 炼钢中不允许使用石灰粉末,因为其中含有大量( )。
(A)气体　　　　(B)水分　　　　　(C)夹杂物　　　　(D)粉尘

165. 冶炼过程中,烟气量最大的阶段是( )。
(A)熔化期　　　(B)氧化期　　　　(C)还原期　　　　(D)出钢

166. 正常情况下,氧化末期扒渣后增碳,生铁的收得率为( )。
(A)100%　　　(B)30%~40%　　(C)40%~60%　　(D)60%~80%

167. 电炉还原渣冷却后呈黄色,说明渣中( )含量高。
(A)二氧化硅　　(B)氧化钙　　　　(C)氟化钙　　　　(D)氧化铁

168. 电炉还原渣冷却后呈绿色,说明渣中( )含量高。
(A)二氧化硅　　(B)氧化锰　　　　(C)三氧化二铬　　(D)氧化铁

169. 炉渣中的( )含量多少,直接影响合金元素收得率的高低。
(A)CaO　　　　(B)SiO_2　　　　(C)CaF_2　　　　(D)FeO

170. 钼铁的加入时间为( )。
(A)随炉料装入　(B)氧化末期　　　(C)还原初期　　　(D)出钢过程

171. 出钢温度通常是由( )决定的。
(A)开浇温度、出钢温降和浇注过程中的温降
(B)开浇温度、出钢温降和镇静温降
(C)开浇温度、出钢温降和钢包中停留温降
(D)开浇温度、出钢温降、镇静温降和和浇注过程温降

172. 一般情况下,出钢温度最高的应该是( )。
(A)低碳钢　　　(B)中碳钢　　　　(C)高碳钢　　　　(D)都一样

173. 出钢过程中脱硫主要是( )。
(A)加铝终脱氧的同时也进行了脱硫
(B)钢渣混出过程扩大炉渣与钢液间的接触面积,起到了进一步脱硫的作用
(C)钢渣混出过程扩大铝与钢液硫的接触,起到了进一步脱硫的作用
(D)加稀土进行脱硫

174. 钢包从停止烘烤到出钢,一般不许超过( )。
(A)2 min　　　(B)3 min　　　　(C)4 min　　　　(D)5 min

三、多项选择题

1. 铸型装配图常应用于生产（　　　）的铸件，是生产准备、合型、检验、工艺调整的依据。

(A)成批、大量　　　　(B)单件、小批　　　　(C)复杂　　　　(D)简单

2. 铸型装配图应在图中表示型芯的（　　　）。

(A)在型腔中的位置　(B)下芯顺序　　　　(C)固定方法　　　　(D)结构尺寸

3. 铸造工艺规程是用（　　　）说明铸造过程的顺序、方法、规范以及所采用的材料和规格等内容的技术文件。

(A)文字　　　　　　(B)表格　　　　　　(C)图样　　　　　　(D)公式

4. 专用的工艺文件是针对不同的用户所提出的对铸件尺寸、形状、材质要求所制定的。其格式和内容由铸件的（　　　）决定，其形式一般有铸造工艺图、铸型装配图、铸件图等。

(A)结构　　　　　　(B)技术要求　　　　(C)数量　　　　　　(D)材质

5.《铸造工艺符号及表示方法》适用于砂型（　　　）等。

(A)铸钢件　　　　　(B)铸铁件　　　　　(C)非铁合金铸件　　(D)注塑零件

6. 机械加工余量的乙类形式是在墨线图上用（　　　）分别表示毛坯轮廓、零件形状，注明加工余量数值。

(A)粗实线　　　　　(B)双点划线　　　　(C)细实线　　　　　(D)红色线

7. 出气孔，在墨线图（乙类形式）和蓝图（甲类形式）上分别用（　　　）表示，并注明各部尺寸。

(A)细实线　　　　　(B)红色线　　　　　(C)粗实线　　　　　(D)蓝色线

8. 浇注系统的甲类形式是在蓝图上用（　　　）表示，并注明各部尺寸。

(A)红色线　　　　　(B)红色双线　　　　(C)蓝色线　　　　　(D)细实线

9. 工艺夹头，在蓝图和墨线图上分别用（　　　）划出工艺夹头的轮廓，并写出"工艺夹头"字样。

(A)红色线　　　　　(B)双点划线　　　　(C)蓝色线　　　　　(D)粗实线

10. 浇注系统的乙类形式是在图上用（　　　）表示，并注明各部尺寸。

(A)红色线　　　　　(B)双细实线　　　　(C)细实线　　　　　(D)红色双线

11. 造型制芯材料的广泛含义是指（　　　）的各种材料。

(A)用来制造铸型　　　　　　　　　　　(B)用来制造模型

(C)用来制造型芯　　　　　　　　　　　(D)用来配制涂料

12. 关于代号 ZGS98-70/40(47)的说法，下列正确的是（　　　）。

(A)铸造用硅砂 SiO_2 平均含量为 98%

(B)砂子的平均细度为 47

(C)残留量最多的筛号分别是 40 目、50 目、70 目

(D)70 目筛中的残留量比 40 目的多

13. 某铸造用硅砂筛分结果见表 1，用来表示主要粒度组成的筛号是（　　　）。

表　1

筛号(目)	6	12	20	30	40	50	70	100	140	200	270	底盘	总泥量
停留量(%)	0.2	0.5	3.0	6.5	9.5	20.6	36.5	16.0	4.2	1.6	0.5	0.4	0.5

(A)6　　　　　　　(B)50　　　　　　　(C)70　　　　　　　(D)100

14. 关于砂子的平均细度表述正确的是( )。

(A)砂子的粗细程度　　　　　　(B)砂子粒径大小的程度

(C)砂子的颗粒分布情况　　　　　　(D)其数值是整数

15. 以下较适宜于铸造高锰钢的面砂的是( )。

(A)硅砂　　　　(B)橄榄石砂　　　　(C)镁砂　　　　(D)刚玉砂

16. 钠基膨润土的工艺性能比钙基膨润土高的是( )。

(A)型砂流动性　　(B)热湿拉强度　　(C)湿压强度　　(D)干压强度

17. 铸造用膨润土还可以根据工艺试样的( )进行分级。

(A)干压强度　　(B)湿压强度　　(C)湿拉强度　　(D)热湿拉强度

18. 铸造用黏土可按耐火度、工艺试样( )值进行分级。

(A)干压强度　　(B)湿压强度　　(C)湿拉强度　　(D)热湿拉强度

19. 型砂必须具有足够的强度以承受各种外力的作用,如型砂的强度不足,在造型、下芯、合箱、搬动和浇注时,砂型和型芯就可能产生破损、塌落以及型芯表面经受不住金属液的冲刷而使铸件产生砂眼、( )等铸造缺陷。

(A)错边　　　　(B)偏芯　　　　(C)夹砂　　　　(D)胀砂

20. 型芯砂的强度随着( )而提高。

(A)黏结剂的增加　　(B)水分的增加　　(C)紧实率的增加　　(D)原砂颗粒均匀程度

21. 型砂紧实后的压缩程度称为紧实度,可用( )表示。

(A)密度　　　　(B)砂型硬度　　　　(C)相对长度　　　　(D)相对体积

22. 当黏土的加入量,紧实条件和混砂工艺相同的情况下,原砂颗粒越( )则强度越高。

(A)均匀　　　　(B)不均匀　　　　(C)粗　　　　(D)细

23. 以下选项中,关于影响型砂透气性因素说法正确的是( )。

(A)粒度越细越不均匀,则型砂的透气性越好

(B)冒口越大数量越多,则型砂的透气性越好

(C)型砂含水量一定时,黏土加入量越多,则透气性越差

(D)合适的水分能保证型砂具有良好的透气性,但不宜过多,否则会降低透气性

24. 略提高型砂的水分,湿强度虽有下降,但型砂的( )会提高,起模时却不易损坏铸型。

(A)可塑性　　　　(B)流动性　　　　(C)韧性　　　　(D)透气性

25. 平板压实方法,主要用于砂箱高度不超过 150 mm,而且( )的情况下。

(A)深凹比较小　　　　　　(B)模样比较矮

(C)模样顶上的砂柱较高　　　　　　(D)模样较复杂

26. 在( )运动中,下落过程撞击使型砂因惯性获得紧实的过程称为震实。

(A)高频率　　　　(B)低频率　　　　(C)高振幅　　　　(D)低振幅

27. 采用(　　)的砂,则型砂的流动性较好。

(A)粒度大而集中　(B)粒度小而分散　(C)尖形　　　　(D)圆形

28. 型砂的流动性随(　　)在一定范围内增大而降低,黏土的种类对型砂的流动性有很大的影响。

(A)黏土加入量　　(B)水的加入量　　(C)原砂粒度　　(D)原砂颗粒集中程度

29. 型砂种类按用途分为(　　)和单一砂。

(A)干型砂　　　　(B)面砂　　　　　(C)背砂　　　　(D)表干型砂

30. 背砂只要求具有(　　)。

(A)较好的透气性　(B)较高的耐火度　(C)一定的韧性　(D)一定的强度

31. 以下使用面砂和背砂较多的是(　　)。

(A)大批量生产　　　　　　　　　(B)手工造型

(C)重要大件机器造型　　　　　　(D)中、小件机器造型

32. 砂型、型芯表面涂敷涂料可防止或减少(　　)等铸造缺陷。

(A)气孔　　　　　(B)粘砂　　　　　(C)砂眼　　　　(D)夹砂

33. 对(　　)适于放内冷铁。

(A)壁较薄的铸件　　　　　　　　(B)难以设置冒口的部位

(C)比较厚的铸件　　　　　　　　(D)承受高温、高压和质量要求很高的铸件

34. 醇基涂料常用(　　)作为载体。这种涂料可点燃"自干",缩短生产周期,节约能源,但涂料成本高,运输不便,悬浮性、涂刷性等不如水基涂料。

(A)甲醇　　　　　(B)乙醇　　　　　(C)乙二醇　　　(D)异丙醇

35. 铸型涂料按供货状态又分为浆状、膏状、粉状和粒状等四种形式。(　　)的特点是涂料已完全制备好,用户使用时只需加入一定量的载体,将涂料稀释到一定的黏度后便可使用。

(A)浆状涂料　　　(B)膏状涂料　　　(C)粉状涂料　　(D)粒状涂料

36. 孕育铸铁适当控制孕育处理的原铁液的(　　),是实现有效孕育处理的重要条件。

(A)化学成分　　　(B)碳硅含量　　　(C)硅碳比　　　(D)温度

37. 钢的热处理方式包括退火、正火、正火加回火及淬火加回火,在不同热处理条件下,钢的性能有一定的差别,特别是在实际生产中,铸件有同样的化学成分和热处理条件,由于(　　)不同,其性能可能产生相当大的差异。

(A)结构　　　　　(B)凝固过程　　　(C)结晶条件　　(D)组织

38. 以下选项中,(　　)为无机类铸造用黏结剂。

(A)铸造用黏土　　(B)铸造用膨润土　(C)水玻璃　　　(D)合成树脂

39. 植物油黏结剂一般用来制作型芯。因其(　　),所以型芯在湿态时易产生蠕变,在烘干硬化以后有较高的干强度。

(A)湿强度较低　　　　　　　　　(B)表面张力和黏度较高

(C)芯砂流动性较好　　　　　　　(D)芯砂韧性差

40. 铸铜件浇注温度在 1200℃左右,要求型砂:(　　)。

(A)化学成分要求不高　　　　　　(B)SiO_2 含量要求高

(C)粒度选择要求比数细小   (D)颗粒形状选择要均匀

41. 铸铝件浇注温度一般均在700 ℃~800 ℃左右,由于对铸件的表面要求光洁平整,所以一般要求(　　)。

(A)对砂子的化学成分无特殊要求   (B)选用100/200 或 140/270 的细砂

(C)对砂子的化学成分要求高   (D)选用40/70 或 50/100 的细砂

42. 铸铁件浇注温度一般为 1 340 ℃~1 420 ℃,对硅砂的(　　)均低于铸钢件的要求。

(A)SiO_2含量   (B)耐火度   (C)粒度   (D)颗粒形状

43. 三角试样法的试样砂型,可用干砂型或湿砂型,试样冷却至暗红色(700 ℃~800 ℃)淬水,若水强烈沸腾,则(　　)。

(A)试样温度过高   (B)水温过高   (C)下水速度过快   (D)下水速度过慢

44. 圆柱形试样法,若内部粗大里外不均,则碳当量高,(　　)。

(A)孕育良好   (B)孕育不良   (C)壁厚敏感性小   (D)壁厚敏感性大

45. 冲天炉修炉过桥填料常用(　　)的混合料。

(A)黏土   (B)耐火砖粉   (C)石墨粉   (D)硅砂

46. 浇包修理时,修包常用材料有(　　)。

(A)耐火砖   (B)耐火泥   (C)焦炭粉   (D)黏土

47. 如果一个铸件虽然重量和壁厚并不大,但很复杂,就要采取(　　)造型才能浇出合格的铸件。

(A)湿型砂   (B)干型砂   (C)湿型湿芯   (D)湿砂型干芯砂

48. 可用于成批生产结构复杂的铸件的是(　　)。

(A)刮板造型   (B)劈箱造型   (C)组芯造型   (D)地坑造型

49. 可用于精度要求高、形状较复杂的中、小铸件的大量生产的是(　　)。

(A)震击造型   (B)单向压实造型   (C)气流静压造型   (D)气流冲击造型

50. 砂型烘干温度与烘干时间与许多因素有关。在烘干温度和操作条件一定的条件时,(　　),烘干时间就越长。

(A)型砂粒度就越粗 (B)型砂水分越多   (C)砂型体积越小   (D)砂型截面积越大

51. 下列选项中,说法错误的是:(　　)。

(A)大型芯应高温缓慢烘干

(B)芯砂中含水分高的,达到最高温度的时间比含水分低的要长

(C)砂粒粗的所需烘干时间比砂粒细的要长

(D)烘炉中空气的相对湿度高则型芯强度将会降低

52. 砂型经过紧实后的紧实度应控制在一定的范围内。对紧实后的砂型最低的要求是能经受住(　　)满足使用要求,保证铸件的尺寸精度,以及获得低的表面粗糙度。

(A)压铁   (B)搬运或翻转过程中的振动

(C)浇注时金属液的压力   (D)凝固时石墨的膨胀力

53. 震实法与压实法相反,其紧实度分布和适用模样分别为(　　)。

(A)靠近模板一面最高   (B)靠近模板一面最低

(C)模样较高   (D)模样较低

54. 压实法造型时,用来补偿压实过程中砂柱受压缩的高度的辅助框高度,由(　　)

确定。

　　(A)油压、机械或气压的压力　　　　　(B)型砂的流动性

　　(C)型砂紧实度　　　　　　　　　　　(D)砂箱高度

55. 截面形状为(　　)的横浇道主要用于浇注灰铸铁和有色金属铸件。

　　(A)圆形　　　　(B)菱形　　　　(C)梯形　　　　(D)圆顶梯形

56. 以下选项中,不是冒口的作用的是(　　)。

　　(A)补缩铸件,防止缩孔和缩松

　　(B)聚集浮渣,避免造成铸件夹渣、砂眼等缺陷

　　(C)合型定位

　　(D)聚集冷铁水

57. 冒口应满足(　　)。

　　(A)冒口中的液态金属必须有足够的补缩压力和通道,以使金属液能顺利地流到需补缩
　　　　的部位

　　(B)冒口的凝固时间应小于铸件的凝固时间

　　(C)冒口的大小应大于或等于补充铸件收缩的金属液

　　(D)在保证铸件质量的前提下,使冒口所消耗的金属液量最少

58. 浇注工艺的主要内容包括(　　)。

　　(A)浇注数量　　　(B)浇注温度　　　(C)浇注时间　　　(D)浇注速度

59. 浇注温度可根据合金种类、成分,铸件的质量、壁厚、结构复杂程度及铸型条件综合考
虑。以下选项中,应采用低温浇注的是(　　)。

　　(A)厚实的铸件　　　　　　　　　　　(B)结构复杂的薄壁的铸件

　　(C)易产生热裂的铸件　　　　　　　　(D)铸件表面积与体积之比较大的铸件

60. 灰铸铁有良好的流动性,宜采用"(　　)"。这有利于夹渣的去除、组织的细化、力学
性能的提高。

　　(A)高温出炉　　　(B)低温出炉　　　(C)高温浇注　　　(D)低温浇注

61. 浇注时要求金属液平稳地充满铸型,既要尽量避免紊流和铸型被冲坏,又不致产生冷
隔或浇不足的现象。生产中应根据铸件结构及技术要求选择浇注速度,对于(　　)的铸件宜
慢速浇注。

　　(A)形状简单　　　(B)形状复杂　　　(C)具有大平面　　　(D)厚实

62. 以下选项中,(　　)是产生飞翅的主要原因。

　　(A)修型砂、型芯时,误将棱边修圆

　　(B)由于砂型、型芯放置和烘干不当等原因使砂型、型芯变形,导致分型面、分芯面、芯头
　　　　与芯座贴合不严

　　(C)砂型、型芯烘干规范不正确,烘干不足或过烧,导致砂型、型芯开裂

　　(D)干型、干芯或自硬砂型、型芯在放置过程中吸湿返潮,强度下降,浇注时开裂

63. 型砂、芯砂和涂料成分不当,与金属液反应,形成(　　)。

　　(A)析出气孔　　　(B)卷入气孔　　　(C)表面针孔　　　(D)皮下针孔

64. 合金在(　　)条件下,易形成集中性的缩孔,补缩容易。

　　(A)凝固温度间隔长　(B)凝固时间间隔短　(C)顺序凝固　　　(D)糊状凝固

65. 铸造用硅砂主要粒度组成（　　）表示是错误的。
(A)筛分时的首位筛号
(B)筛分时残留量最多的三筛的首尾筛号
(C)残留量最多的相邻三筛的的首尾筛号
(D)残留最多的筛号写在前面

66. 由于炉料潮湿、锈蚀、油污，气候潮湿，坩埚、熔炼工具和浇包不干，金属液成分不当，合金液未精炼或精炼不够，致使金属液中含有大量气体或产气物质，从而在铸件中易形成（　　）。
(A)侵入气孔　　(B)析出气孔　　(C)卷入气孔　　(D)反应气孔

67. 就一般情况而言，制芯用砂子的（　　）应较高于铸型用砂。
(A)耐火度　　(B)SiO_2含量　　(C)含泥量　　(D)化学成分

68. 下列属于有机类铸造用黏结剂的是（　　）。
(A)铸造用黏土　　(B)铸造用膨润土　　(C)呋喃树脂　　(D)合成树酯

69. 型砂在（　　）作用下，质点间相互作用的能力称为流动性。
(A)惯性力　　(B)外力　　(C)本身重力　　(D)摩擦力

70. 砂型、型芯表面涂敷涂料可提高铸件（　　）的效率。
(A)造型　　(B)冷却　　(C)落砂　　(D)清理

71. 对于较复杂的模样高压造型，（　　）方法是不能获得紧实度均匀的砂型。
(A)微震
(B)模板加压与对压法
(C)提高压前型砂紧实度
(D)加大压缩比的差别

72. 浇注温度过低易产生（　　）。
(A)缩松　　(B)疏松　　(C)缩孔　　(D)缩沉

73. 尺寸线用细实线绘制，其终端的形式有（　　）。
(A)箭头　　(B)原点　　(C)斜线　　(D)直线

74. 配合的种类有（　　）。
(A)间隙配合　　(B)过盈配合　　(C)过量配合　　(D)过渡配合

75. 以下选项中，（　　）形位公差的误差的测量不涉及基准。
(A)直线度　　(B)平面度　　(C)圆度　　(D)圆柱度

76. 以下选项中，（　　）是完整的零件图所应包括的内容。
(A)一组图形　　(B)技术要求　　(C)完整的尺寸　　(D)标题栏

77. 螺纹代号由（　　）组成。
(A)螺纹长度　　(B)牙型代号　　(C)螺距　　(D)旋向

78. 以下选项中，（　　）是铸钢熔炼常用的金属材料。
(A)纯金属　　(B)废钢　　(C)回炉料　　(D)生铁及铁合金

79. 常见的金属晶格有（　　）。
(A)体心立方晶格
(B)面心立方晶格
(C)间隔立方晶格
(D)密排六方晶格

80. 关于铸造合金牌号，以下说法正确的是：（　　）。
(A)QT400-18 的伸长率为 18%
(B)ZG200-400 其屈服强度为 200 MPa
(C)QT400-18 是一种球墨铸铁

(D)ZG25MnCrNiMo 中的 25 表示碳的名义百分含量

81. 铸铁按碳存在形式进行分类,可以分为( )。

(A)白口铸铁 　　　(B)灰口铸铁 　　　(C)麻口铸铁 　　　(D)可锻铸铁

82. 以下关于铸铁的说法正确的是:( )。

(A)铸铁的含碳量较高

(B)硫元素会对球墨铸铁产生有害影响

(C)铸铁按其特殊性能可分为耐磨铸铁、耐热铸铁以及耐蚀铸铁

(D)灰铸铁有着很好的强度、减震性以及铸造性能

83. 以下关于不锈钢特点说法正确的是:( )。

(A)弹性差,价格低廉 　　　　　　　(B)光亮度好

(C)强度高 　　　　　　　　　　　　(D)耐蚀好

84. 以下选项中,属于易熔金属的是:( )。

(A)铅 　　　　(B)锡 　　　　(C)铋 　　　　(D)铁

85. 关于带传动的特点以下说法正确的是:( )。

(A)传动带富有弹性,可以缓和冲击,吸收振动,使运动平稳,无噪声

(B)传动带与带轮间总有一些滑动,不能保证恒定的传动比

(C)带传动能适应两轴中心距较大的场合,结构简单,使用维护方便

(D)带传动轮廓尺寸较大,对轴和轴承的压力较大

86. 全面质量管理的四大支柱是:( )。

(A)PDCA 循环 　　　　　　　　　　(B)质量管理教育

(C)标准化 　　　　　　　　　　　　(D)质量管理小组

87. 以下选项中属于全面质量管理基本观点是:( )。

(A)用户第一的观点 　　　　　　　　(B)一切用数据说话的观点

(C)以预防为主的观点 　　　　　　　(D)全员参加管理的观点

88. Z2310 型造型机主要组成部分有( )。

(A)震击机构 　　　(B)翻转机构 　　　(C)起模机构 　　　(D)紧实机构

89. 下列选项中是砂处理设备的有( )。

(A)混砂机 　　　(B)破碎设备 　　　(C) 清砂设备 　　　(D)带式输送机

90. 以下选项中,可用来涂刷涂料的工具为( )。

(A)掸笔 　　　(B)排笔 　　　(C)粉袋 　　　(D)刮尺

91. 以下选项中属于特种铸造的是( )。

(A)熔模铸造 　　　(B)金属型铸造 　　　(C)砂型铸造 　　　(D)压力铸造

92. 关于特种铸造说法正确的是:( )。

(A)与砂型铸造相比,特种铸造铸件的尺寸精度较高,表面粗糙度值较低

(B)金属型铸造铸件尺寸精度高,表面粗糙度值小,因而可以实现少切屑或无切屑

(C)特种铸造方法一般适用于小批量生产的铸件

(D)复杂大型铸件生产数量很大时,应采用金属型铸造

93. 在金属型的工作表面涂刷涂料的作用是:( )。

(A)调节铸件的冷却速度 　　　　　　(B)保护金属模具

(C)利用涂料层蓄气排气　　　　　　　　(D)利于铸件脱模

94. 下列关于金属型铸造说法正确的是:(　　)。

(A)未预热的金属型不能浇注,否则会产生冷隔、浇不到、夹杂、气孔等缺陷

(B)由于金属型没有退让性,铸件宜迟些从型中取出

(C)金属型铸造适用于单件、小批量生产的铸件

(D)金属型使铸件冷却速度加快,铸件晶粒细,组织致密,从而提高了铸件力学性能。

95. 铸造车间影响环境与职业安全卫生的污染分为(　　)。

(A)废水　　　　　(B)废渣　　　　　(C)噪声　　　　　(D)空气污染

96. 以下对于手工制芯操作说法不正确的是:(　　)。

(A)制芯时,清理型腔内部杂物,可以使用手指清理

(B)芯砂注入芯盒时,手指不要放入芯盒,以免受到伤害

(C)制芯时,要把握好砂芯的干湿程度,避免型芯变形

(D)敲打芯盒时可以使用铁锤或木锤

97. 以下选项中属于当今世界上主要的无污染能源的是:(　　)。

(A)太阳能　　　　(B)海洋能　　　　(C)风能　　　　　(D)地热能

98. 钢按脱氧程度分类包括(　　)。

(A)镇静钢　　　　(B)沸腾钢　　　　(C)半镇静钢　　　(D)半沸腾钢

99. 影响钢液黏度的主要因素有(　　)。

(A)钢液体积　　　(B)温度　　　　　(C)钢液成分　　　(D)非金属夹杂物

100. 熔渣的主要来源包括(　　)。

(A)冶炼中生铁、废钢、合金钢等金属原料中各种元素的氧化产物及脱硫产物

(B)人为加入的造渣材料如石灰、萤石、电石等

(C)被侵蚀下来的耐火材料

(D)各种原材料带入的泥沙和铁锈

101. 熔渣的作用包括(　　)。

(A)通过调整熔渣成分来控制炉内反应进行的方向及防止炉衬被过分侵蚀

(B)覆盖钢液,减少散热和吸收氢、氮等气体

(C)吸收钢液中的非金属夹杂物

(D)搅拌钢液,均匀钢液成分

102. 影响电炉炉渣熔点的主要因素有(　　)。

(A)炉渣的碱度　　　　　　　　　　　　(B)渣中氧化镁含量

(C)渣量　　　　　　　　　　　　　　　(D)渣中氧化铁含量

103. 电炉配碳的作用包括(　　)。

(A)为电炉炼钢提供必要的化学热　　　　(B)可以搅动熔池,加速冶金反应速度

(C)碳优先于铁和氧的反应　　　　　　　(D)碳氧反应有利于去气、去杂质

104. 熔化期的主要任务包括(　　)。

(A)化料　　　　　(B)造熔化渣　　　(C)脱磷　　　　　(D)去碳

105. 熔化期可分为(　　)几个阶段。

(A)起弧　　　　　(B)穿井　　　　　(C)主熔化期　　　(D)熔末升温

106. 氧化末期进行扒渣操作的原因是（　　）。

(A)防止还原期回磷 　　　　　　(B)防止还原期回硫

(C)提高合金元素的收得率 　　　(D)减少脱氧剂消耗

107. 还原期的任务包括（　　）。

(A)脱磷 　　　　(B)脱硫、脱氧 　　　(C)合金化 　　　(D)调整温度

108. 下列炉渣中，属于还原性炉渣的是（　　）。

(A)弱电石渣 　　　　　　　　　　(B)炭-硅粉混合白渣

(C)炭一硅粉白渣 　　　　　　　　(D)快白渣

109. 还原期温度偏高时，容易出现（　　）等问题。

(A)炉渣变稀 　　　　　　　　　　(B)还原渣不易保持稳定

(C)钢液脱氧不良 　　　　　　　　(D)钢液容易吸气

110. 出钢时渣量过大会造成（　　）。

(A)影响钢水量的准确判断 　　　　(B)增加耐火材料的消耗

(C)影响钢液镇静脱氧 　　　　　　(D)钢液化学成分不稳定

111. 出钢前，做好出钢槽的清洁工作，出钢口至出钢槽要尽量平整的作用是（　　）。

(A)保证钢水流畅 　　　　　　　　(B)有利于脱氧

(C)防止散流 　　　　　　　　　　(D)减少钢水二次氧化

112. 熔氧期的主要任务包括（　　）。

(A)熔化废钢 　　　(B)去磷、降碳 　　　(C)去气、去夹杂 　　　(D)调整温度

113. 对钢水的检验项目包括（　　）。

(A)钢水重量 　　　(B)钢水温度 　　　(C)钢水体积 　　　(D)钢水化学成分

114. 电炉测温取样前搅动熔池的作用（　　）。

(A)促进合金元素的扩散 　　　　　(B)使钢液的成分均匀化

(C)减少取样偏差 　　　　　　　　(D)增强炉渣的流动性

四、判 断 题

1. 铸件图能够直接反映切削余量、加工基准、工艺余量、收缩率、起模斜度等尺寸公差和精度。（　　）

2. 铸造工正确认识和理解铸造工艺规程，对产出合格的铸件、提高生产率及降低成本均有很大的作用。（　　）

3. 通用的工艺文件与专用的工艺文件有本质上的区别。（　　）

4. 大批量、机械化生产的铸件，一般没有较具体的工艺文件。（　　）

5. 铸造工艺图反映铸造工艺设计的思路，常用于大批量、机械化生产中的一线生产现场。（　　）

6. 对于大批量生产及复杂的铸件不需要绘制铸型装配图，有时生产厂商也用铸造工艺图代替铸型装配图进行指导生产。（　　）

7. 《铸造工艺符号及表示方法》适用于砂型铸钢件、铸铁件及非铁合金铸件。（　　）

8. 分型负数的甲类形式是在蓝图上用蓝色线表示，并注明减量数值。（　　）

9. 冷铁的乙类形式是在墨线图上用细实线表示,圆钢冷铁涂淡黑色,成型冷铁打叉,冷铁的编号、数量及规格标注在引线上。(　　　)

10. 捣砂、出气和紧固方向的乙类形式是在墨线图上用细实线表示,箭头表示方向,箭尾画出不同符号。(　　　)

11. 芯头斜度与间隙的甲类形式是在蓝图上用蓝色线、乙类形式是在墨线图上用细实线表示,并注明斜度及间隙数值。(　　　)

12. 芯撑用蓝色线(蓝图)或细实线(墨线图)表示,特殊结构的芯撑写出"芯撑"字样。(　　　)

13. 本体试样在蓝图上用红色线、墨线图上用细实线表示,注明各部尺寸,并写出"本体试样"字样。(　　　)

14. 造型制芯材料的广泛含义是指用来制作铸型、型芯和配制涂料所用的各种材料。(　　　)

15. 按国家标准 GB/T 9442—1998 规定,铸造用硅砂的完整表示方法通常以筛分后残留量最多的相邻三筛的首尾筛号表示。(　　　)

16. 砂型的紧实度应控制在一定范围内,过高或过低都影响铸件的质量。(　　　)

17. 铸造用硅砂主含量越低,粒度越均匀。(　　　)

18. 平均细度反映了砂子的颗粒分布情况。(　　　)

19. 用型砂制造铸型和砂芯来浇注铸件的方法为砂型铸造。(　　　)

20. 铸造用硅砂中粒径≤0.02 mm 的微粉称为泥,其含量占砂总量的百分数称为含泥量。(　　　)

21. 铸铁件浇注温度一般为 1 340 ℃～1 420 ℃,对硅砂的 SiO_2 含量及耐火度均低于铸钢件的要求,SiO_2 含量一般要求≥85%,粒度选择为 30/50,40/70,50/100,70/140 或 100/200。(　　　)

22. 就一般情况而言,制芯用砂的耐火度和 SiO_2 含量应比铸型用砂较高,对于以合成树脂为黏结剂和以有机物为黏结剂的型芯,对于砂子的含泥量要求更低,一般可选用含泥量≤0.50%或更低。(　　　)

23. 橄榄石砂属于碱性砂,熔点为 1 540 ℃～1 760 ℃,与硅砂相近,由于膨胀率较小且较均匀,所以橄榄石砂可以有效地减少铸件的夹砂缺陷,特别适用于铸造高锰钢。(　　　)

24. 涂料的涂刷性决定于涂料的黏度和密度,而黏度取决于黏结剂的种类和加入量,密度取决于防粘砂材料的密度、黏度和加水量。(　　　)

25. 水玻璃是一种黏稠的硅酸钠水溶液,呈碱性,黄绿色,它是由二氧化硅、氧化钠、水和少量金属氧化物组成。(　　　)

26. 膨润土呈白色、灰色、浅蓝、淡黄、绿色或玫瑰红等颜色,带油脂光泽,有滑腻感。其主要矿物组成为高岭石族矿的黏土,高岭石含量越高,黏结性越强,吸水能力越大,加水成胶溶液后能长期处于悬浮状态。(　　　)

27. 钙基膨润土对水的粘化作用很大,可以吸附较多的水分子,用其混制的湿型砂湿抗压强度和热湿抗拉强度都很高,抗夹砂能力也极高。(　　　)

28. 铸造用黏土又称为普通黏土或白泥,其主要矿物质为高岭石,黏土的水化与黏结性、湿压强度和热湿拉强度均小于膨润土。(　　　)

29. 铸造用黏土可按耐火度、工艺试样湿压强度值和工艺试样干压强度值进行分级。（　　）

30. 水玻璃又称硅酸水溶液或泡化碱，是由硅石和碳酸钠化合而成，呈无色、青绿色或棕色的固体或黏稠液体，属于酸性。（　　）

31. 氧化钠和二氧化硅的比例称为模数，模数用 M 表示，模数的大小表明了水玻璃中氧化钠和二氧化硅的相对含量，模数不同黏结力也不同。（　　）

32. 合脂黏结剂湿强度和干强度均比桐油砂、亚麻油砂高，一般用来制作重要的或小的型芯。（　　）

33. 热固性酚醛树脂呈玫瑰红或淡红色，一般加在糠醛树脂中以增加型芯的干强度和提高抗吸湿性。（　　）

34. 为了改善型芯砂的某些性能，必须在型芯砂中加入一些附加物，这些附加物称为辅助材料。辅助材料相当广泛，有无机类，也有有机类。（　　）

35. 在外力作用下，型芯砂达到破坏时单位面积上所承受的力称为强度。（　　）

36. 型芯砂的强度按受力状态分为抗压强度、抗拉强度和抗剪强度三种。（　　）

37. 所有砂型上的引气口都应该做出标记，以便浇注时点火引气。（　　）

38. 芯头的主要作用是形成铸件的内腔、孔和凸台部分。（　　）

39. 砂芯中的通气孔应互相连通，不可中断或堵死。（　　）

40. 原砂颗粒的形状对强度的影响比较小，尖角砂粒虽然有较大的接触面，但尖角砂粒不易紧实，所以尖角形砂的湿强度往往比圆形砂略差。（　　）

41. 型芯砂中随着黏土量的增加，强度也随之提高。（　　）

42. 透气性是指型砂的孔隙度，即在标准温度和 0.01 N/cm² 压力下，1 min 内通过直径 50 mm 和高度 50 mm 试样的空气总量。（　　）

43. 三乙胺是铸造生产中常用的固化剂。（　　）

44. 型砂具有良好的流动性就可以得到紧实度均匀、尺寸精确而光滑的砂型和型芯。（　　）

45. 高流动性的型砂容易引起机械粘砂。（　　）

46. 韧性是指型砂在外力作用下变形、当外力去除后能完整地保持所赋予的形状的能力。（　　）

47. 可塑性是指型砂抵抗脆性破坏的性质。（　　）

48. 型砂被加热时析出气体的能力称为发气性，在保证型砂的主要性能和铸件表面粗糙度情况下，应尽可能地降低型砂中的水分、煤粉和其他附加物的加入量。（　　）

49. 生产中所用的型砂和芯砂按铸型种类分为湿型砂、表干型砂和干型砂等。（　　）

50. 面砂是指砂型表面的一层型砂。（　　）

51. 涂料是铸造生产的防粘砂材料。（　　）

52. 醇基涂料可点燃"自干"，缩短生产周期，节约能源，悬浮性、涂刷性等优于水基涂料，但涂料成本高，运输不便。（　　）

53. 在刷涂的作用下，涂料变稀，涂料的渗入深度较大，亦可避免涂层过厚，但要求工人有熟练的刷涂技术。刷涂主要用于单件生产的砂型或中、大型型芯。（　　）

54. 铸造圆角主要是为了减少热节，同时还有美观的作用。（　　）

55. 铸铁是含碳量小于 2.11% 的铁碳合金。（　　）

56. 孕育铸铁应使铁液温度达到 1 450 ℃以上,并在此温度下静置 10 min～15 min。（　　）

57. 可锻铸铁是将白口铸铁通过固态石墨化热处理得到的具有团絮状石墨的铁碳合金。（　　）

58. 特种铸铁是指具有特殊使用性能的铸铁材料,主要包括抗磨铸铁、耐热铸铁和耐腐蚀铸铁。为了使铸铁具有这些特殊使用性能,必须在铸铁中加入一定的合金,特种铸铁中既有低合金铸铁,也有中合金铸铁和高合金铸铁(如中锰抗磨用铸铁及高铬抗磨用白口铸铁等)。（　　）

59. 铸造材料用的主要有铸造碳钢、铸造低合金钢和铸造高合金钢。（　　）

60. 高硅铸铁与奥氏体不锈钢一样,在酸性介质中有强耐腐蚀性,而后者有较高的强度和很高的冲击韧性。（　　）

61. 高铬铸铁与高铬镍钢一样,有很高的耐热性、强度和韧性。（　　）

62. 高合金铸钢比特种铸铁更适合于在重载荷、冲击和振动条件下工作的机器零件,比特种铸铁具有更大的可靠性和安全性。（　　）

63. 熔炼工艺对非铁合金铸件的性能和缺陷有很大影响。（　　）

64. 三角试样法,试样冷却至暗红色(600 ℃～700 ℃)淬火,若水微沸腾,并有吱吱声响,则速度合适。（　　）

65. 球墨铸铁的炉前检验方法有三角试样法、圆柱试样法、铁液表面膜观察法、火苗检验法、敲击听声法、快速金相分析法和热分析法等。（　　）

66. 快速金相分析法是以直径为 $\phi20$ mm×20 mm 或 $\phi30$ mm×30 mm 的试棒,凝固后淬水冷却,在砂轮上磨去表面,经粗磨和抛光后用显微镜观察,按球化标准评级,此法可在 2 min 内完成,比较准确可靠。（　　）

67. 结晶定碳法原理与热分析法原理相同,钢液的含碳量与液相线的转化温度存在准确的对应关系。（　　）

68. 只有当合金液的含气量试验及端口检查合格后,铸造铜合金炉前弯曲试验的结果才算准确。（　　）

69. 灯丝隐灭式光学高温计适用于铸铁、铸钢溶液非接触式测温,使用方便,靠肉眼调节灯丝亮度获取读数,受主观影响大,测量精度低,能间断或连续测温。（　　）

70. 冲天炉修炉时耐火砖之间要紧密、牢固贴合,砖缝要细(<2 mm),填满填料,而且砖缝要上下排错开;用搪炉材料修补时,必须砸实,不能有松软之处,且平整,符合炉膛形状、尺寸要求。（　　）

71. 模样可以按结构分为整体模样和分开模样两类。（　　）

72. 影响金属充型能力的因素有:金属成分、温度和压力和铸型填充条件。（　　）

73. 起模时要将起模针扎在模样的中心位置上。（　　）

74. 提高型砂的比压,能提高型砂的紧实度。（　　）

75. 静压造型机与气冲造型机成型机理是一样的,当一定压力的气体缓慢作用在型砂上,不产生气流冲击波时称为静压法,又称气流压实造型法。它与气冲造型的主要区别是:压力增长速度值($\Delta p/\Delta t$)比气冲低一个数量级。（　　）

76. 为保证正常润滑,应正确选择润滑剂,使其具有适当的黏度、一定的纯度和稳定性,无腐蚀作用等。(　　)

77. 尺寸精度要求高和表面粗糙度要求低的铸件,应选择整模造型方法,并由老师傅操作。(　　)

78. 铸件产量大、品种单一的,宜选用生产效率高或专用的造型设备;小批量多品种的,宜选用工艺性灵活、生产组织方便的造型设备;高效率的造型机不单独使用,应配造型生产线。(　　)

79. 脱模式芯盒制芯的原理:根据型芯形状,选择一个较大的平面朝下,将芯盒四周妨碍起模的部分做成活块,舂砂后,脱落型芯,而活块则留在型芯中,然后从侧面适当的方向取出活块,型芯就制作完毕。(　　)

80. 砂型型芯的干强度与烘干温度有关,当烘干温度较低时,砂型型芯的干强度随着温度升高而增加,当烘干温度超过一定范围时,干强度反而下降,甚至变得松散(烧酥)。(　　)

81. 烘干后的砂型型芯放置在潮湿的空气中易于返潮,因此应尽可能在短时间内合型、浇注,放置时间应不超过 24 h。(　　)

82. 为增加铸件局部的冷却速度,在砂型、型芯表面或型腔中安放的金属物称为冷铁,各种铸造合金均可使用冷铁。(　　)

83. 压铁是造型过程中最后一道工序,也是最重要的工序之一。(　　)

84. 冷铁是用来控制铸件凝固最常用的一种激冷物。(　　)

85. 拉筋要在铸件热处理后除去。(　　)

86. 对于不同的砂型,砂型的密度越高,其表面硬度越高,二者成一定的比例关系。(　　)

87. 利用压缩空气将型砂以很高的速度射入砂箱、芯盒而得到紧实的方法称射砂紧实法,射砂所得的紧实度一般较均匀,而且射砂过程很快,所需时间不到 1 s,射砂既是填砂又是紧实过程,是一种高效率的生产方法,普遍应用于制芯。(　　)

88. 射砂所得的紧实度一般较均匀,紧实度较高,因此,射砂紧实法常被许多造型机采用。(　　)

89. 浇注系统是引导液体金属进入型腔的通道,简称为浇口。(　　)

90. 浇注系统的设置,与铸件质量无关。(　　)

91. 为防止铸件产生裂纹,在设计零件时力求壁厚均匀。(　　)

92. 内浇道的开设方向不能顺着横浇道中液流方向开设。(　　)

93. 大型铸钢件的浇注系统,常采用耐火砖制成的圆孔管砌成。(　　)

94. 冒口的形状直接影响它的补缩效果。(　　)

95. 浇包是浇注中用来装载金属液和进行浇注的基本工具。(　　)

96. 浇注温度较高时,浇注速度可以慢些。(　　)

97. 金属型浇注速度应比砂型浇注速度慢。(　　)

98. 水爆清砂是利用高压水束喷射铸件,清除铸件的砂子和砂芯的方法。(　　)

99. 退火的目是降低钢的硬度,细化晶粒。(　　)

100. 铸造生产过程中是多工序的组合,哪个环节处理不当都会影响到最终的铸件质量。(　　)

101. 为填充型腔和冒口而开设于铸型中的一系列通道称为浇注系统。浇注系统能有效地控制铸件实现定向凝固或同时凝固,以防止铸件产生缩孔、热裂、气孔、砂眼等铸件缺陷。( )

102. 将铸型的各个组员,如上型、下型、型芯、浇口盆等组成一个完整铸型的操作过程称为合型。合型是造型过程中最后一道工序,也是最重要的工序之一。一些铸件缺陷,如气孔、砂眼、错型、偏芯、漂芯、飞边、毛翅、抬型跑火等,都会因为这道工序操作不当而引起。( )

103. 气孔的特征是孔壁表面光滑,有氧化现象,形状不规则,尺寸大小相差很大。( )

104. 铸件中细小而较为分散的孔眼称为缩孔,容积大而集中的孔眼称为缩松。( )

105. 未浇满是铸件上部产生缺陷,其边角呈圆形,浇冒口顶面与铸件平齐。( )

106. 吃砂量太大,浇注时容易发生抬箱跑火现象。( )

107. 针孔一般分散分布在铸件表层或成群分布在铸件内部。( )

108. 浇注系统不合理,浇注和充型速度过快,是金属液在充型过程中产生紊流、涡流或断流,卷入气体,在铸件中形成侵入气孔。( )

109. 疏松的宏观断口形貌与缩松相似,微观形貌表现为分布在晶界和晶壁间、伴有粗大树枝晶的显微孔穴。( )

110. 检查铸件重量时,被检铸件在称量前应清理干净,浇道和冒口残余应打磨的与铸件表面同样平整,不突出铸件轮廓,有缺陷的铸件不可称量。( )

111. 铸件的表面粗糙度一般取决于铸件所用合金材质、铸造方法和表面清理方法等因素。( )

112. 合金收缩经历三个阶段,其中液态收缩和固态收缩是产生缩孔和缩松的基本原因。( )

113. 毛坯图是零件制造过程中,为铸造、锻造等非切削加工方法制作坯料时提供详细资料的图样。( )

114. 标注线性尺寸时,尺寸线须与所标注的线段平行。( )

115. 尺寸数字不可被任何图线所通过,否则必须将该图线取消。( )

116. 标注尺寸线时,尺寸线不能用其他图线代替。( )

117. 判断标注角度时,尺寸线应画成圆弧,其圆心是该角的顶点。( )

118. 直线的投影一定为一条直线。( )

119. 用剖切面完全地剖开机件所得的剖视图称全剖视图。( )

120. 孔的标注尺寸为 $\phi 40^{+0.015}_{-0.010}$,其最小尺寸为 39.990。( )

121. 识读零件图时,其重点内容是视图尺寸,其他内容不必细看。( )

122. 铁在 800 ℃ 以下时,其原子呈体心立方晶格排列,这种具有体心立方晶格的铁称为 α 铁。( )

123. ZG1Cr18Ni9Ti 属于奥氏体型不锈耐酸铸钢的牌号。( )

124. 特殊性能铸铁一般包括减磨铸铁、抗磨白口铸铁、冷硬铸铁、中锰抗磨球墨铸铁、耐热铸铁、耐蚀铸铁和奥氏体铸铁。( )

125. 按化学成分不同,铸钢可分为碳钢和合金铸钢两大类。( )

126. 高级优质合金结构钢磷硫含量一般应不大于 0.025%。( )

127."HB"表示布氏硬度,适于测量硬度不高的铸铁、非铁金属、退火钢的半成品或毛坯。（　　　）

128. 铸造铜合金熔炼常用金属材料有原金属锭、中间合金、纯金属和回炉料。（　　　）

129. 回炉料是指废铸件及浇口。（　　　）

130. 合金中的镍能提高钢的淬透性和抗氧化能力,有利于钢的强化和使钢的常温塑性、韧性上升。（　　　）

131. 耐火材料按其形态分为成形耐火制品和不定形耐火材料两大类。（　　　）

132. 半径为 3 cm 的球体,其体积为 114.03 cm³。（　　　）

133. 在选定了基本单位后,由基本单位以相加减构成的单位都叫导出单位。（　　　）

134. 图 3 的周长为 14.38 cm。（　　　）

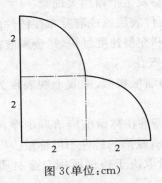

图 3(单位:cm)

135. 液压油泵中,作用在活塞上的液压推力越大,活塞运动速度越快。（　　　）

136. 在一段电路上,导体中的电流强度 I,跟导体两端的电压 V 成正比,跟导体的电阻 R 成反比。（　　　）

137. 电视、示波器等电子显示设备的基本波形为矩形波和锯齿波。（　　　）

138. 凡符合图纸和技术条件的铸件就是合格品。（　　　）

139. 生产者、销售者依照《产品质量法》规定承担产品质量责任。（　　　）

140. 产品质量指的就是产品能够满足人们需要所具备的那些自然属性或特性,即产品的耐用性。（　　　）

141. 由于电弧炉炉衬性质不同,在炼钢过程中所采用的造渣材料也是不一样的。（　　　）

142. 三相异步电动机的接线方式有三角形接法和星形接法两种。（　　　）

143. 电炉变压器的调压是通过改变二次线圈的抽头和接线方式来实现的。（　　　）

144. 钢板尺不小心弄弯时,须敲直后方可用于测量长度、外径和内径等尺寸。（　　　）

145. 造型时,刮板主要用来舂实型砂。（　　　）

146. 特种铸造是指与砂型铸造不同的其他铸造方法。（　　　）

147. 特种铸造方法一般适用于单件生产的铸件。（　　　）

148. 金属型的热导率和比热容量大,冷却速度快,铸件组织致密,力学性能比砂型铸件高。（　　　）

149. 熔模铸造生产的铸件重量不受限制。（　　　）

150. 使用树脂模料时,脱模后所得的模料可以回收,再用来制造新的熔模。（　　　）

151. 熔模铸造所用的耐火材料主要为硅砂和刚玉砂。(   )

152. 当发现有人触电时,首先应设法使触电人脱离电源。(   )

153. 造型场地安全通道应该畅通,无阻碍。(   )

154. 在启动气冲造型线时,应先发出报警信号,在单机、联动处于正常情况下方可进行操作使用。(   )

155. 清理作业工作前需正确穿戴口罩等劳保用品。(   )

156. 生产经营单位应督促、检查本单位的安全生产工作,及时消除生产安全事故。(   )

157. 淬火加高温回火处理,称为调质处理。(   )

158. 电弧炉使用电压越大,电弧长度越短。(   )

159. 一般来说,当温度升高时熔渣的黏度也升高。(   )

160. 炉渣的碱度愈高,脱磷愈快。(   )

161. 炉渣中 CaO 含量增多,碱度增加,有利于钢水脱硫。(   )

162. 氧化和脱磷是同时进行的。(   )

163. 吹氧脱碳就不能同时用矿石脱碳。(   )

164. 脱碳沸腾过程中,钢中的氢含量不断增加。(   )

165. 碱性电弧炉不氧化法炼钢,不存在氧化期,炉料熔清后即开始还原。(   )

166. 电炉容量愈大,钢液单位耗电量愈大。(   )

167. 封闭容器不允许加入炉内。(   )

168. 用直接还原法生产直接还原铁时用焦炭作还原剂,使用高炉。(   )

169. 冶金石灰是炼钢生产的重要造渣材料。(   )

170. 造渣材料有石灰、矿石两种。(   )

171. 下列各物质主要成分的分子式为:石灰 CaO、萤石 CaF_2。(   )

172. 石灰石的主要成分为 $CaCO_3$。(   )

173. 石灰石加入炉中后,高温分解成氧化钙和一氧化碳。(   )

174. 铁矿石在氧化期使用,其作用是脱碳、除磷、去气、去除夹杂物。(   )

175. 铁矿石、萤石是电弧炉炼钢的辅助材料。(   )

176. 萤石在电弧炉炼钢中既能改善炉渣的流动性,又能提高炉渣的碱度。(   )

177. 莹石用量要适当,不能太多。(   )

178. 铁基合金通常有锰铁、硅铁、钨铁、钛铁、硼铁等。(   )

179. 电弧炉炼钢用氧气纯度对钢液质量无影响。(   )

180. 电弧炉冶炼时,电流越大冶炼速度越快。(   )

181. 还原期要求调整好炉渣成分,使炉渣碱度合适,流动性良好,有利于脱氧和去硫。(   )

182. 还原期是不能脱磷的。(   )

183. 在还原期中,脱硫和脱氧是同时进行的。(   )

184. 氧化末期钢液的温度控制与还原期温度控制的关系不大。(   )

185. 还原期在温度控制上,应严格避免在还原期进行后升温。(   )

186. 熔渣的流动性和碱度要合适是传统电炉的出钢条件。(   )

187. 出钢时熔渣过稀会造成钢液降温过快。（　　　）

188. 出钢时不需要停电。（　　　）

189. 钢渣混出既有利于脱硫又有利于脱氧。（　　　）

190. 出钢的速度越快越好,这样可以防止二次氧化吸收大量气体。（　　　）

191. 吹氧操作时可以触及炉底和炉坡,脱氧效果好。（　　　）

五、简答题

1. 什么叫铸造?

2. 铸造生产有哪些基本程序?

3. 型砂应具备什么性能?

4. 铸造工艺图有何作用?

5. 浇注系统由哪几部分组成?

6. 影响型砂强度的因素有哪些?

7. 铸件采用干型铸造有何优点?

8. 涂料由哪几部分组成?

9. 如何减轻金属模的重量?

10. 什么样的铸件可以采用刮板造型? 为什么?

11. 简述砂芯的作用。

12. 简述芯骨的作用。

13. 制造砂芯的芯盒有哪几种形式?

14. 对芯撑有什么要求?

15. 检验铸件内部缺陷有哪些方法?

16. 简述碳钢的铸造性能(与铸铁相比)。

17. 简述铸造锡青铜的主要特点。

18. 产生缩孔的主要原因是什么?

19. 对紧实后的砂型最低的要求是什么?

20. 砂型舂得太紧有何缺点?

21. 砂箱附属装置有哪些?

22. 编制铸造工艺图的内容有什么?

23. 合箱不好对铸件有何影响?

24. 简述微震压实法。

25. 冒口具备补缩能力的基本条件是什么?

26. 顶注式浇注系统有哪些优点?

27. 顶注式浇注系统有哪些缺点?

28. 铸筋分哪两类?

29. 常用外冷铁种类有哪些?

30. 常用的浇包有哪些?

31. 铸件中形成砂眼的主要原因有哪些?

32. 什么是错型缺陷?

33. 气孔的特征是什么？

34. 什么叫挖砂造型？

35. 底注式浇包有什么特点？

36. 什么叫铸件的落砂？

37. 如何区别缩孔和气孔？

38. 灰铸铁按其基体结构不同分为哪三种？

39. 炼钢常用的方法？（至少 4 种）

40. 铸造工艺设计包括哪几种图样？

41. 为加强横浇道的挡渣作用，常用的浇注系统有哪些？

42. 内浇道位置的选择应遵循什么原则？

43. 什么叫胀砂？

44. 怎样区别浇不到与未浇满缺陷？

45. 什么叫冷隔与冷豆？

46. 铸铁常用的热处理方法有哪些？（至少 5 种）

47. 怎样才能防止铸件产生缩孔？

48. 一箱多模造型有什么优点？

49. 芯头有什么作用？

50. 影响树脂砂型砂可使用时间主要因素有哪些？

51. 自硬树脂砂的特点有哪些？

52. 自硬树脂砂树脂与固化剂的加入量控制在什么范围内？

53. 型砂为什么要具备较好的透气性？

54. 淬火的主要目的是什么？

55. 什么是铸造用特种砂？

56. 什么是浇注系统？

57. 铸件质量常规检验项目有哪些？

58. 铸件的内部缺陷有哪些？

59. 什么是铸件质量检验公差？

60. 铸件表面清理的常用技术方法有哪些？

61. 落砂除芯处理技术有哪些？

62. 常见的熔炼设备有哪些？

63. 造型生产线上常用哪些辅机？

64. Z8612B 型热芯盒射芯机有何特点？

65. 什么叫特种铸造？

66. 简述金属型铸造的优点。

67. 生产中制造金属型的材料，应满足哪些要求？

68. 熔模铸造使用的低熔点模料有何优缺点？

69. 什么是风险？

70. 当今世界人类面临的五大问题什么？

71. 什么是自然环境？

72. 电炉炼钢对废钢的基本要求？

73. 潮湿的废钢对电炉冶炼的危害有哪些？

74. 直接还原铁对电炉冶炼有哪些好处？

75. 锰在钢中的主要作用是什么？

76. 钢包烘烤的目的是什么？

77. 怎样进行钢包的烘烤？

78. 配料时应注意什么？

79. 为什么在开始通电熔化时声音很大？

80. 简述炉温对脱磷的影响。

81. 简述渣量对脱磷的影响。

82. 钢液脱磷的基本条件是什么？

83. 什么是熔渣的氧化性？

84. 还原期炉渣的作用？

六、综 合 题

1. 采用内框尺寸为 300 mm×300 mm 的可脱落式砂箱造型，上箱高 100 mm，下箱高 150 mm，紧实后砂型密度为 1.5 g/cm³，共需生产 24 件产品，试估算用砂量。

2. 砂箱内框尺寸为 1 000 mm×800 mm×200 mm，经高压紧实后砂型的密度为 1.7 g/cm³，试计算其用砂量。

3. 砂箱内框尺寸为 400 mm×400 mm×120 mm，其添砂量共 30.72 kg，试计算砂型密度。

4. 已知圆的直径为 500 mm，试求轮辐数为 4 根时的等分圆的弦长。

5. 模样尺寸为 945 mm，铸件线收缩率为 1.5%，试求浇注出的铸件尺寸。

6. 已知铸钢线收缩率为 2%，铸件尺寸为 800 mm，试计算模样尺寸。

7. 某金属材料制成的拉伸试样，原始直径为 10 mm，经拉伸后缩颈区的直径为 7 mm，试计算该金属材料的断面收缩率。

8. 已知等分圆的弦长为 208 mm，轮辐数为 3 根，求等分圆的直径。

9. 有水玻璃 10 kg，其 SiO_2 含量为 33%，Na_2O 含量为 13%，把模数降低到 2.2 时，需要加入多少氢氧化钠？

10. 什么是结构斜度？什么是拔模斜度？二者有何区别？

11. 一灰铸铁件，其浇注重量（包括冒口重量）为 125 kg，大部分壁厚为 20 mm，其封闭式浇口系统（$A_内 ： A_横 ： A_直 = 1 ： 1.1 ： 1.15$），已知直浇口面积 5.75 cm²，求其他浇口面积。

12. 某铸件模样长度为 1 240 cm，浇注出的铸件长度为 1 230 cm，试求铸件的线收缩率。

13. 简述浇口杯的作用。

14. 手工造型时，砂型的硬度怎样合理分布？为什么？

15. 砂型在浇注时为什么要引火点燃型腔内排出的气体？

16. 为什么对芯砂性能比型砂性能要求高？

17. 如何安放芯撑？

18. 简述砂箱造型的特点。

19. 当上砂型内有吊砂时,应当如何开箱?

20. 浇注温度对铸件的质量有什么影响?

21. 退火的主要目的是什么?

22. 生产中通常有哪些措施防止夹砂?

23. 常用的砂型紧固方法有哪些?

24. 合理的浇注系统应满足哪些要求?

25. 模样和砂箱在造型过程中有什么作用?

26. 直浇道的作用? 形状特点是什么? 为什么?

27. 具有大平面特征的铸件浇注时应注意什么?

28. 金属型预热温度的高低对生产有何影响?

29. 为什么平板类铸件容易产生夹砂?

30. 求图 4 所示铸件的重量。(铸件材质密度为 7 kg/dm³,计算误差±2 kg)

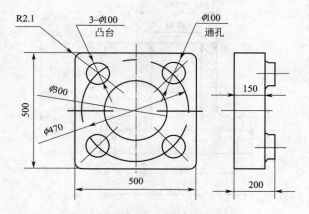

图 4(图中尺寸单位:mm)

31. 求图 5 所示铸件的重量。(铸件材质密度为 7 kg/dm³,计算误差±0.5 kg)

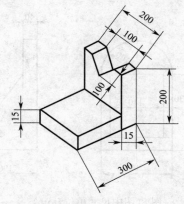

图 5(图中尺寸单位:mm)

32. 求图 6 所示铸件的重量。(铸件材质密度为 7 kg/dm³,计算误差±1 kg)

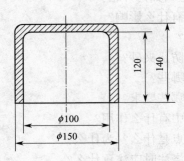

图 6(图中尺寸单位:mm)

33. 求图 7 所示铸件的重量。(铸件材质密度为 7 kg/dm³,计算误差±1 kg)

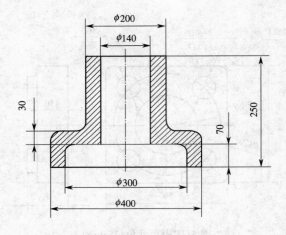

图 7(图中尺寸单位:mm)

34. 求图 8 所示铸件的重量。(铸件材质密度为 7 kg/dm³,计算误差±1 kg)

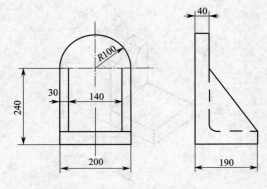

图 8(图中尺寸单位:mm)

35. 求图 9 所示铸件的重量。(铸件材质密度为 7 kg/dm³,计算误差±1 kg)

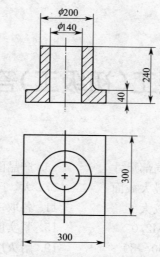

图 9(图中尺寸单位:mm)

36. 为什么要脱除钢中的磷?
37. 槽式出钢的缺点是什么?
38. 配料时应掌握哪些原则?
39. 怎样快速去磷?
40. 电炉炼钢技术安全规程主要内容有哪些?

铸造工(初级工)答案

一、填空题

1. 单件小批量　　2. 局部尺寸　　3. 产品图　　4. 铸造工艺图
5. 红线　　6. 最大截面　　7. 大　　8. 铸出
9. 铸造合金　　10. 较大　　11. 各取一半　　12. 相反方向
13. 0.02 mm　　14. M2.0　　15. 紧实度　　16. 原砂
17. 水基涂料　　18. 60~80　　19. 耐火度　　20. 透气性
21. 耐火性　　22. 模数　　23. 耐火材料　　24. 增加砂粒间的间隙
25. 铸钢件　　26. 耐火材料　　27. 气孔　　28. 热节
29. 85%　　30. 铸造　　31. 桐油砂　　32. 细干砂
33. 成本　　34. 快　　35. 排气　　36. 湿型硬度计
37. 碳钢　　38. 铸铁　　39. 电弧炉　　40. 湿型砂
41. 手工　　42. 表面烘干　　43. 错型　　44. 焦炭
45. 压铁　　46. 底注式　　47. 抬包　　48. 铸造模样
49. 铸件的内腔　　50. 铸造工艺　　51. 凝固　　52. 平稳
53. 型壁移动　　54. 干燥　　55. 高些　　56. 压板
57. 通气道　　58. 大批量　　59. 节流阀　　60. 压缩空气
61. 2　　62. 快速浇注　　63. 补缩能力　　64. 闸门
65. 圆形　　66. 圆角　　67. 横浇道　　68. 内浇道
69. 挡渣作用好　　70. 顶注式　　71. 底注式　　72. 球形
73. $A_直 < A_横 < A_内$　　74. 铸钢件　　75. 高　　76. 最厚
77. 尽头　　78. 平稳地　　79. 气孔　　80. 形成充型静压力头
81. 明冒口　　82. 应力集中　　83. 机械造型　　84. 侧面
85. 熔化期　　86. MgO(氧化镁)　　87. 爆炸　　88. 10
89. 多肉类　　90. 组织　　91. 凝固终止温度　　92. 缩孔
93. 增大　　94. 浇不足　　95. 气孔　　96. 胀砂
97. 砂眼　　98. 防止铸件产生热裂　　99. 防止铸件变形
100. 夹砂　　101. 铸件质(重)量　　102. 缩松　　103. 型漏
104. 形状及质量差错类　　105. 未完全融合的缝隙
106. 机械粘砂　　107. 化学粘砂　　108. 滚筒式　　109. 水爆清砂
110. 火焰切割　　111. 中温回火　　112. 脆性　　113. 清理
114. 淬火　　115. 高温　　116. 机械工程图样　　117. 零件图
118. 粗实线　　119. ϕ(小写)　　120. 基本视图　　121. 局部视图

122. 配合　　　123. 工艺要求　　　124. 炼钢用生铁

125. 8.7 kg/dm³ 或 8.7 g/cm³ 或 8 700 kg/m³　　　126. 抗拉

127. 310 MPa　　128. 2.11%　　129. 0.25　　130. 塑性

131. CaO　　132. 0.4%　　133. 0.45　　134. m

135. kg　　136. 1 000　　137. 0.468　　138. 26

139. 齿轮传动　　140. 直流电　　141. 翻台震实　　142. 紧砂方式

143. 碾压　　144. 发黑　　145. 水平仪　　146. 金属型铸造

147. 熔模铸造　　148. 机械震击　　149. 水玻璃　　150. 热型重力浇注法

151. 蜡基模料　　152. 树脂基模料　　153. 劳动防护用品　　154. 36 V

155. 秉公执法　　156. 预防为主　　157. 人民健康　　158. 重量偏差

159. 热能　　160. 热辐射　　161. 氧化　　162. 增大

163. 热膨胀性　　164. 钢液密度　　165. 熔点　　166. 密度

167. 含量　　168. 碱度　　169. 熔渣　　170. 碱性还原渣

171. 合金化　　172. 浇注　　173. 返回吹氧法　　174. 单渣法

175. 炼钢工艺　　176. 炉壳　　177. 圆截锥　　178. 酸性炼钢炉

179. 耐火材料　　180. 爆炸　　181. CaO　　182. Ca(OH)$_2$

183. MgCl$_2$　　184. 工作层　　185. 保温层　　186. 配料成分

187. 熔清　　188. 炉体寿命　　189. 高　　190. 低

191. 高　　192. 产量　　193. 冶金质量　　194. 测量范围宽

二、单项选择题

1. A	2. A	3. D	4. A	5. B	6. A	7. C	8. B	9. D
10. A	11. A	12. C	13. C	14. B	15. A	16. D	17. A	18. B
19. B	20. A	21. A	22. C	23. C	24. B	25. D	26. A	27. D
28. B	29. A	30. D	31. A	32. C	33. D	34. A	35. C	36. A
37. A	38. C	39. B	40. C	41. A	42. C	43. B	44. B	45. A
46. B	47. C	48. A	49. B	50. D	51. C	52. B	53. A	54. D
55. B	56. B	57. D	58. A	59. A	60. B	61. C	62. B	63. B
64. B	65. C	66. A	67. B	68. A	69. B	70. B	71. A	72. A
73. A	74. D	75. C	76. B	77. D	78. A	79. D	80. C	81. A
82. C	83. B	84. B	85. C	86. B	87. A	88. A	89. D	90. B
91. D	92. D	93. B	94. A	95. B	96. C	97. B	98. B	99. B
100. A	101. D	102. D	103. D	104. A	105. C	106. A	107. B	108. D
109. A	110. C	111. D	112. B	113. A	114. A	115. A	116. C	117. B
118. B	119. B	120. C	121. B	122. B	123. C	124. C	125. A	126. B
127. D	128. A	129. A	130. C	131. A	132. C	133. C	134. C	135. D
136. B	137. B	138. D	139. A	140. B	141. B	142. B	143. C	144. B
145. D	146. C	147. A	148. C	149. C	150. C	151. C	152. C	153. A
154. B	155. A	156. B	157. C	158. C	159. B	160. A	161. C	162. C

163. D　164. B　165. B　166. A　167. D　168. C　169. D　170. A　171. C

172. A　173. B　174. B

三、多项选择题

1. AC	2. ABC	3. ABC	4. AB	5. ABC	6. AB	7. AB
8. AB	9. AB	10. BC	11. ACD	12. BD	13. BCD	14. CD
15. BC	16. BD	17. BD	18. AB	19. CD	20. AC	21. AB
22. BD	23. CD	24. AC	25. AC	26. BC	27. AD	28. AB
29. BC	30. AD	31. BC	32. BCD	33. BC	34. ABD	35. AB
36. AD	37. BC	38. ABC	39. AC	40. AC	41. AB	42. AB
43. AC	44. BD	45. ACD	46. AB	47. BD	48. BC	49. CD
50. BD	51. AC	52. BC	53. AC	54. CD	55. CD	56. CD
57. AD	58. BCD	59. AC	60. AD	61. AD	62. AB	63. CD
64. BC	65. AB	66. BD	67. AB	68. CD	69. BC	70. CD
71. AD	72. AB	73. AC	74. ABD	75. ABCD	76. ABCD	77. BCD
78. ABCD	79. ABD	80. ABC	81. ABC	82. ABC	83. BCD	84. ABC
85. ABCD	86. ABCD	87. ABCD	88. ABC	89. ABD	90. AD	91. ABD
92. AB	93. ABD	94. AD	95. ABCD	96. AD	97. ABCD	98. ABC
99. BCD	100. ABCD	101. ABC	102. ABD	103. ABCD	104. ABC	105. ABCD
106. ACD	107. ABCD	108. ABCD	109. ABCD	110. AB	111. ACD	112. ABCD
113. ABD	114. ABC					

四、判　断　题

1. ×	2. √	3. ×	4. ×	5. ×	6. ×	7. √	8. ×	9. √
10. ×	11. √	12. ×	13. √	14. √	15. ×	16. √	17. ×	18. √
19. √	20. √	21. √	22. √	23. √	24. √	25. ×	26. ×	27. √
28. √	29. √	30. ×	31. √	32. √	33. √	34. √	35. √	36. ×
37. √	38. ×	39. √	40. √	41. √	42. ×	43. √	44. √	45. ×
46. ×	47. ×	48. √	49. √	50. ×	51. √	52. ×	53. √	54. √
55. ×	56. √	57. √	58. ×	59. √	60. √	61. ×	62. √	63. ×
64. √	65. √	66. √	67. √	68. √	69. ×	70. √	71. ×	72. √
73. ×	74. √	75. ×	76. √	77. ×	78. √	79. ×	80. √	81. √
82. √	83. ×	84. √	85. √	86. ×	87. √	88. ×	89. √	90. √
91. √	92. √	93. √	94. √	95. √	96. √	97. ×	98. ×	99. √
100. √	101. ×	102. √	103. √	104. ×	105. √	106. ×	107. ×	108. ×
109. √	110. ×	111. √	112. ×	113. √	114. √	115. ×	116. √	117. √
118. ×	119. √	120. ×	121. ×	122. ×	123. √	124. √	125. √	126. √
127. √	128. √	129. ×	130. √	131. √	132. ×	133. ×	134. √	135. ×
136. √	137. √	138. √	139. √	140. ×	141. √	142. √	143. ×	144. ×

145. ×	146. √	147. ×	148. √	149. ×	150. ×	151. √	152. √	153. √
154. √	155. √	156. ×	157. √	158. ×	159. √	160. √	161. √	162. √
163. ×	164. ×	165. √	166. ×	167. √	168. √	169. √	170. √	171. √
172. √	173. ×	174. √	175. √	176. ×	177. √	178. √	179. √	180. ×
181. √	182. √	183. √	184. ×	185. √	186. √	187. √	188. √	189. √
190. ×	191. ×							

五、简 答 题

1. 答:铸造是指熔炼金属(1分),制造铸型,并将熔融金属液浇入铸型(2分),凝固后获得一定形状和性能铸件的成形方法(2分)。

2. 答:铸造的基本工序包括:型砂和芯砂制备、造型、熔炼、砂型(芯)烘干(3分),合型浇注(1分),清理和铸件热处理(1分)等。

3. 答:型砂应具有一定的强度(2分)、透气性(2分)和耐火度(1分)等性能。

4. 答:铸造工艺图是指导模样制造(0.5分)、生产准备(0.5分)、造型(0.5分)、铸件清理(0.5分)和验收(0.5分)的重要文件,同时也是绘制铸件图(0.5分)、铸型装配图(0.5分)、编制铸造工艺卡片(0.5分)的依据。(表述完整1分)

5. 答:浇注系统通常由浇口盆(1分)、直浇道(1分)、横浇道(1分)和内浇道(1分)组成。(表述完整1分)

6. 答:型砂强度的主要因素有:(1)原砂的粒度和形状(1.5分);(2)黏结剂的加入量(1.5分);(3)混砂工艺(1分);(4)型砂紧实度(1分)。

7. 答:铸件采用干型铸造,可以减少或避免气孔、冲砂、粘砂等缺陷(3分),表面质量也容易得到保证(2分)。

8. 答:涂料的组成主要包括防粘砂的耐火材料(1分)、黏结剂(1分)、悬浮稳定剂(1分)和稀释剂(1分)。(答对4个的满分)

9. 答:采用空心结构(1分),空心模尽量减少壁厚(1分),而在内壁设置加强筋以增强金属模的强度和刚度(3分)。

10. 答:对于尺寸较大、生产数量又少的旋转体类铸件适宜采用刮板造型(2分)。因为这样可以节省制作模样的木材及制模工时。用一块和铸件截面或轮廓形状相适应的刮板来代替模样,刮制出砂型型腔(3分)。

11. 答:形成铸件的内腔及孔(2分);形成复杂铸件的外形(2分);加强局部型砂的强度(1分)。

12. 答:增加砂芯的刚度和强度(2分);便于吊运和固定砂芯(2分);排出气体(1分)。

13. 答:制造砂芯用的芯盒按结构不同可分为整体式(1分)、对分式(1分)和脱落式芯盒(1分)三种形式。(完整2分)

14. 答:(1)芯撑的熔点要稍高于浇注金属的熔点(1分)。(2)承压铸件应尽量少用或不用芯撑,如果必须使用,则芯撑柱上要有螺纹或沟槽(2分)。(3)芯撑表面要干净(1分)。(4)芯撑不能过早地放入型腔中(1分)。

15. 答:(1)磁力探伤法(1.5分);(2)射线探伤法(1.5分);(3)超声波探伤法(2分)。

16. 答:与铸铁相比,碳钢的铸造性能较差(1分)。主要表现在流动性较低(1分);钢液容易氧化,形成夹渣(1分);体收缩和线收缩都比较大,因而缩孔、缩松、热裂和冷裂的倾向也较大(1分);易产生气孔(1分)。

17. 答:具有很好的耐磨性能(1分);在蒸汽、海水及碱溶液中具有很高的耐腐蚀性能(2分);具有足够的抗拉强度和一定的塑性(2分)。

18. 答:铸件在冷却凝固时(1分),没有及时得到足够的金属液进行补缩(2分),而使铸件在最后凝固的部位出现孔洞(2分)。

19. 答:对紧实后的砂型最低的要求是能经受住搬运或翻转过程中的震动而不塌落(1.5分);浇注时能抵抗金属液的压力(1分),减小型壁移动(1分),保证铸件的尺寸精度及低的表面粗糙度(1.5分)。

20. 答:砂型舂得越硬,砂型中的气体,在浇注过程中越不易排出铸件容易产生气孔(2分),因而砂箱下部型砂要比上部舂得结实些,下箱比上箱舂得紧实些(3分)。

21. 答:主要有定位(2分)、锁紧(2分)、吊运(1分)三种装置。

22. 答:编制铸造工艺图的内容有:铸件的浇注位置(0.5分)、分型面(0.5分)、分模面(0.5分)、活块(0.5分)、加工余量(0.5分),砂芯轮廓形状和芯头形式和尺寸(0.5分)、砂芯出气方向(0.5分),浇冒口的形状和尺寸(0.5分),冷铁的形状(0.5分)、位置、尺寸和铸筋(0.5分)等。

23. 答:如果合箱不好,会使铸件产生气孔(1分)、砂眼(1分)、错箱(1分)、偏心(1分)、大披缝(1分)、抬箱(1分)等缺陷。(答对5个或5个以上得5分)

24. 答:微震压实是在型砂被压实的同时(2分),使模板、砂箱和型砂作高频率、小振幅震动的一种紧实型砂方法(3分)。

25. 答:(1)冒口的大小和形状,应使冒口中的金属液最后凝固,即能形成由铸件到冒口的定向凝固(3分);(2)冒口应在保证供给铸件足够量液体金属的条件下,尽量减少金属液的消耗量(2分)。

26. 答:顶注式浇注系统的优点是:(1)金属液从型腔顶部浇下,薄壁铸件充型性好(1.5分);(2)铸型上部温度较高,有利于自下而上的定向凝固及补缩(2分);(3)避免浇口附近形成局部过热等(1.5分)。

27. 答:其缺点是对型腔冲击较大(1分);因金属液飞溅,容易使铸件产生砂眼、渣眼、铁豆等缺点(2分),所以,这种浇注系统仅用于重量较小、高度较低、形状简单的薄壁铸件(2分)。

28. 答:铸筋分防裂筋(又叫收缩筋)(2分)和防变形筋(又叫拉筋)(3分)。

29. 答:外冷铁是根据铸件需激冷部位的形状和尺寸(1分),用圆钢、扁钢等钢材切割而成(2分),或用铸钢或铸铁铸成成型冷铁(2分)。

30. 答:浇包的分类有手端包(1分)、抬包(1分)、吊包(1分)、茶壶式浇包(1分)、底注式浇包(1分)。

31. 答:(1)砂型或砂芯的强度太低(1分);(2)型腔内有薄弱部分(1分);(3)内浇道开设不当(1分);(4)砂型或砂芯烘干不良(1分);(5)砂型存放时间太久(1分);(6)合型工作不够细致(1分)等。(答对5个或5个以上得5分)

32. 答:铸件的一部分(1分)和另一部分(1分)在分型面处(1分)相互错开(1分)的现象就是错型。(表述完整1分)

33. 答:在铸件内部,表面或近于表面处有大小不等的光滑孔眼,形状有圆形、梨形及不规则形(2分),有单个的也有聚集成片的,颜色为白色或带一层暗色(2分),有时覆盖一层氧化膜(1分)。

34. 答:有些模样"凸点"的封闭连线,不在模样的一端,按其结构形状,需要采用分模造型(2分);但从模样对强度和刚度的要求来考虑,又不允许将模样分开而应做成整体模(2分),在造型时将妨碍起模部分的型砂挖掉,这种造型方法就叫挖砂造型(1分)。

35. 答:金属液从底部流出(1分),速度较大(1分),容易形成涡流(1分),吸力很大(1分),金属液从底部流出时的冲击力(1分)很大。

36. 答:落砂是指用手工或机械(2分)使铸件和型砂、砂箱分开(2分)的操作过程。(表述准确1分)

37. 答:缩孔,通常位于铸件的上部或最后凝固的部位,形状不规则,孔壁粗糙(2分)。气孔,是气体在铸件中形成的孔洞,孔内表面比较光滑,明亮或略带氧化色(2分)。(表述准确1分)

38. 答:分为铁素体灰铸铁(1.5分)、铁素体-珠光体灰铸铁(1.5分)和珠光体灰铸铁(1.5分)三种。(表述准确0.5分)

39. 答:炼钢常用方法有:三相电弧炉炼钢(1分)、感应电炉炼钢(1分)、平炉炼钢(1分)及转炉炼钢(1分)。(4种以上5分)

40. 答:铸造工艺设计图样:铸造工艺图(1.5分);铸件(毛坯)图(1.5分);铸型装配图(合箱图)(2分)。

41. 答:横浇道挡渣作用常用的浇注系统有缓流式横浇道(2分)、阻流式横浇道带滤网式横浇道(1.5分)、集渣包浇注系统(1.5分)。

42. 答:内浇道的开设方向不能顺着横浇道中液流方向开设(1分),应和液流方向成直角(1分),最好逆金属流方向开设(1分),以防最初进入横浇道的杂质进型腔(1分)。(表述准确1分)

43. 答:胀砂是指铸件内外表面(2分)局部胀大(1分)时,重量增加(1分)的缺陷。(表述准确1分)

44. 答:浇不到是指铸件残缺或轮廓不完整或可能完整但边角圆且光亮的铸件缺陷(2分)。未浇满是铸件上部产生缺肉,其边角略呈圆形,浇冒口顶面与铸件平齐的缺陷(2分)。(表述准确1分)

45. 答:冷隔是在铸件上穿透或不穿透(1分),边缘呈圆角状的缝隙(1分)。冷豆是指浇注位置下方存在于铸件表面的金属珠(2分)。(表述准确1分)

46. 答:铸铁常用热处理方法有退火、软化退火(1分)、正火(1分)、淬火(1分)和回火(1分)、可锻化退火(1分)。

47. 答:采用顺序凝固原则(1分);合理确定内浇道位置及浇注工艺(2分);应用冒口、冷铁、补贴等(2分)。

48. 答:一箱多模造型的优点是:可以充分利用砂箱的有效容积(1分),提高生产效率(1分),节约金属液和型砂等(1分)。但在实际生产中,要特别注意,同一箱内铸件的金属牌号必须相同,壁厚相近,否则不宜采用(2分)。

49. 答:芯头的主要作用是使砂芯在铸型中有准确的位置(1分),让砂芯定位,固定砂芯,(1分)使它能承受砂芯本身的重力和金属液对砂芯的冲击力和浮力,并能使砂芯中产生的气体,通过芯头中的通气道顺利排出(3分)。

50. 答:影响树脂砂型砂可使用时间主要因素有砂温(1.5分)、固化剂 (1.5分)以及气温与空气湿度(2分)。

51. 答:能够提高铸件的表面质量(1分);砂型、砂芯浇注后溃散性好(1分);型、芯砂在可使用时间内流动性好(1分);型、芯砂在常温下自行硬化(1分);明显降低车间粉尘(1分)。

52. 答:树脂加入量为砂子总量的 $0.7\% \sim 1.5\%$ (2.5分),固化剂加入量为树脂加入量的 $30\% \sim 60\%$(2.5分)。

53. 答:型砂具备较好的透气性(1.5分),在浇注过程中才能使砂型产生的气体排到型外(1.5分),否则有可能使铸件形成气孔(2分)。

54. 答:淬火的主要目的是:提高零件的硬度和耐磨性(1.5分);配合回火工序使零件获得所需的综合力学性能(1.5分);改善特殊性能钢的某些物理化学性能(2分)。

55. 答:铸造用特种砂是指非石英质的特种耐火材料(1分),具有更高的耐火度(1分)和热化学稳定性(1分)。适用于大型铸铁件、铸钢件和合金钢件(1分),也可作涂料的耐火骨料(1分)。

56. 答:为填充型腔(1分)和冒口(1分)而开设于铸型中(1分)的一系列通道(1分)称为浇注系统。(表述准确1分)

57. 答:铸件形状和几何尺寸检验;铸件表面粗糙度(1分);铸件质量公差(1分);浇冒口残留量(1分);铸件表面缺陷(1分);铸件力学性能(1分);化学成分(1分);金相组织内部缺陷(1分)。(答对 5 个以上的 5 分)

58. 答:铸件的内部缺陷主要有缩孔(1分)、缩松(1分)、疏松(1分)、夹杂物(1分)、气孔(1分)、裂纹(1分)等缺陷。(答对 5 个或 5 个以上得 5 分)

59. 答:铸件质量检验公差是指按统计方法计算或根据标样样品(2分)定出的公称质量与实际质量差(2分)。(表述准确1分)

60. 答:滚筒表面清理(1.5分)、喷丸表面清理(1.5分)、抛丸表面清理(2分)等。

61. 答:机械落砂除芯(1分)、水力清砂除芯(1分)、电液压清砂(1分)、电化学清砂(1分)。(答对 4 个或 4 个以上得 5 分)

62. 答:常见的熔炼设备有冲天炉(2分)、电弧炉(2分)、坩埚炉(2分)、感应电炉(2分)、反射炉(2分)等。(答出 3 个或 3 个以上即给 5 分)

63. 答:造型生产线上常用的辅机有:翻箱机(1分)、合箱机(1分)、落箱机(1分)、压铁机(1分)、铸型推出机(1分)、小车清扫机(1分)。(答出 5 个或 5 个以上即给 5 分)

64. 答:Z8612B 具有制造 12 kg 以下、简单和中等复杂的砂芯(1分),生产率高(1分),质量容易保证,应用广泛(1分),芯盒为垂直分芯、二半片芯盒(2分)。

65. 答:特种铸造是指有别于砂型铸造工艺的其他铸造方法(2分)。它通过改变铸型材料、浇注方法、液体金属充填铸型的形式或铸件凝固等因素形成的铸造方法(3分)。

66. 答:金属型铸造生产的铸件尺寸精度与表面质量优于砂型铸造生产的铸件(2分),且金属结晶较细,力学性能较好(3分)。

67. 答:耐热性和导热性好(2分),反复受热时不变形,不破坏(1分);应具有一定的强度、韧性及耐磨性(1分),机械加工性好(1分)。

68. 答:低熔点模料的优点是流动性好(0.5分),制取方法简单,能多次反复使用(0.5

分),蜡模表面质量高(1分),对硅酸乙酯和水玻璃黏结剂涂料的涂挂性能好(1分)。缺点是强度低,热稳定性差(1分),冷却时收缩较大,在夏季蜡模易变形(1分)。

69. 答:风险是指某一特定危险情况发生(2分)的可能性与后果的结合(3分)。

70. 答:人口(1分)、粮食(1分)、能源(1分)、资源(1分)和环境(1分)。

71. 答:自然环境是指围绕并作用于人类的各种自然形成的因素总体(3分),包括大气、水、土壤、生物等(2分)。

72. 答:(1)外形尺寸和块度要合适(1分)。(2)不得混有封闭器皿、爆炸物、易燃物及毒品(1分)。(3)不得混铜、锌、铅、锡、砷等有色金属;硫、磷含量均≤0.05%(1分)。(4)清洁少锈,少混有泥沙、水泥及耐火材料等(1分)。(5)按性质分类存放(1分)。

73. 答:(1)潮湿废钢在加料时可能引起爆炸(2分)。(2)潮湿废钢中的水蒸发吸热,会造成冶炼电耗增加(1分)。(3)引起钢中氢含量增加(2分)。

74. 答:(1)降低钢中有害元素 Cu、Sn 等的含量(2分)。(2)泡沫渣的控制比较容易,可以提高入炉功率,降低冶炼电耗和耐火材料消耗(1分)。(3)脱碳反应能够顺利地进行,有利于钢液脱气、去除杂质,纯净钢水(2分)。

75. 答:(1)锰能消除和减弱钢因硫而引起的热脆性,改善钢的热加工性能(2分)。(2)锰能溶于铁素体中,即和铁形成固溶体,提高钢的强度和硬度(1分)。(3)锰能提高钢的淬透性,锰高会使晶粒粗化,增加钢的回火脆性(1分)。(4)锰会降低钢的热导率(1分)。

76. 答:钢水包使用耐火砖和耐火泥浆修砌,都含有水分,烘烤的目的首先是去除这部分水分,以免进入钢水(3分),其次是使包衬升温,不致因钢包过冷使钢水降温太多,造成粘钢(2分)。

77. 答:烘烤时间要适当(1分),烘烤要均匀而且不能过急,防止将袖砖、塞头砖烤裂(2分),烘至砖缝不冒潮气,保证干透(1分),包衬是亮红色即可(1分)。

78. 答:(1)必须正确地进行配料(1分)。(2)炉料的大小要按比例搭配,以达到好装、快化的目的(1分)。(3)各种炉料应根据钢的质量要求和冶炼方法搭配使用(1分)。(4)配料成分必须符合工艺要求(2分)。

79. 答:(1)电极下面金属料突然受到高温时,会发生爆裂(2分)。(2)开始时电弧不稳定,经常断弧(2分)。(3)金属料之间有空隙,通电后金属料与金属料之间也会发生电子发射轰击的现象(1分)。

80. 答:在较低的温度下,磷的分配比$(P_2O_5)/[P]^2$较高,也就是钢水中有较多的磷进到炉渣中(2分)。随着炉温升高,磷的分配比降低,即发生"回磷"现象(2分)。因此应抓紧在熔化末期和氧化初期造渣脱磷,并及时放掉高磷炉渣以免后期发生"回磷"(1分)。

81. 答:渣量过大,渣层也随之加厚,炉渣流动性就降低,脱磷反应变慢,脱磷效果变差(3分)。渣量过小,渣中脱磷反应生成物浓度变大,反应进行的速度变慢(2分)。

82. 答:(1)高碱度(1分)。(2)氧化性强和流动性良好(黏度较小)的炉渣(2分)。(3)较低的温度(2分)。

83. 答:熔渣的氧化性是指熔渣向金属相提供氧的能力,也可以认为是熔渣氧化金属熔池中杂质的能力(5分)。

84. 答:还原期炉渣的作用主要是脱氧(2分)、脱硫(1分)、吸收夹杂物(1分)。另外炉渣也起着保护钢水的作用,防止钢水吸收气体(1分)。

六、综 合 题

1. 解：单个砂型的用砂量

$m_{单}=\rho V=30\times30\times(10+15)\times1.5\times10^{-3}=33.75$(kg)（公式 2 分，得出答案 2 分）

24 件产品总用砂量

$m_{总}=m_{单}\times n=33.75\times24=810$(kg)（公式 2 分，得出答案 2 分）

答：24 件产品的总用砂量为 810 kg。（得出答案 2 分）

2. 解：砂型密度 $\rho=m/V$，砂型 $m=\rho\times V$，$\rho=1.7$ kg/dm³ $=1.7\times10^3$ kg/m³（公式 2 分，得出答案 2 分）

$V=10\times8\times2=160$(dm³)（单位正确 2 分）

$m=160\times1.7=272$(kg)（最后结果 4 分）

答：填充该砂箱约需型砂 272kg。

3. 解：砂型密度 $\rho=\dfrac{m}{V}=\dfrac{30.72}{4\times4\times1.2}=1.6(kg/dm)=1.6\times10^3$(kg/m)（公式 2 分，答案 2 分）（单位正确 2 分）

答：砂型密度为 1.6×10^3 kg/m³。（最后结果 4 分）

4. 解：$D=500$ mm，$n=4$，则 $r=250$ mm

$L=2r\sin\pi/n=2\times250\times\sin180°/4=500\times\sin45°=353.5\approx354$(mm)（公式 2 分，答案 2 分）（单位正确 2 分）

答：等分圆的弦长为 354 mm。（最后结果 4 分）

5. 解：铸件线收缩率

$\varepsilon=\dfrac{L_{模}-L_{铸件}}{L_{模}}\times100\%$（公式 2 分）

$L_{铸件}=L_{模}-L_{模}\varepsilon=845-845\times1.5\%\approx832$(mm)（公式 2 分，答案 2 分）（单位正确 2 分）

答：浇出的铸件尺寸为 832 mm。（最后结果 2 分）

6. 解：$\varepsilon=2\%$；$L_{铸件}=800$ mm

$\varepsilon=\dfrac{L_{模}-L_{铸件}}{L_{模}}\times100\%$（公式 4 分）

$2\%=\dfrac{L_{模}-800}{L_{模}}\times100\%$（答案 2 分）

$L_{模}=\dfrac{800}{1-2\%}=816$(mm)（单位正确 2 分）

答：该模样尺寸为 816 mm。（最后结果 2 分）

7. 解：金属材料的断面收缩率为

$\varphi=\dfrac{A_0-A}{A_0}\times100\%=\dfrac{\pi r_0^2-\pi r^2}{\pi r_0^2}\times100\%=\dfrac{3.14\times5^2-3.14\times3.5^2}{3.14\times5^2}\times100\%=51\%$

（公式 2 分，答案 2 分）（代入过程 4 分）

答：该金属的断面收缩率是 51%。（结果 2 分）

8. 解：$L=2r\sin\pi/n$，$n=3$，$L=208$（公式 4 分，代入正确 2 分）

$208=2r\sin(180°/3)=2r\sin60°$　　$r=208/2\sin60°=240$ mm（单位正确 2 分）

答:等分圆直径 240 mm。(结果 2 分)

9. 解:设每 100 g 水玻璃中需加入 NaOH 为 x(表述准确 2 分)

$$x=\left(\frac{33}{60\times 2.2}-\frac{13}{62}\right)\times 80=3.2\ \text{g}\ (\text{答案 2 分})$$

10 kg 水玻璃需加入 NaOH 为 $3.2\times\dfrac{1\,000}{100}=320\ \text{g}$(表述准确 2 分,答案 2 分)(单位正确 2 分)

答:需要加入 320 g 氢氧化钠。

10. 答:拔模斜度:铸件上垂直分型面的各个侧面应具有斜度,以便于把模样(或型芯)从型砂中(或从芯盒中)取出,并避免破坏型腔(或型芯)。此斜度称为拔模斜度(1.5 分)。(表述准确 1 分)

结构斜度:凡垂直分型面的非加工表面都应设计出斜度,以利于造型时拔模,并确保型腔质量(1.5 分)。(表述准确 1 分)

结构斜度是在零件图上非加工表面设计的斜度,一般斜度值比较大(2.5 分)。拔模斜度是在铸造工艺图上方便起模,在垂直分型面的各个侧面设计的工艺斜度,一般斜度比较小。有结构斜度的表面,不加工艺斜度(2.5 分)。

11. 解:已知 $A_{直}=5.75\ \text{cm}^2$

$A_{内}=1\times 5=5\,(\text{cm}^2)$(1 分)　　$A_{内}:A_{横}:A_{直}=1:1.1:1.15$(1 分)

$A_{横}=1.1\times 5=5.5\,(\text{cm}^2)$(1 分)　　$A_{内}=5.75\div 1.15=5\,(\text{cm}^2)$(1 分)

$A_{直}=1.15\times 5=5.75\,(\text{cm}^2)$(1 分)　　$A_{横}=5\times 1.1=5.5\,(\text{cm}^2)$(1 分)(计算过程 4 分)

12. 解:铸件的线收缩率

$$\varepsilon=\frac{L_{模}-L_{铸件}}{L_{模}}\times 100\%=\frac{1\,240-1\,230}{1\,240}\times 100\%=0.8\%$$

(公式 4 分,答案 4 分)

答:该铸件的线收缩率 0.8%。(表述准确 2 分)

13. 答:浇口杯的主要作用是:接纳来自浇包的金属液,避免金属液飞溅(2 分);当浇口杯储存有足够的金属液时,可减少或消除在直浇道顶面产生的水平旋涡,防止熔渣和气体卷入型腔(4 分);能缓和金属液对铸型的冲击(2 分);增加静压头高度,提高金属液的充型能力(2 分)。

14. 答:手工造型舂砂时,箱壁和箱挡处的型砂要比铸模(模样)周围舂得硬些(1 分)。这样既不影响型砂中气体的逸出(1 分),又可以防止砂型在吊运过程中塌箱(1 分)。又因金属液对型腔表面的压强与深度成正比(1 分),越深压强越大(1 分),所以下型要比上型硬些(1 分),可避免铸件胀砂(1 分)。(表述准确 3 分)

15. 答:铸件浇注时及时引火点燃型腔内排出的气体,可以使排气孔附近产生负压(2 分),让铸件浇注时产生的气体迅速顺利排出(2 分)。同时,烧去有害的气体(2 分),减少空气污染。(表述准确 3 分)

16. 答:因砂芯工作条件恶劣,几乎整个被金属液包围(2 分),所以芯砂性能比型砂要求更高(2 分)。此外,还要求吸湿性小(2 分),发气性小(2 分),出砂性(溃散性)好(2 分)。

17. 答:当使用双面芯撑时,其安放必须牢固(1.5 分),避免移动、跌落(1.5 分),若有间隙,要用金属薄片塞紧,芯撑的支撑面必须与泥芯或砂型表面贴合(1.5分),不可只有一条边相接触(1.5分);当使用单面芯撑时,芯撑杆状端应顶在坚硬的支承物上,芯撑的大面端应能与泥芯被支撑的面相贴合(4分)。

18. 答:便于春砂、翻转搬运等操作(2分);可以采用不同的造型方法制造各种各样的铸件,适应性强(2分);合型后便于紧固,浇注时又不会冲垮砂型(2分)。但制造砂箱要消耗原材料,并且要有一定的制造周期(2分);要占据很大的堆放场地(2分)。

19. 答:当上砂型不吊砂时,开箱前用撬棒在上下砂箱的把手间略微左右撬动,使型壁和模样间产生一定间隙,开箱时砂型就不容易被损坏(2分)。开箱时上型一定要垂直提起,当砂箱较大,用吊车开箱要把吊钩调整到上型中心,并把起重链条的松紧程度调节到一样,然后开箱(2分)。当上型的吊砂不高而又有一定的斜度时,可以把上型的一个边作轴线,将上型绕轴线转动而开起,这样可防止因开箱不稳时上型摇摆而将吊砂碰坏(2分)。(表述准确4分)

20. 答:较高的浇注温度能保证金属液的流动性(2分),有利于夹杂物的积聚和上浮(2分)。但过高的浇注温度,铸型表面易烧结,铸件表面易粘砂,金属液氧化严重,含气量增加,使铸件产生气孔等缺陷(4分);液态收缩量大,使铸件产生缩孔、裂纹、晶粒粗大等缺陷,降低铸件的力学性能(2分)。

21. 答:其主要目的是:降低钢的硬度,改善切削加工性能,恢复塑形变形能力(2分);均匀钢的组织和化学成分,细化晶粒(2分);消除钢中的残余应力,稳定组织,防止变形(2分);驱除存在于钢中的氢气,防止白点,消除氢脆性(2分)。(表述准确2分)

22. 答:防止夹砂的措施是:(1)型砂中加入抗夹砂材料,例如:木屑、煤粉等(2分)。(2)将膨润土加入碳酸钠活化处理(2分)。(3)注意造型操作(2分)。(4)插钉子(2分)。(5)合理布置浇口(2分)。

23. 答:(1)小型铸件用普通压铁紧固(2分);(2)脱箱造型用高度低、面积大的成型压铁紧固(2分);(3)大中型铸件用螺栓、卡子和压板等紧固(2分);(4)机器造型用带斜面的卡子紧固(2分);(5)组芯造型用夹板和螺栓紧固(2分);(6)地坑造型也常用压铁紧固(2分)。(答对5个或5个以上的满分)

24. 答:(1)能引导金属液平稳、连续、均匀地充满型腔(1分);(2)具有较好的挡渣能力(1分);(3)调节铸型各部分的温差,控制铸件的凝固顺序(2分);(4)防止金属液浇入型腔时卷入气体(2分);(5)应使金属液流经最短距离进入型腔,减少浇注过程中的热量损失(2分);(6)在保证铸件质量的原则下,浇注系统应体积小,结构简单,制造和清除方便等(2分)。(答对5个或5个以上得满分)

25. 答:模样的作用是用来形成铸型的型腔(2分)。砂箱的作用是便于春实型砂(2分),并能方便地翻转和吊运砂型(2分),浇注时能防止金属液将砂型胀裂(4分)等。(答对4个或4个以上得满分)

26. 答:作用:将来自浇口杯的金属液引入横浇道、内浇道并最后充填型腔。它提供足够的压头以保证金属液克服沿程的各种阻力,在规定的时间内,以一定的速度充填型腔(2分)。形状特点:一般直浇道锥度为1:50或1:25;浇口杯与直浇道相接处的圆角$R \geqslant 0.25dh$(2分)。因为当浇口杯与直浇道入口处连接为尖角时,直浇道呈非充满状态,而且在圆柱形直浇道内为负压流动,所以即使在充满状态下也将出现吸气现象。当带锥度的直浇道内,锥度超过临界值时,将出现正压流动,未有吸气现象(6分)。

27. 答:对于大平板类铸件,可采用倾斜浇注,以便增大金属液上升速度(4分);具有大面积的薄壁铸件,应将薄壁部分放在铸型的下部(2分),同时要尽量使薄壁部分处于垂直位置或倾斜位置(4分)。

28. 答:金属型预热温度的高低对合金能不能充满型腔及其冷却速度都有很大的影响(2分)。预热温度太低,会使铸件冷却太快和冷却不均匀,使铸件产生裂纹、气孔、浇不足等缺陷(2分),在浇注时发生金属液的喷溅,使金属型寿命缩短(2分)。预热温度太高,不但降低金属型的寿命(2分),还会使铸件的晶粒粗大,机械性能降低,产生缩松、气孔等缺陷(2分)。

29. 答:因为平板类铸件高度较低,水平面积较大,浇注时金属液型腔上表面的热辐射作用时间既长又强烈(4分),结果使型腔上表面层拱起并开裂(4分),造成铸件夹砂(2分)。

30. 解:$V=5\times5\times1.5-\dfrac{\pi}{4}\times3^2\times1.5=26.9(dm^3)$ (过程2分)(单位正确2分)(结果2分)

$G=V\cdot\rho=26.9\times7\approx188(kg)$ (公式2分)(结果2分)

答:铸件重量约为188 kg。

31. 解:$V=(3+1.85)\times2\times0.15-0.5\times1^2\times0.15=1.38(dm^3)$ (过程2分)(单位正确2分)(结果2分)

$G=V\cdot\rho=1.38\times7\approx9.66(kg)$ (公式2分)(结果2分)

答:铸件重量约为9.66 kg。

32. 解:$V=\dfrac{3.14}{4}\times(1.5^2-1^2)\times1.2+\dfrac{3.14}{4}\times1.5^2\times(1.4-1.2)\approx1.53(dm^3)$ (过程2分)(单位正确2分)(结果2分)

$G=V\cdot\rho=1.53\times7\approx10.7(kg)$ (公式2分)(结果2分)

答:铸件重量约为10.7 kg。

33. 解:$V=\dfrac{3.14}{4}\times4^2\times1+\dfrac{3.14}{4}\times2^2\times1.5-\left(\dfrac{3.14}{4}\times3^2\times0.7+\dfrac{3.14}{4}\times1.4^2\times1.8\right)$

$=9.56(dm^3)$ (过程2分)(单位正确2分)(结果2分)

$G=V\cdot\rho=9.56\times7\approx66.9(kg)$ (公式2分)(结果2分)

答:铸件重量约为66.9 kg。

34. 解:$V=(3.14/2\times12+2.0\times2.4)\times0.4+3/2\times2\times0.3+2.0\times0.4\times1.5=4.65(dm^3)$ (过程2分)(单位正确2分)(结果2分)

$G=V\cdot\rho=4.65\times7\approx32.55(kg)$ (公式2分)(结果2分)

答:铸件重量约为32.55 kg。

35. 解:$V=\dfrac{3.14}{4}\times2^2\times2+3\times3\times0.4-\dfrac{3.14}{4}\times1.4^2\times2.4=6.19(dm^3)$ (过程2分)(单位正确2分)(结果2分)

$G=V\cdot\rho=6.19\times7\approx43.3(kg)$ (公式2分)(结果2分)

答:铸件重量约为43.3kg。

36. 答:对绝大多数钢种来说磷是有害元素(1分)。钢中磷含量高会引起钢的"冷脆",降低钢的塑性和冲击韧性,并使钢的焊接性能与冷弯性能变差(3分);磷对钢的这种影响常随着氧、氮含量的增高而加剧(3分)。磷在连铸坯(钢锭、铸件)中偏析度仅次于硫,同时它在铁固溶体中扩散速度又很小,不容易均匀化,因而磷的偏析很难消除(3分)。

37. 答:(1)出钢方式为槽式出钢,不能实现无渣出钢(3分)。(2)必须扒除氧化渣,防止回磷,在炉内脱氧、脱硫及合金化,导致冶炼时间长,生产效率低,消耗高(2分)。(3)槽式出钢时,钢水在空气中暴露时间长,易造成钢的二次氧化和吸气。同时温降大,必须提高出钢温度,造成电耗升高(3分)。(4)出钢时必须倾动约45°才能将钢水出净,导致电缆长度较长,铜损上升,电耗升高(2分)。

38. 答:(1)炉料的大小要按比例搭配,以达到好装快化的目的(3分)。(2)炉料的好坏要按钢种质量要求和冶炼方法来搭配。如果使用太坏的炉料,必须充分估计收得率(3分)。(3)配料的含C量,必须根据钢种的要求,S、P≤0.05%(2分)。(4)炉料装入量必须保证铸件(钢锭)能浇足的钢水量。每炉钢要有规定的注余钢水,防止钢水量不足或过多注余钢水(2分)。

39. 答:(1)适当提前吹氧助熔,可以大大加速磷的去除,吹氧迟了熔清磷就会偏高(4分)。(2)当熔池有足够钢水可以陆续地加一批小矿石,增加渣中的氧化铁以充分利用低温条件达到快速去磷的目的(3分)。(3)全熔后,在合适温度情况下,调整好炉渣,使其有一定碱度和良好的流动性,然后适当地加入铁矿石或进行吹氧,等熔池开始沸腾,炉渣发泡,渣面上升,使炉渣大量流出(3分)。

40. 答:(1)炉前工必须穿戴好劳动保护用品(1分)。(2)开炉前检查电器、机械、水冷系统是否正常(1分)。(3)工作场地前后渣坑、渣罐必须干燥(1分)。(4)严禁向炉内加入潮湿炉料(1分)。(5)炉顶工作必须停电(1分)。(6)炉内已有钢水时,严禁下坑清渣(1分)。(7)严禁带负载送电,换电压及不停电出钢(1分)。(8)天车吊运物件通过时,要让路躲开(0.5分)。(9)通电过程中禁止从短网下通过(0.5分)。(10)用大锤砸物时,防止物件飞起伤人(0.5分)。(11)冷却水的出水温度不应超过70 ℃(0.5分)。(12)出钢时,钢水不应直冲塞杆和包壁(0.5分)。(13)吹氧时,严格遵守吹氧操作规程(0.5分)。

铸造工(中级工)习题

一、填空题

1. 铸件从线收缩起始温度冷却至室温时,线尺寸的相对收缩量称为(　　　)。

2. 铸件厚壁与薄壁相接处,拐弯处等,都应采取逐渐过渡和较大的(　　　),以防铸造应力集中而引起裂纹等缺陷。

3. 正确的铸造方案可以提高(　　　),简化铸造过程,提高劳动生产率。

4. 确定铸型分型面时,应尽量将整个铸件的主要加工面和加工基准放在(　　　)。

5. 芯头的作用是迅速而准确地确定砂芯在(　　　)中的位置。

6. 垂直放置在砂型中的芯头称为(　　　)。

7. 水平芯头的定位既能防止(　　　),又能防止绕水平轴线转动。

8. 铸造工艺设计时所制定的工艺文件,是铸造生产的指导性文件,是(　　　)、管理和铸件验收的依据。

9. 影响铸件的铸造收缩率因素很多,主要影响因素有铸件的材质、铸件结构和(　　　)三个方面。

10. 应尽量使砂芯分芯面与(　　　)一致。

11. 选择铸型种类的依据,是根据铸件的材质和结构、尺寸大小、技术要求、生产条件、(　　　)决定的。

12. 影响加工余量大小的主要因素是铸造合金种类、铸件尺寸、(　　　)。

13. 加减壁厚法一般用于各种铸肋,也用于铸件壁厚在(　　　)时模样侧面的起模斜度。

14. 由于工艺上的原因,在铸件相应部位(　　　)上增加的金属层厚度称为工艺补正量。

15. 表示原砂形状最接近于圆形的角形系数代号是(　　　)。

16. 型砂试样抵抗外力破坏的能力称为(　　　)。

17. 由于季节原因,为了保证产品质量,夏天应用模数(　　　)一些的水玻璃。

18. 铸造用硅砂按粒度分组,其硅砂粒度分布范围一般在(　　　)mm 之间。

19. 型砂干强度试验要把圆柱形标准试样放置于预先加热到 180 ℃±5 ℃的电烘箱中,保温(　　　),然后将试样取出,放入干燥器中冷却至室温后待用。

20. 湿型砂中黏结剂采用(　　　)。

21. 混制好的呋喃树脂自硬砂,硬化温度在(　　　)为宜。

22. 硅砂的主要化学成分是(　　　)。

23. 钙膨润土进行活化处理的反应式是:(　　　)。

24. 干型生产铸铁件时,防粘砂材料多用(　　　)。

25. 在外力或自身重力作用下,型砂沿模样表面和砂粒间相对移动的能力称(　　　)。

26. 以黏土为黏结剂,将原砂、(　　　)、水按一定比例混制的,符合造型制芯要求的黏土型砂,是目前砂型铸造中应用最多的造型材料。

27. 水玻璃 CO_2 硬化砂混制时间要尽量短,整个混制时间控制在(　　)内。

28. 热法覆膜树脂砂配制时,加入(　　)增加型砂流动性,防止树脂砂结块,同时改善砂型(芯)的脱模性。

29. 混制好的热芯盒呋喃Ⅰ型树脂砂存放时间一般不超过(　　)。

30. 如采用(　　)浇注系统,金属液在铸型内上部温度低于下部温度不利于补缩,并且充型速度慢,薄壁高大复杂铸件不易充满。

31. 蠕墨铸铁是大部分石墨为(　　)石墨的铸铁。

32. 球墨铸铁原铁水应具有(　　)、高硅、中锰和低硫、磷的特点。

33. 铸钢的铸造性能较差,它的(　　)较低,容易氧化形成夹渣。

34. 金属晶体结构的类型,主要有面心立方晶格、体心立方晶格和(　　)三种。

35. 金属结晶时过冷度的大小与(　　)有关。

36. 凡原子在空间范围内作(　　)的物质称为晶体。

37. 在结晶过程中,(　　)越大,形成晶核的数量就越多,晶粒也就越细。

38. 生产上(　　)的方法主要是加快冷却速度和进行孕育处理。

39. 结晶温度范围大的合金,铸造时(　　)倾向较大。

40. 纯铁是由许多大小形状不规则的晶粒组成,这种由许多晶粒组成的晶体叫(　　)。

41. 合金组元之间发生相互作用而形成的一种具有金属特性的物质称为(　　)。

42. 一定成分的合金固溶体,冷却到一定温度时,分解成两个不同成分的固相,这种转变称(　　)。

43. 莱氏体的性能和渗碳体相似,它硬度高,塑性差,是(　　)中最基本的组织。

44. 铁碳合金相图是表示在缓慢冷却或缓慢加热条件下,不同成分的铁碳合金的状态或组织随(　　)变化的图形。

45. 为了降低某些组元的熔点,防止合金熔炼时间过长而造成某些组元过热、烧损等,要求配制的中间合金(　　)。

46. 在实际生产过程中,(　　)铸造生产的铸件重量不受限制。

47. 在实际生产过程中,(　　)造型主要用于成批和大量生产。

48. 机械化流水线生产中,小型铸件宜采用(　　)。

49. 模样强度越大、表面越光滑,起模斜度可以相应(　　)。

50. 手工造型比机器造型的起模斜度(　　)。

51. 在造型时,铺覆在模样表面上构成型腔表面层的型砂是(　　)

52. 金属模具有强度高,尺寸精确,表面光洁,耐磨、耐用等优点,一般应用于(　　)铸件。

53. 模样在模底板上必须用(　　)定位,防止模样和模底板发生错动。

54. 热芯盒常用的出芯方法有移动托板取芯法和(　　)两种。

55. 由于树脂砂有可使用时间的要求,混好的砂不能久存,当造型用砂量较大时,必须采用(　　)混砂机,它可以即用即混。

56. 当前应用的树脂砂造型生产线有简单的手工造型线、(　　)、脱箱造型线等几种类型。

57. 树脂砂旧砂再生的工艺流程可分成(　　)、再生处理阶段和后处理阶段三个基本阶段。

58. 为了保证砂型有较好的（　　），在远离型腔的部位紧实度应适当降低。

59. 抛砂紧实时砂团运动的（　　）越大则砂型紧实度越高。

60. 造型方法多种多样，可根据一些主要因素来决定。生产一个简单的圆筒铸件，当其粗而短且是单件或少量生产时，可用（　　）造型。

61. 湿型生产铸件因砂型强度低、发气量大等原因，铸件容易产生砂眼、粘砂、夹砂、（　　）等缺陷。

62. 湿砂型不需要（　　），有利于组织专业化流水线生产，生产周期短，生产效率高，铸件成本低。

63. 手工舂砂时每次填砂厚度约（　　）。

64. 覆砂造型，在舂砂过程中，若模样较高，可将面砂贴覆与（　　）的填、舂同时进行。

65. 大件的起模吊具的（　　）要通过重心。

66. 起模时带出的大块型砂，取出后仍要覆盖于原处，在覆盖前将砂型损伤处刷一薄层淡淡的黏结剂或水，覆盖后（　　）。

67. 造型使用的假箱，可用（　　）的型砂制作，假箱可供多次使用。

68. 常用加固吊砂的方法有用木片加固吊砂、用铁钩加固吊砂、用（　　）加固吊砂。

69. 活砂造型是将阻碍起模部分的砂型制成可以搬移的砂块，便于（　　）。

70. 漏模造型是将模样固定在（　　）上，舂砂后，模样经漏板漏出的一种造型方法。

71. 通过液压、机械或气压作用于压板、柔性膜或组合压头，使砂箱内型砂紧实的方法称为（　　）紧实。

72. 劈箱造型时，要使用（　　）砂箱造型，被劈分的模块，应固定在特制的模板上，再进行造型。

73. 用（　　）来形成铸件内部和外部形状的造型方法称为组芯造型。

74. 大型铸件的地坑造型，要求砂床具有大的（　　），不仅要求硬度高，还要对其进行特制加固，故称为加固硬砂床。

75. 有盖地坑造型常在硬砂床上进行，通常采用复印法和（　　）取得型迹。

76. 确定砂芯个数时要尽量减少砂芯数目，减少的办法是采用（　　）、模样凸台及凸缘拆活块来取代砂芯。

77. 为了下芯方便，通常在芯头与芯座间留有（　　）。

78. 高温低速浇注有利于实现（　　）凝固。

79. 芯骨上的吊攀，通常是用（　　）制作。

80. 浇注时砂芯大部分被高温金属液包围，除其自身重力外，还要承受金属液的浮力作用，所以对砂芯的（　　）和刚度要求比较高。

81. 手工制芯可分芯盒制芯和刮板制芯两种，其中以（　　）应用最普遍。

82. 刮板造型可以分为（　　）和导向刮板造型两种。

83. 砂型(芯)烘干规范的两个重要参数是烘干温度和（　　）。

84. 检查砂型(芯)烘干程度的方法，分为直接法和（　　）两种。

85. 在下芯操作时，生产量大或重要的铸件常采用（　　）控制砂芯的位移。

86. 为了使旋转刮板能在水平方向进行调节，转动臂及旋转刮板上的螺栓孔应做成（　　）。

87. 刮板造型等分辐条时,对半径为 R 的圆,其弦长 S 与等分数 n 的关系为(　　　)。

88. 浇注后,型(芯)砂是否容易解体而脱离铸件表面的性能称为(　　　)。

89. 铝青铜的浇注系统多采用(　　　)式,使液态金属平衡地进入型腔,防止氧化。

90. 在铸型内储存供补缩铸件用熔融金属的空腔称为(　　　)。

91. 常用冒口尺寸确定方法有(　　　)和比例法两种。

92. 半封闭式浇注系统各组元的截面积大小关系为(　　　)。

93. 铝合金铸件中的浇注系统一般应避免采用雨淋式和高压头封闭式,通常采用底注开放式或(　　　)浇注系统。

94. 影响金属液充型的主要因素有合金性质、铸型性质和(　　　)。

95. 铸件截面上凝固区域的宽度,介于逐层凝固和体积凝固之间的,则称为(　　　)。

96. 铸件一般从远离冒口部分逐渐向冒口部分凝固的过程,叫(　　　)。

97. 目前使用的自动化浇注装置有倾斜式自动化浇注系统和(　　　)自动化浇注装置。

98. 引导金属液进入型腔的通道称为内浇道,其作用是控制(　　　),调节铸型各部分温度,保证凝固顺序。

99. 型腔中金属液面的平均上升速度的计算公式是(　　　)。

100. 浇注铸铁件一般采用封闭式浇注系统,对于大、中型铸铁件,其浇道截面比例关系通常为:$A_内 : A_横 : A_直 =$(　　　)。

101. 铸钢件常采用柱塞式浇包底注,其浇注速度主要取决于包底注孔直经的大小。其浇注系统截面一般呈(　　　)式。

102. 对较大圆筒类锡青铜铸件,一般采用(　　　)浇口。

103. 球墨铸铁浇注温度较低,浇注速度较快,内浇道的最小截面(　　　)灰铸铁。

104. 冒口对铸件的补缩效果,不仅取决于冒口的大小,还决定于冒口到铸件被补缩部分的(　　　)是否畅通。

105. 模数法确定冒口尺寸时,冒口的模数必须(　　　)铸件补缩部位的模数,才能起到补缩作用。

106. 冒口有效补缩距离,是表示在这一距离范围内,铸件组织是(　　　)。

107. 铸铁件干型浇注时,冒口补缩距离 $L_1 =$(　　　)。

108. 冒口补贴,实际上就是改变了冒口与铸件连接部位的铸件壁厚的截面形式,扩大了(　　　),保证了向着冒口的定向凝固。

109. 对于一些不易用机械方法切割冒口,用气割又易产生裂纹的高合金铸件中,常采用(　　　)进行补缩。

110. 铸件拉筋的厚度一般为铸件壁厚的(　　　)。

111. 在同一铸件的晶粒内部,存在着(　　　)和组织不均匀的现象叫晶内偏析。

112. 产生冷隔的原因是开始浇入铸型中的金属液流前端呈圆弧状,两股金属液流的接触面上将因金属液(　　　)过低,不能相互融合而产生冷隔。

113. 铸件结构存在过大的(　　　)会使铸件产生变形缺陷。

114. 产生型漏主要与底部砂层(　　　)有关。

115. 防止球墨铸铁产生皮下气孔的主要措施是:减少铁水中的(　　　),严格控制型砂中水分量,尽量减少镁的加入量,提高浇注温度等。

116. 侵入气孔一般出现在铸件的某一局部,由于形成气孔的气泡能够在金属液中( ),则有的气孔出现在铸件内部,有的气孔出现在铸件上方表层。

117. 把水平方向上有大平面的铸型( )浇注,可防止夹砂结疤缺陷。

118. 砂型(芯)退让性差易引起铸件( )。

119. 铸件质量包括铸件内在质量,铸件外观质量和( )。

120. 铸件的表面缺陷大多数在( )检查时就可发现,如粘砂、冷隔、错型、明显裂纹等。

121. 对形状复杂、壁厚相差较大的高碳钢和合金铸件补焊时,应进行( )。

122. 磁粉探伤灵敏度较高,简单迅速,但只能检验( )材料。

123. 金相组织对铸件的性能有很大影响,同一成分的铸件,因冷却速度或热处理方法不同,会出现( )的金相组织而具有不同的性能。

124. 用敲击法去除浇冒口时要选好敲击方向,以防止造成( )损伤。

125. 对铸件进行熔补后应进行( )热处理。

126. 金属的结晶包括( )两个基本过程。

127. 淬火钢的回火温度越高,钢的抗拉强度和硬度越( )。

128. 为使钢获得理想的综合机械性能,应进行( )。

129. 比例是( )与其实物相应要素的线性尺寸之比。

130. 互换性是指按规定的几何、物理及其他质量参数的( )制造零件,使其在装配或更换时,不需要辅加加工或修配,便能满足使用和生产上的要求。

131. 表示机器或部件的工作原理、性能结构及零件之间装配连接关系等内容的图样叫( )。

132. 主视图所在的投影面称为( )。

133. 机件向不平行任何基本投影面的平面进行投影所得的视图,称为( )。

134. 平面倾斜于圆柱轴线截交线的形状是( )。

135. 零件的被测实际形状对理想形状所允许的变动全量或者零件的单一实际要素的开头所允许的变动量称作( )。

136. 轴的标注尺寸 $\phi 112.68^{+0.015}_{-0.010}$,其最大尺寸为( )。

137. 装配图中的所有零、部件都必须编写序号,而且要与( )中的序号一致。

138. 在铁碳合金相图中,铸铁分为亚共晶铸铁和( )。

139. 为了综合考虑碳和硅的影响,通常将硅量折合成相当的碳量,它与实际碳量之和称为( )。

140. ZG410-620 抗拉强度的最小值为( )。

141. 金属材料抵抗局部变形,特别是塑性变形、压痕或划痕的能力称为( )。

142. 试样拉断前承受的最大标称拉应力,叫作( )。

143. 熔炼碳钢用硅铁,其含硅量一般要求不小于( )%。

144. 硅铁的烘烤温度一般要≥( )℃。

145. 图 1 的面积为( )cm。(图中尺寸单位:mm)

146. 边长为 3 cm×4 cm×5 cm 的长方体,其体积为( )cm³。

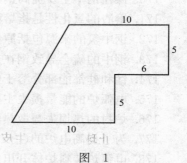

图 1

147. 包角是指带与带轮接触所对的（　　　）。

148. 将电器设备的金属外壳与接地体连接叫（　　　）。

149. 电路一般都是由电源、（　　　）、控制开关、导线等四部分按照一定的方式连接起来。

150. 以一种非铁元素为基本元素，再添加一种或几种其他元素所组成的合金称为（　　　）。

151. 喷丸清理设备是利用压缩空气为动力，将弹丸（　　　）到需要清理的铸件上，借助弹丸的冲击作用，清理铸件表面粘砂或氧化皮的装置。

152. 单轴惯性振动落砂机的振幅随（　　　）的变化而发生变化。

153. 电弧炉的优点是设备结构简单，使用和维护方便，熔化（　　　）快，温度高。

154. 造型生产线上的辅机是给主机完成（　　　）和起模这些主要工序以外的辅助工作所用的设备。

155. 检查透气性测定仪时，将空样筒密封，保持（　　　）min，钟罩不下降，水柱高度不小于98 mm，表示系统不漏气。

156. 将金属液浇入绕水平、倾斜或立轴旋转的铸型，在离心力作用下凝固成铸件的铸造方法称为（　　　）。

157. 熔融金属在高压下高速充型，并在压力下凝固的铸造方法是（　　　）。

158. 压铸件单位面积上能承受的推力称（　　　）。

159. 压铸生产中，胀模力应（　　　）锁模力。

160. 压铸时，金属液自开始进入型腔到充满的过程所需的时间称为（　　　）。

161. 金属型离心铸造时，常需在金属型的工作表面喷刷（　　　）。

162. 离心铸造根据生产方法分可以分为（　　　）和热模法两大类。

163. 露天安装的变压器与火灾危险检查场所的距离不应小于（　　　）。

164. 生产经营单位应组织制定本单位（　　　）规章制度和操作规程。

165. 从业人员发现直接危及人身安全的紧急情况时，有权（　　　）或者在采取可能的应急措施后撤离作业场所。

166. 开发利用自然资源，必须采取措施保护（　　　）。

167. 垃圾侵占土地，堵塞江湖，有碍卫生，危害农作物生长及人体健康的现象，称为（　　　）。

168. 氧在钢中（　　　）很小，几乎全部以氧化物夹杂形式存在。

169. 钢水温度影响气体在（　　　）中的溶解度。

170. 镍在钢中主要提高钢的强度和（　　　）。

171. 熔渣的氧化性是指熔渣向金属相提供（　　　）的能力。

172. 钢中氢的来源包括原材料中的（　　　）和炉气中的水蒸气。

173. 钢中的硫会导致钢在热加工发生晶界开裂，这样的现象称为（　　　）。

174. 锰和硅都能部分溶于（　　　）而显著提高其强度和硬度。

175. 电弧炉的能量损失主要是电损失和（　　　）。

176. 炉衬的热损失与散热面积，各层耐火材料的厚度及（　　　）有关。

177. 为了提高电炉的（　　　）和改善炉前的操作条件，电炉的许多部位是用水冷却的。

178. 电弧炉装料炉体开出式结构的优点是（　　　），龙门架可以和倾炉架连成一体。

179. 电炉变压器的冷却主要有油浸自冷式和强迫油循环(　　)两种方式。

180. 铁损和(　　)会使变压器的输出功率降低,同时造成变压器发热。

181. 在电炉炼钢中,硅铁主要用于脱氧和(　　)。

182. 熔渣对炉衬的(　　)和冲刷作用会缩短炉衬的使用寿命。

183. 电弧炉所用的氧气要求有较高的纯度,以免增加钢液的含氢量和(　　)。

184. 炉料熔清后,如钢液含碳量不足,(　　)开始前需进行增碳。

185. 氧化期的主要任务是(　　)和脱碳,去除钢中气体、夹杂和钢液升温是在脱碳过程中同时进行的。

186. 钢液脱碳常用方法:吹氧脱碳法、氧化剂脱碳法和(　　)。

187. 综合氧化法是既向钢液熔池中加入(　　),又向熔池吹入氧气,氧化钢中碳、磷等元素。

188. 吹氧法脱碳提高钢液温度,钢液温度升高快,脱碳速度(　　)。

189. 矿石脱碳降低钢液温度,钢液温度升高慢,脱碳速度(　　)。

190. 还原初期往钢液中加入锰铁,进行初步的脱氧,这一过程称为(　　)。

191. 扩散脱氧又称间接脱氧,主要特点是脱氧反应在(　　)内进行,因而脱氧产物不进入钢液中,钢中夹杂物含量较少。

192. 扩散脱氧是电炉炼钢(　　)而基本的脱氧方法。

193. 扩散脱氧的速度慢,时间长,可以通过(　　)或钢渣混冲等方式加速脱氧进程。

194. 当锰和硅、铝同时使用时,锰能提高硅和铝的(　　),同时也使本身的脱氧能力有所增强。

195. 电炉炼钢常用的扩散脱氧剂有(　　)、硅铁粉、铝粉、硅钙粉、碳化硅粉、电石等。

196. 在保证炉渣碱度的条件下,适当增加渣量可以稀释渣中(　　)浓度,对脱硫有利。

197. 电炉还原期硫高时可增大渣量,流渣及(　　)操作。

198. 白渣状态下炼钢的目的是减少夹杂、(　　)。

199. 终脱氧加铝方法一般有插铝法、冲铝法和(　　)。

200. 出钢前5分钟内,禁止向渣面上撒炭粉,以免出钢时钢液(　　)。

201. 电弧炉炉役前期,留钢留渣量按(　　)控制,炉役后期按中上限控制。

202. 喂线结束后的软吹操作要求(　　)供氩,以钢液面不裸露,渣面微微涌动为准。

203. 喂线操作时,(　　)供氩,吹氩搅拌强度控制钢液面微裸露即可,禁止大面积裸露。

204. 喂线时喂入合金线以(　　),将钢的化学成分控制在较窄的范围内。

205. 钢包到达热装塞杆工位以后,对横臂与钢包升降机构连接部位进行(　　)、吹扫,保证接触良好,接触面无灰尘杂物、无残钢残渣。

二、单项选择题

1. 将铸造工艺图的设计思想和实际操作要求作进一步说明的工艺文件称为(　　)。
(A)铸造工艺说明书　　(B)铸造说明书　　(C)铸造工艺卡片　　(D)铸造卡片

2. 为了方便起模,分型面应尽量选取在(　　)。
(A)模样最小截面上　　(B)模样底部　　(C)模样最大截面上　　(D)模样顶部

3. 确定分型面时应注意的原则中,(　　)是不正确的。

(A)尽量把铸件的大部分或全部放在同一砂型内

(B)尽量减少分型面的数量

(C)应尽量减少型芯的数目

(D)尽量使砂型总高度为最高

4. 在确定浇注位置时,应根据铸件合金种类、(　　)和技术要求,把铸件质量要求较高的部位以及容易产生缺陷的部位,放在有利位置。

(A)铸件结构　　　　(B)铸件材料　　　　(C)铸件大小　　　　(D)铸件类型

5. 对于旋转体铸件内浇道开设,应使金属液沿铸件切线方向注入,并力求方向一致,从而(　　)。

(A)使金属液很快而均匀的充满铸型

(B)防止冲坏铸型而产生砂眼等缺陷

(C)便于杂质上浮和气体的排除

(D)防止引起铸件组织局部晶粒粗大或产生缩松

6. 型芯结构主要是依据铸件结构、(　　)和生产条件来决定。

(A)制造工艺　　　　(B)冒口位置　　　　(C)质量要求　　　　(D)生产流程

7. 为了便于制芯操作及烘干处理,型芯应有大而简单的(　　)。

(A)分割面　　　　(B)分型面　　　　(C)支撑面　　　　(D)填砂面

8. 垂直上下芯头都要有一定的斜度,芯头斜度一般取(　　)。

(A)5°～10°　　　　(B)10°～15°　　　　(C)5°～15°　　　　(D)10°～20°

9. 为保证芯头与芯座间的支撑强度,需适当(　　)。

(A)增加芯座　　　　(B)加长芯头　　　　(C)减少芯座　　　　(D)缩短芯头

10. 对于铸件,石墨形式碳的存在会(　　)其材料的密度。

(A)增加

(B)降低

(C)有可能增加也有可能降低

(D)不影响

11. 浇包内准备的金属液要大于铸型所需的金属液质量(　　)。

(A)5%～15%　　　　(B)3%～13%　　　　(C)10%～15%　　　　(D)5%～10%

12. 湿型砂配方中黏土及水分的含量较干砂型要(　　),砂粒均匀度要(　　)。

(A)多,高　　　　(B)多,低　　　　(C)少,高　　　　(D)少,低

13. 关于黏土砂的特点,(　　)阐述不正确。

(A)对造型方式的适应性强　　　　(B)可适应各种原砂

(C)具有特有的强度性能　　　　(D)流动性好

14. 手工造型用型砂芯砂含水量比机器造型用型砂芯砂高(　　)左右。

(A)1%　　　　(B)2%　　　　(C)3%　　　　(D)4%

15. 大部分铸造碳钢件浇注温度在(　　)之间。

(A)1 300 ℃～1 400 ℃　　　　(B)1 350 ℃～1 450 ℃

(C)1 400 ℃～1 500 ℃　　　　(D)1 450 ℃～1 550 ℃

16. 铸钢件湿砂型型砂芯砂一般用(　　)作黏结剂膨润土的活化剂。

(A)碳酸钙　　　　(B)碳酸氢钙　　　　(C)碳酸氢钠　　　　(D)碳酸钠

17. 中、小型铸钢件广泛使用(　　)作原砂。

(A)硅砂 　　　　(B)黏土砂 　　　　(C)干型芯砂 　　　　(D)湿型砂

18. 有色合金浇注温度一般(　　　)。

(A)低于 1 100 ℃ 　　　　　　　　　(B)高于 2 100 ℃

(C)介于 1 100 ℃～2 200 ℃ 　　　　(D)1 100 ℃左右

19. 有色合金芯砂常配以合脂、糠油、桐油等,以增加型芯的(　　　)和获得良好的溃散性。

(A)黏结度 　　　　(B)透气性 　　　　(C)湿强度 　　　　(D)干强度

20. 具有生产周期短,操作简便,易于机械化、自动化生产等优点,溃散性差,硬化强度不高等缺点的型芯砂是(　　　)。

(A)黏土砂 　　　　(B)水玻璃砂 　　　　(C)树脂砂 　　　　(D)呋喃树脂自硬砂

21. 水玻璃 CO_2 硬化砂在混制时应注意要(　　　)。

(A)先快后慢 　　　　(B)先慢后快 　　　　(C)先干后湿 　　　　(D)先湿后干

22. 液体硬化剂水玻璃自硬砂的强度与(　　　)无关。

(A)水玻璃的加入量 　　　　　　　　(B)硬化剂的种类及加入量

(C)混制时间 　　　　　　　　　　　(D)室温

23. 主要用于壳芯机制造壳芯的砂子是(　　　)。

(A)水玻璃砂 　　　　(B)黏土砂 　　　　(C)热芯盒树脂砂 　　　　(D)热法覆膜树脂砂

24. 下列选项中,(　　　)不能做热芯盒树脂砂的黏结剂。

(A)酚醛树脂 　　　　(B)呋喃树脂 　　　　(C)聚乙氯酸脂 　　　　(D)脲醛呋喃树脂

25. 中氮树脂使用的固化剂氯化铵∶尿素∶水的配置比例为(　　　)。

(A)1∶1∶3 　　　　(B)1∶3∶1 　　　　(C)1∶3∶3 　　　　(D)3∶1∶1

26. 冷芯盒树脂砂所用的原砂是根据(　　　)来确定。

(A)活化剂的种类 　　　　　　　　　(B)固化剂的种类

(C)黏结剂的种类 　　　　　　　　　(D)铸件合金种类

27. 铸钢件用芯砂的黏结剂中液态酚醛树脂和聚异氰酸脂两种组分的配置比例是(　　　)。

(A)6∶4 　　　　(B)4∶6 　　　　(C)7∶3 　　　　(D)3∶7

28. 型砂的耐火度与二氧化硅含量成(　　　),与黏土含量成(　　　)。

(A)正比,正比 　　　　(B)正比,反比 　　　　(C)反比,反比 　　　　(D)反比,正比

29. 型砂的溃散性主要由(　　　)决定。

(A)热强度 　　　　(B)型砂的残留强度 　　　(C)湿强度 　　　　(D)干强度

30. 常用紧实率来判断型砂的(　　　)。

(A)干湿程度 　　　　(B)透气程度 　　　　(C)黏结程度 　　　　(D)溃散程度

31. 直径为 100 mm 的钢球,其密度为 7.8 kg/dm³,则其重量为(　　　)。

(A)2 kg 　　　　(B)4 kg 　　　　(C)6 kg 　　　　(D)8 kg

32. 密度为 7.2 kg/dm³ 铸铁平板,其长为 500 mm,宽为 300 mm,厚为 50 mm,则铸铁平板的重量为(　　　)。

(A)54 kg 　　　　(B)75 kg 　　　　(C)45 kg 　　　　(D)57 kg

33. 为保证铸件加工面尺寸和零件精度,在铸件工艺设计时,预先增加而在机械加工时切去的金属厚度称为(　　　)。

(A)工艺补正量 　　　(B)加工余量 　　　(C)补贴 　　　(D)补缩量

34. 若模样上下两半对称,则分型负数( )。

(A)在上下模各取一半 　(B)留在上半型 　(C)留在下型 　(D)不留

35. 下列铸件线收缩率最大的是( )。

(A)灰铸铁 　　　(B)球墨铸铁 　　　(C)铸钢 　　　(D)铝硅合金

36. 下列选项中,不属芯头作用的是( )。

(A)排气 　　(B)形成铸件一部分 (C)定位 　　(D)支撑

37. 制造芯盒时在分芯面上相应地减去增大的尺寸,这个减去的数值是( )。

(A)砂芯负数 　　　　　　　　(B)分芯负数

(C)分型负数 　　　　　　　　(D)非加工壁厚的负余量

38. 对于需要机械加工的表面,一般采用( )法设置起模斜度。

(A)增加壁厚 　　(B)加减壁厚 　　(C)壁厚不变 　　(D)减小壁厚

39. 原砂中所含铁的氧化物、碳酸盐、碱(或碱土)金属氧化物都是砂子的( )。

(A)有用成分 　(B)不可缺少成分 　(C)无大影响物质 　(D)有害杂质

40. 树脂砂的缺点是( )。

(A)价格贵、有污染 　　　　　(B)强度低、溃散性差

(C)生产周期长,回用困难 　　　(D)工艺复杂,季节限制

41. 配制湿型黏土砂的加料顺序为( )。

(A)新砂、回用砂、黏土、煤粉、水 　　(B)回用砂、新砂、黏土、煤粉、水

(C)黏土、回用砂、新砂、煤粉、水 　　(D)煤粉、回用砂、新砂、黏土、水

42. 晶格的晶胞是一个立方体,在立方体的八个顶角和立方体的中心各有一个原子的晶格类型是( )。

(A)体心立方晶格 　　　　　　(B)面心立方晶格

(C)密排六方晶格 　　　　　　(D)垂心立方晶格

43. 以下选项中,属于面心立方晶格的是( )。

(A)镁 　　　(B)锌 　　　(C)铬 　　　(D)铜

44. 组成合金的最基本的、独立的物质是( )。

(A)组元 　　　(B)组织 　　　(C)相 　　　(D)元素

45. 合金中具有同一化学成分的、同一结构和原子聚集状态,并以界面互相分开且均匀的组织部分称为( )。

(A)组元 　　　(B)组织 　　　(C)相 　　　(D)元素

46. 纯金属晶核主要沿着( )方向生长。

(A)垂直 　　　　　　　　　(B)水平

(C)冷却速度最大的方向 　　　　　(D)冷却速度最小的方向

47. α—Fe 中晶格类型属于( )晶格。

(A)体心立方 　　(B)面心立方 　　(C)密排立方 　　(D)球心立方

48. 碳溶于 α—Fe 中形成的间隙固溶体为( )。

(A)铁素体 　　(B)奥氏体 　　(C)渗碳体 　　(D)珠光体

49. 目前应用的铁碳合金相图,其含碳量的范围为( )。

(A)0～2.11%　　　　　(B)2.11%～4.3%　　(C)4.3%～6.99%　　(D)0～6.99%

50. 外形不规则而内部原子排列规则的小晶体称为(　　)。

(A)晶胞　　　　　　　(B)晶粒　　　　　　(C)晶核　　　　　　(D)晶界

51. 一定成分的液态合金,在某一恒温下,同时结晶出两种固相的转变称为(　　)。

(A)共析转变　　　　　(B)共晶转变　　　　(C)珠光体转变　　　(D)铁素体转变

52. 铸造时不需要使用型芯而能获得圆筒形铸件的铸造方法是(　　)。

(A)砂型铸造　　　　　(B)离心铸造　　　　(C)熔模铸造　　　　(D)压力铸造

53. 车间使用的划线平板,工作表面要求组织致密均匀,不允许有铸造缺陷。其铸件的浇注位置应使工作面(　　)。

(A)朝上　　　　　　　(B)朝下　　　　　　(C)倾斜　　　　　　(D)无所谓

54. 铸件产生缩松、缩孔的根本原因是(　　)。

(A)固态收缩　　　　　　　　　　　　　　　(B)液体收缩

(C)凝固收缩　　　　　　　　　　　　　　　(D)液体收缩和凝固收缩

55. 金属液流动性能最好的铁碳合金,应选用(　　)的合金。

(A)C=3.5%　　　　　(B)C=3.8%　　　　(C)C=4.0%　　　　(D)C=4.7%

56. 铸件的最大截面在一端,且为平面,其手工造型可选用(　　)。

(A)分模造型　　　　　(B)刮模造型　　　　(C)整模造型　　　　(D)挖砂造型

57. 需挖砂造型的铸件在大批量生产中采用(　　)造型方法,可大大提高生产效率。

(A)刮板造型　　　　　　　　　　　　　　　(B)分模造型

(C)假箱成型或模板造型　　　　　　　　　　(D)活块造型

58. 确定分型面时,尽量使铸件全部或大部分放在同一砂箱中,其主要目的是:(　　)。

(A)利于金属液充填型腔　　　　　　　　　　(B)利于补缩铸件

(C)防止错箱　　　　　　　　　　　　　　　(D)操作方便

59. 确定浇注位置时,将铸件薄壁部分置于铸型下部的主要目的是:(　　)

(A)避免浇不足　　　　　　　　　　　　　　(B)避免裂纹

(C)利于补缩铸件　　　　　　　　　　　　　(D)利于排除型腔气体

60. 单件生产直径1.5 m的皮带轮,最合适的造型方法是:(　　)

(A)整模造型　　　　　(B)分开模造型　　　(C)刮板造型　　　　(D)活块造型

61. 铸件生产过程中所用的各种模具和工夹量具的总称为(　　)。

(A)铸造设备　　　　　(B)模具设备　　　　(C)模样设备　　　　(D)工艺装备

62. 形状复杂、壁又很薄的铸件可用(　　)生产。

(A)金属模　　　　　　(B)蜡模　　　　　　(C)泡沫塑料模　　　(D)木模

63. 以下选项中,(　　)的作用是将芯盒及工作台升起并压紧在射砂头下。

(A)升降缸　　　　　　(B)闸板动力气缸　　(C)射砂阀控制气缸　(D)气动托板

64. 射砂结束后,开启(　　),工作台下降。

(A)射砂阀　　　　　　(B)排气阀　　　　　(C)活塞阀　　　　　(D)气压阀

65. 在所有的造型工艺中,应优先采用(　　)。

(A)干砂型　　　　　　(B)表干砂型　　　　(C)湿砂型　　　　　(D)金属型

66. 型内放置冷铁较多时,应避免使用(　　)。

(A)干砂型　　　　　　(B)表干砂型　　　　(C)湿砂型　　　　　(D)金属型

67. 以下选项中,(　　)具有湿砂型的许多优点,而在性能上却比湿砂型好,多用于手工活及其造型的中大型铸件。

(A)干砂型　　　　　　(B)表干砂型　　　　(C)湿砂型　　　　　(D)金属型

68. 工厂生产大型机床床身等铸件,多采用(　　)。

(A)多箱造型法　　　　(B)机器造型法　　　(C)砂箱造型法　　　(D)组芯造型法

69. 下芯头和芯座之间应留有(　　)。

(A)侧面间隙　　　　　(B)顶面间隙　　　　(C)底面间隙　　　　(D)端面间隙

70. 以下选项中,(　　)的作用是防止浇注时金属液钻入气孔。

(A)压环　　　　　　　(B)防压环　　　　　(C)集砂槽　　　　　(D)型芯

71. 关于对型芯的基本要求,(　　)是不正确的。

(A)型芯应比砂型具有较高的强度

(B)型芯应比砂型具有较高吸湿性和发气性

(C)型芯应比砂型具有更好的透气性

(D)型芯应比砂型具有更好的退让性和溃散性

72. 铸型中凸起的砂块如在下型上,叫(　　)。

(A)自带型芯　　　　　(B)吊砂　　　　　　(C)自来芯　　　　　(D)活砂

73. 湿砂型较小的吊砂块可以采用(　　)。

(A)木片加固方法　　　　　　　　　　　　 (B)铁钩加固方法

(C)箱带加固方法　　　　　　　　　　　　 (D)吊砂骨架加固方法

74. 从春砂到起模一次完成的造型方法叫(　　)。

(A)多箱造型　　　　　(B)漏模造型　　　　(C)吊砂造型　　　　(D)假箱造型

75. 多箱造型一般应用(　　)。

(A)单件、小批量生产　　　　　　　　　　 (B)单件、大批量生产

(C)多件、小批量生产　　　　　　　　　　 (D)多件、大批量生产

76. 为使配制好的涂料在较长时间内不沉淀、不分层,用刷、浸、喷、淋的涂挂方法能保证涂层厚度均匀,所以需对涂料提出(　　)。

(A)涂挂性要求　　　　　　　　　　　　　 (B)化学稳定性要求

(C)耐火度要求　　　　　　　　　　　　　 (D)悬浮性要求

77. 下列选项中,不属于模样检查的是(　　)。

(A)分模面的检查　　　　　　　　　　　　 (B)主要尺寸的检查

(C)造型检查　　　　　　　　　　　　　　 (D)活块和芯头的检查

78. 将铸件加热到材料的弹、塑形范围内,保温,消除、松弛或均化残留应力,然后缓慢冷却,称为(　　)。

(A)人工时效　　　　　(B)自然时效　　　　(C)孕育处理　　　　(D)淬火处理

79. 射压造型用砂箱最好采用(　　)材料砂箱。

(A)铸钢　　　　　　　(B)灰铸铁　　　　　(C)可锻铸铁　　　　(D)铸铝

80. 修补工作应最后修整(　　)。

(A)上表面　　　　　　(B)侧立面　　　　　(C)分型面　　　　　(D)下表面

81. 下列选项中,生产率较高的造型方法是(   )。

(A)挖砂造型   (B)假箱造型   (C)刮板造型   (D)骨架模造型

82. 采用(   )加固吊砂,稳妥可靠,保证质量,造型效率高,是一种最方便的加固吊砂方法。

(A)木片   (B)铁钩   (C)吊砂骨架   (D)箱带

83. 高大的箱体类铸件可采用(   )。

(A)劈模造型   (B)漏模造型   (C)活砂造型   (D)导向刮板造型

84. 下列选项中,可以不断改变金属液流向,增加流动阻力,降低流速,促使熔渣浮起的是(   )。

(A)带离心集渣包横浇道   (B)缓流式横浇道
(C)带滤网横浇道   (D)锯齿形横浇道

85. 制作硬砂床时要特别注意(   )问题。

(A)排水   (B)通气   (C)加固   (D)紧实

86. 芯骨与砂芯表面(即芯盒壁)之间的距离,叫作(   )。

(A)吃砂量   (B)砂芯负数   (C)芯头间隙   (D)加工余量

87. 决定芯盒填砂方向(舂砂方向)最主要原则是(   )。

(A)根据铸件下芯方向   (B)保证舂砂质量
(C)减少木材消耗   (D)减少芯盒活块数量

88. 将(   )插入通气道中,如有水气凝结,说明型(芯)未烘干。

(A)竹片   (B)木棒   (C)金属棒   (D)塑料棒

89. 一般验型时要在分型面上以及芯头的顶面分别放置细小的(   )。

(A)石棉条   (B)软泥条   (C)金属条   (D)木条

90. 大、中型铸件采用旋转刮板造型时,其铸件尺寸精度,有时比实样模型要高,这是由于大型实样模(   )的原因。

(A)变形量大   (B)制模尺寸误差大
(C)起模斜度太小   (D)结构不合理

91. 导向刮板造型是以导板为基准,使刮板沿导板(   )而刮制砂芯的一种造型方法。

(A)转动   (B)螺旋式转动   (C)来回移动   (D)波浪式移动

92. 大型旋转刮板在刮砂前,必须用螺栓将刮板紧固在(   )上。

(A)底座   (B)轴杠   (C)颈圈   (D)转动臂

93. 采用多箱造型,下列不正确的说法是(   )。

(A)为了便于起模   (B)便于舂砂、修型
(C)便于成批生产   (D)便于下芯合型

94. 三通管主体部分采用(   )进行生产。

(A)漏箱造型   (B)刮板造型   (C)吊砂造型   (D)多箱造型

95. 舂砂太紧易产生(   )现象。

(A)塌型   (B)气孔   (C)胀砂   (D)夹渣

96. 以下选项中,(   )只要用木棒或风冲大体舂一遍即可。

(A)黏土砂   (B)水玻璃砂   (C)覆膜砂   (D)树脂砂

97. 普通灰铸铁冒口的主要作用是(　　)。

(A)排气　　　　　　(B)散热　　　　　　(C)补缩　　　　　　(D)集渣

98. 以下选项中,(　　)是最理想的冒口形状。

(A)圆锥形冒口　　　(B)球顶圆柱形冒口　(C)腰圆柱形　　　　(D)球形冒口

99. 铸钢件上加补贴的作用是(　　)。

(A)防止铸件变形　　　　　　　　　　　(B)铸件强度

(C)便于挡渣和排气　　　　　　　　　　(D)增加冒口的补缩通道

100. 封闭式浇注系统中各截面的关系是(　　)。

(A)$A_杯<A_内<A_横<A_直$　　　　　　(B)$A_杯>A_内>A_横>A_直$

(C)$A_杯<A_直<A_横<A_内$　　　　　　(D)$A_杯>A_直>A_横>A_内$

101. 封闭式浇注系统不适合用于(　　)。

(A)湿砂型小型铸件　　　　　　　　　　(B)砂型中型铸铁件

(C)干砂型中型铸铁件　　　　　　　　　(D)易氧化的有色金属铸件

102. 要求定向凝固的铸件内浇道应开设在铸件(　　);要求同时凝固的铸件,内浇道应开设在铸件(　　)。

(A)厚壁处,薄壁处　　　　　　　　　　(B)厚壁处,厚壁处

(C)薄壁处,薄壁处　　　　　　　　　　(D)薄壁处,厚壁处

103. 内浇道的纵截面最好离接口处呈"(　　)"状态。

(A)远薄近厚　　　　(B)远厚近薄　　　　(C)内厚外薄　　　　(D)内薄外厚

104. 铸件本身质量与铸件本身质量加上浇冒口质量的百分比称为(　　)。

(A)工艺出品率　　　　　　　　　　　　(B)冒口的补缩效率

(C)冒口的延续度　　　　　　　　　　　(D)冒口当量厚度

105. 丁字形接头处激冷面的冷铁放在铸件壁厚的(　　)不必有吊钩。

(A)侧部　　　　　　(B)顶部　　　　　　(C)底部　　　　　　(D)内部

106. 铸造中,设置冒口的目的(　　)。

(A)改善冷却条件　　　　　　　　　　　(B)排出型腔中的空气

(C)减少砂型用量　　　　　　　　　　　(D)有效地补充收缩

107. 一般铸钢件厚大断面上较集中大的孔眼缺陷为(　　)。

(A)气孔　　　　　　(B)缩孔　　　　　　(C)缩松　　　　　　(D)浇不到

108. 由于砂芯的位置发生了不应有的变化所造成的缺陷为(　　)。

(A)错芯　　　　　　(B)错型　　　　　　(C)偏芯　　　　　　(D)变形

109. 在铸件浇注位置的上部产生缺肉,缺肉处的铸件边角略呈圆形,这种缺陷是(　　)。

(A)浇不到　　　　　(B)宏观缩松　　　　(C)未浇满　　　　　(D)集中缩松

110. 出现在同一炉金属液浇注的铸件中的气孔往往是(　　)气孔。

(A)析出性　　　　　(B)侵入性　　　　　(C)反应性　　　　　(D)梨形

111. 造型材料在浇注过程中受热产生气体形成的气孔为(　　)气孔。

(A)析出性　　　　　(B)侵入性　　　　　(C)反应性　　　　　(D)针状

112. 铸件同时凝固的缺点是液态收缩大的铸件,往往在截面中心形成(　　),降低铸件的塑性和致密度。

(A)集中缩孔　　　　　　(B)气孔　　　　　　(C)缩松　　　　　　(D)裂纹

113. 适当加快浇注速度,有利于防止铸件产生(　　)缺陷。

(A)气孔　　　　　　(B)粘砂　　　　　　(C)夹砂结疤　　　　　　(D)缩孔

114. 断面严重氧化,无金属光泽,裂口沿晶粒边界产生和发展,外型曲折而不规则的裂纹是(　　)。

(A)热裂　　　　　　(B)冷裂　　　　　　(C)缩裂　　　　　　(D)龟裂

115. 铸件内有严重的空壳状残缺称为(　　)。

(A)型漏　　　　　　(B)浇不到　　　　　　(C)跑火　　　　　　(D)未浇满

116. 当铸造应力超过金属的强度极限时,铸件就会产生(　　)。

(A)冷裂　　　　　　(B)拉长　　　　　　(C)变形　　　　　　(D)冷隔

117. 铸件上部和下部的化学成分不一致,称(　　)。

(A)枝晶偏析　　　　　　(B)比重偏析　　　　　　(C)区域偏析　　　　　　(D)晶间偏析

118. 形状简单的材质塑性好的薄壁铸件的矫正处理适用(　　)。

(A)冷态矫正　　　　(B)局部加热矫正　　　　(C)火焰矫正　　　　(D)整体加热矫正

119. 以下选项中,(　　)是最常用的铸件修补方法。

(A)矫正　　　　　　(B)焊补　　　　　　(C)熔补　　　　　　(D)浸渗

120. 磁粉探伤能发现铸件(　　)的微小缺陷。

(A)表面　　　　　　(B)近表面　　　　　　(C)内部较深　　　　　　(D)各处

121. 铸件中不开口的表面缺陷多采用(　　)探伤方法进行检验。

(A)着色　　　　　　(B)荧光　　　　　　(C)磁粉　　　　　　(D)超声波

122. 铸件的焊接性能属于铸件的(　　)。

(A)外观质量　　　　(B)内在质量　　　　(C)使用质量　　　　(D)表面质量

123. 下列探伤方法中,探测厚度最大的是(　　)。

(A)磁粉探伤　　　　(B)射线探伤　　　　(C)超声波探伤　　　　(D)着色探伤

124. 铸件形状和尺寸的检查属于(　　)。

(A)力学性能检验　　(B)金属组织检验　　(C)直观检查　　　　(D)其他检查

125. 检验铸件的强度、硬度、塑性、韧性等性能是否达到技术要求属于(　　)。

(A)金相组织检验　　　　　　　　　　　　(B)工艺性能检验

(C)化学成分检验　　　　　　　　　　　　(D)力学性能检验

126. 大中件局部有缺损,可采用(　　)。

(A)焊补法　　　　　　(B)熔补法　　　　　　(C)腻子修补　　　　　　(D)金属堵塞

127. 在铸件非主要部位有影响外观质量的孔眼类(不穿透)缺陷,一般均可采用(　　)方法进行修补。

(A)塞补　　　　　　(B)金属喷镀　　　　　　(C)浸渗　　　　　　(D)填腻修补

128. 以下选项中,(　　)是检查铸件尺寸精度最通用的方法。

(A)实验法　　　　　　(B)划线法　　　　　　(C)专用检查法　　　　　　(D)仪器测量法

129. 以下选项中,(　　)可发现形状简单、表面平整铸件内的缩孔、缩松、疏松、夹杂物、裂纹等缺陷。

(A)荧光探伤　　　　(B)着色探伤　　　　(C)超声波探伤　　　　(D)磁粉探伤

130. 用金属型和砂型铸造的方法生产同一个零件毛坯,一般:(　　)。

(A)金属型铸件,残留应力较大,力学性能高

(B)金属型铸件,残留应力较大,力学性能差

(C)金属型铸件,残留应力较小,力学性能高

(D)金属型铸件,残留应力较小,力学性能差

131. 用"最小壁厚"指标限制铸件的壁厚,主要是因为壁厚过小的铸件易产生:(　　)。

(A)变形与裂纹　　　　(B)缩孔和缩松　　　(C)气孔　　　　(D)冷隔和浇不足

132. 在机械制图中,能在图上直接标注的倒角形式为(　　)。

(A)1×45°　　　　　　(B)2×30°　　　　　(C)1×60°　　　　(D)1×75°

133. 机械图中用(　　)表示可见轮廓线。

(A)细实线　　　　　　(B)粗实线　　　　　(C)细点划线　　　(D)粗点划线

134. 技术制图中斜体字母和数字字头向右倾斜,与水平基准线成(　　)。

(A)65°　　　　　　　 (B)70°　　　　　　　(C)75°　　　　　 (D)80°

135. 标注球面的直径或半径时,应在符号 ϕ 或 R 前再加注符号(　　)。

(A)ϕ　　　　　　 (B)r　　　　　　　(C)R　　　　　　(D)S

136. 局部视图的断裂边界线用(　　)表示。

(A)直线　　　　　　　(B)斜线　　　　　　(C)波浪线　　　　(D)点划线

137. 对外螺纹或内螺纹,在剖视或剖面图中剖面线(　　)。

(A)都必须画到粗实线　　　　　　　　　(B)可画到粗实线,也可画到细实线

(C)都必须画到细实线　　　　　　　　　(D)外螺纹画到粗实线,内螺纹画到细实线

138. 允许尺寸变化的两个界限值称为极限尺寸。两个界限值中,较大的一个称为(　　)。

(A)上偏差　　　　　　(B)下偏差　　　　　(C)最大极限尺寸　(D)最小极限尺寸

139. 同一装配图中相同的零、部件只用一个序号,一般标注(　　)次。

(A)一　　　　　　　　(B)二　　　　　　　(C)三　　　　　　(D)随意

140. 下列铸造合金中密度最大的是(　　)。

(A)灰铸铁　　　　　　(B)铸钢　　　　　　(C)球墨铸铁　　　(D)铸造铝合金

141. 镁砂的耐火度可达(　　)以上。

(A)1 000 ℃　　　　　(B)2 000 ℃　　　　 (C)1 500 ℃　　　 (D)1 250 ℃

142. 锰铁的烘烤温度一般要≥(　　)℃。

(A)700　　　　　　　 (B)750　　　　　　　(C)800　　　　　 (D)850

143. 微米的单位符号为 μm,1 米等于(　　)微米。

(A)10^3　　　　　　 (B)10^6　　　　　　(C)10^9　　　　 (D)10^{12}

144. 底面半径为 2 cm,高为 4 cm 的圆柱体,其表面积为(　　)。

(A)75.36 cm^2　　　 (B)73.56 cm^2　　　(C)76.35 cm^2　 (D)75.63 cm^2

145. 齿轮传动效率比较高,一般圆柱齿轮传动效率可达(　　)。

(A)85%　　　　　　　 (B)95%　　　　　　　(C)98%　　　　　 (D)100%

146. 两轴相距较远,且要求传动准确,应采用(　　)。

(A)带传动　　　　　　(B)链传动　　　　　(C)轮系传动　　　(D)摩擦传动

147. 链条的传动功率随链条的节距增大而(　　)。

(A)减小　　　　　　(B)不变　　　　　　(C)增大　　　　　　(D)减小或增大

148. 下列气压传动装置中的各类气缸中哪种是按活塞的结构划分的（　　）。

(A)活塞式　　　　　(B)摆动式　　　　　(C)回转式　　　　　(D)单向作用

149. 抽样检验的目的,是通过检验（　　）样本而对产品总体的质量作出估计。

(A)全体　　　　　　(B)部分　　　　　　(C)一个(或几个)　　(D)随机

150. 标准化是质量管理的（　　）,质量管理是贯彻执行标准化的保证。

(A)关键　　　　　　(B)原则　　　　　　(C)基础　　　　　　(D)规范

151. ZL201 是铸造（　　）合金的代号。

(A)铝硅　　　　　　(B)铝铜　　　　　　(C)铝镁　　　　　　(D)铝锌

152. ZCuSn10Pb1 是铸造（　　）的合金牌号。

(A)锡青铜　　　　　(B)铅青铜　　　　　(C)铅黄铜　　　　　(D)锡黄铜

153. 开放式造型生产线采用（　　）的铸型输送机组成生产线。

(A)连续式　　　　　(B)脉动式　　　　　(C)间歇式　　　　　(D)滚动式

154. 当机械负载对启动、调速及制动有要求,但调速范围不大,且低运行时间较短时,宜选用（　　）电动机。

(A)笼型　　　　　　(B)绕线转子　　　　(C)直流　　　　　　(D)同步电动机

155. 用来修整垂直弧形的内壁及其底面的工具的是（　　）。

(A)圆头　　　　　　(B)半圆　　　　　　(C)秋叶　　　　　　(D)法兰梗

156. 用来检测被测物体的垂直度的量具是（　　）。

(A)水平仪　　　　　(B)量规　　　　　　(C)刮尺　　　　　　(D)90°角尺

157. 用来修理砂型型芯中深而窄的底面和侧壁的修型工具的是（　　）。

(A)成型镘刀　　　　(B)砂钩　　　　　　(C)半圆　　　　　　(D)压勺

158. 下列特种铸造方法中,生产率最高的是（　　）。

(A)压力铸造　　　　(B)金属性铸造　　　(C)熔模铸造　　　　(D)砂型铸造

159. 流动性较差的合金和薄壁铸件都可用（　　）法生产。

(A)熔模铸造　　　　(B)离心铸造　　　　(C)实型铸造　　　　(D)壳型铸造

160. 铸件易产生偏析,内表面较粗糙的铸造方法是（　　）。

(A)熔模铸造　　　　(B)离心铸造　　　　(C)实型铸造　　　　(D)壳型铸造

161. 下列铸造方法中,浇注速度最快的是（　　）。

(A)砂型铸造　　　　(B)熔模铸造　　　　(C)金属型铸造　　　(D)离心铸造

162. 压铸用合金的范围在目前来说还有一定局限性,多以（　　）为主。

(A)铸钢　　　　　　(B)铸铁　　　　　　(C)有色合金　　　　(D)非金属

163. 卧式离心铸造机适宜浇注长度较直径大的（　　）铸件。

(A)圆筒形　　　　　(B)圆环形　　　　　(C)三角形　　　　　(D)长方形

164. 离心铸造时液体金属定量使用较多的方法是:（　　）。

(A)重量法　　　　　　　　　　　　　　(B)容积法

(C)定自由表面高度法　　　　　　　　　(D)定液体金属厚度法

165. 照明用手提灯的安全电压为（　　）。

(A)220 V　　　　　　(B)36 V　　　　　　(C)3 V　　　　　　(D)110 V

166. 劳动保护是指采用立法和技术管理措施,保护劳动者在生产劳动过程中的(　　)。
(A)安全健康与劳动能力　　　　　　　　(B)工资保障
(C)劳动保险金　　　　　　　　　　　　(D)人身自由的权利

167. 矽肺病主要是由于(　　)粉尘被人体吸入后,吸附在气管和肺泡壁上面而形成。
(A)二氧化硫　　　(B)二氧化硅　　　(C)三氧化二硫　　　(D)一氧化碳

168. 安全生产监督检查人员应当忠于职守、坚持原则、(　　)。
(A)按理办事　　　(B)照章行事　　　(C)酌情处理　　　(D)秉公执法

169. 环境因素是指一个组织的活动、产品或(　　)中能与环境相互作用的要素。
(A)服务　　　(B)售后　　　(C)生产　　　(D)作业

170. 钢水的(　　)影响气体在钢中的溶解度。
(A)比重　　　(B)流动性　　　(C)温度　　　(D)黏度

171. 电弧炉按功率水平分为(　　)三种。
(A)普通功率(RP)、高功率(HP)和超高功率(UHP)
(B)大功率、中功率、小功率
(C)大变压器、中变压器和小变压器
(D)大功率变压器、中功率变压器和小功率变压器

172. 下列增碳剂碳含量最高的是(　　)。
(A)增碳生铁　　　(B)电极粉　　　(C)石油焦粉　　　(D)木炭粉

173. 在炼钢过程中使用氧气的水分含量应小于(　　)。
(A)0.4%　　　(B)0.3%　　　(C)0.2%　　　(D)0.1%

174. 在砌筑钢包时,常用做绝热层材料的是(　　)。
(A)石棉板　　　(B)耐火砖　　　(C)耐火泥　　　(D)石英砂

175. 在一般情况下,炉料的平均含磷、硫量均应低于(　　)。
(A)0.10%　　　(B)0.08%　　　(C)0.05%　　　(D)0.03%

176. 补炉材料采用和炉衬本身(　　)的材料。
(A)相同　　　(B)不同　　　(C)相反　　　(D)无所谓

177. 炉料熔清时,钢液的温度较低,应在(　　)中提高温度。
(A)熔化期　　　(B)氧化期　　　(C)还原期　　　(D)出钢前

178. 在熔化过程中向炉内吹入一定数量的氧气,加入氧化铁皮及铁矿石,造成炉渣中(　　)的含量增高。
(A)CaO　　　(B)FeO　　　(C)MgO　　　(D)SiO_2

179. (　　)是电弧炉冶炼过程中最长的一个阶段。
(A)熔化期　　　(B)氧化期　　　(C)还原期　　　(D)出钢

180. 氧化期最主要的任务是(　　)。
(A)脱碳、去磷和去硫　　　　　　　　(B)脱磷、脱碳、去气和去夹杂
(C)吹氧、加矿石和调整炉渣　　　　　(D)脱碳、去硫、调整炉渣

181. 只要做到高温、均匀、持续激烈的沸腾,脱碳量为(　　)时,即可将钢中的气体含量降到较低水平。
(A)0.20%以下　　　　　　　　　　　　(B)0.20%~0.40%

(C)0.40%～0.60%　　　　　　　　　　(D)0.60%以上

182. 氧化期是从炉料全部熔清后,取样进行分析直到(　　　)为止。

(A)脱磷完毕　　　(B)脱碳完毕　　　(C)温度达到要求　　　(D)扒完氧化渣

183. 对于冶炼铸造碳钢,一般规定必须在钢液温度达到(　　　)以上,方可进行吹氧操作。

(A)1 530 ℃　　　(B)1 560 ℃　　　(C)1 580 ℃　　　(D)1 600 ℃

184. 在(　　　)条件下,钢液中氧与渣中氧的浓度比值是一个常数。

(A)钢液中碳含量一定　　　　　　　　(B)钢液温度一定

(C)碳含量与温度均一定　　　　　　　(D)炉内恒压

185. 吹氧脱碳法的优点是(　　　),节约电力。

(A)生产效率高　　　(B)脱碳平稳　　　(C)脱碳过程长　　　(D)费用低

186. 脱碳的基本反应为(　　　)。

(A)$[C]+\frac{1}{2}O_2 == CO\uparrow$

(B)$[FeO]+[C] == [Fe]+CO\uparrow$

(C)$(FeO)+[C] == [Fe]+CO\uparrow$

(D)$[Fe]+\frac{1}{2}O_2 == [FeO]$

187. 磷在钢液中主要以(　　　)的形式存在。

(A)$Fe_2P、P、Fe_3P$　　　(B)$P_2O_5、CaO_2、P$　　　(C)H_3PO_3　　　(D)PO_3^{3-}

188. 脱磷反应是在(　　　)进行的。

(A)钢液中　　　(B)炉渣中　　　(C)钢—渣界面　　　(D)空气中

189. 下列材料中,既能调整炉渣流动性,又不降低炉渣碱度的是(　　　)。

(A)萤石　　　(B)火砖块　　　(C)硅石　　　(D)石灰

190. 不好的氧化渣取样观察,当炉渣表面呈黑亮色,且粘附在样杆上的渣很薄,表明渣中(　　　)很高。

(A)CaO　　　(B)SiO_2　　　(C)FeO　　　(D)CaF_2

191. 钢液在氧化期末的实际温度应达到或略高于钢液的(　　　)。

(A)浇注温度　　　(B)出钢温度　　　(C)熔化温度　　　(D)熔清温度

192. 铬铁在还原初期加入时收得率为(　　　)。

(A)85%～90%　　　(B)90%～95%　　　(C)95%～98%　　　(D)98%以上

193. 还原期具备脱硫的有利条件是高温、高碱度和(　　　)的炉渣。

(A)氧化性　　　(B)小黏度　　　(C)还原性　　　(D)大黏度

194. 当还原炉渣碱度合适,温度合适,流动性差时,应该用(　　　)调整炉渣流动性。

(A)提高温度　　　(B)加入萤石　　　(C)加入硅石　　　(D)加入石灰

195. 一般情况下,要求还原期良好白渣保持时间在(　　　)分钟以上。

(A)5　　　(B)15　　　(C)25　　　(D)35

196. 还原渣颜色对控制钢液成分有很大影响,如灰渣容易(　　　)。

(A)增碳　　　(B)增硅　　　(C)增锰　　　(D)增铬

197. 还原期的炉渣要求 FeO 含量小于（　　）。

(A)1％　　　　　　　　(B)2％　　　　　　(C)3％　　　　　　(D)4％

198. 喂线结束后在炉渣表面加入碳化稻壳的目的是为了（　　）。

(A)保温　　　　　　　(B)脱碳　　　　　　(C)脱氧　　　　　　(D)吸收夹杂物

199. 出钢降温和钢包中停留降温都与（　　）有关。

(A)钢液量　　　　(B)出钢方法　　　　(C)环境温度　　　　(D)操作快慢

200. 出钢时炉渣为流动性良好的（　　）。

(A)白渣　　　　　　　(B)电石渣　　　　　(C)弱电石渣　　　　(D)稀薄渣

201. 普通电弧炉出钢时化学成分应达到（　　）。

(A)规格范围以上　　　　　　(B)规格范围

(C)规格范围以下　　　　　　(D)一半在规格范围以上，一半在规格范围以下

202. 浇注圆杯试样后，试样特征（　　），说明脱氧情况极差。

(A)凹陷显著　　　　(B)凹陷不显著　　　(C)不凹陷　　　　(D)上涨

三、多项选择题

1. 铸造工艺规程编写到什么程度，取决于（　　）。

(A)生产厂家的生产批量、规模　　　　　　(B)生产厂家的环境

(C)生产的质量、品质化　　　　　　　　　(D)生产的机械化、自动化程度

2. 以下关于确定分型面时应注意的原则的说法正确的是（　　）。

(A)应尽量避免在铸件加工表面产生飞翅缺陷

(B)方便起模

(C)尽量把铸件的大部分或全部放在同一砂型内

(D)应尽量使砂型总高度为最高

3. 下列分型面选择原则中正确的是（　　）。

(A)尽量减少砂芯数目　　　　　　(B)选在铸件最大截面上

(C)尽量减少分型面数量　　　　　　(D)尽量选用曲面

4. 下列确定砂芯原则中正确的是（　　）。

(A)为保证铸件内腔尺寸精度，不宜将一个砂芯划分为几个砂芯

(B)为使操作方便，复杂的大砂芯可分为几个小砂芯

(C)手工造型时，难于出砂的地方尽量用砂芯取代活块

(D)为保证铸件壁厚均匀，砂芯和模样的起模斜度大小、方向应一致

5. 下列影响起模斜度的因素中，（　　）需留较大的起模斜度。

(A)模样沿起模方向高度大　　　　　(B)模样表面光滑

(C)模样内侧表面　　　　　　　　　(D)模样在砂型中停留时间长

6. 芯头的结构形式、形状和尺寸配合精度等对砂芯在铸型中的（　　）有重大影响。

(A)位置精度　　　　(B)尺寸间隙　　　　(C)支撑强度　　　　(D)排气性能

7. 金属材料的密度与（　　）有关。

(A)材料形状　　　　(B)材料比例　　　(C)材料组织　　　(D)材料致密性

8. 对于铸件，（　　）会使材料的密度降低。

(A)石墨形式存在的碳   (B)孔洞类缺陷存在

(C)胀型缺陷存在   (D)白口形式存在的碳

9. 在计算铸件质量时,( )等可忽略不计。

(A)小凸台   (B)加厚   (C)拉肋

(D)圆角   (E)小孔

10. 铸型所需金属液质量由( )部分组成。

(A)加工余量   (B)铸件质量   (C)浇冒口质量   (D)补贴质量

11. 铸钢件多采用( )方法来避免粘砂。

(A)水玻璃砂   (B)干型上涂料

(C)减少水分   (D)增加原砂百分含量

12. 机器制芯一般常采用( )。

(A)冷芯盒树脂砂   (B)热芯盒树脂砂

(C)覆膜树脂砂   (D)呋喃树脂自硬砂

13. 铸件的砂芯采用芯砂的种类与( )有关。

(A)制芯方法   (B)砂芯断面的大小

(C)铸造合金种类   (D)铸件结构复杂程度

14. 关于黏土砂特点的表述正确的是( )。

(A)对造型方式的适应性强   (B)有特有的强度性能

(C)成本低   (D)黏土砂的流动性好

(E)可适应各种原砂   (F)制得的铸件尺寸精度较低

15. 关于干型砂的特点表述正确的是( )。

(A)良好的透气性   (B)高的热稳定性   (C)低的发气性   (D)高的干强度

16. 常用的特种砂有( )等。

(A)锆砂   (B)镁砂   (C)铬铁矿砂

(D)刚玉砂   (E)硅砂

17. 一般大中型铸件用( )生产。

(A)湿砂型   (B)表干型   (C)干型   (D)湿型干型

18. 铸铁件用型芯砂采用( )作黏结剂。

(A)膨润土   (B)高岭土   (C)淀粉   (D)普通黏土

19. 浇注温度较高的合金钢和大型或厚型碳钢铸件的面砂,应选用( )作原砂。

(A)硅砂   (B)锆英砂   (C)镁砂   (D)铬铁砂

20. 水玻璃砂具有( )的特点。

(A)生产周期短   (B)操作简便   (C)易于机械化   (D)自动化生产

21. 原砂中( )是砂子的有害杂质。

(A)含铁的氧化物   (B)二氧化硅   (C)碳酸盐   (D)碱金属氧化物

22. 铸铁件用水玻璃 CO_2 硬化砂中溃散剂多采用( )。

(A)糠醛渣   (B)氧化铁粉   (C)氧化镁粉

(D)石灰石粉   (E)重油   (F)黏土和膨润土

23. 属于水玻璃自硬砂粉状硬化剂的是( )。

(A)硅铁粉　　　　　(B)硅酸二钙　　　　(C)氟硅酸钠　　　　(D)硅酸钙

24. 液体硬化剂水玻璃自硬砂的强度与（　　　）有关。

(A)水玻璃的加入量　　　　　　　　　(B)硬化时间

(C)硬化剂的种类及加入量　　　　　　(D)室温

25. 目前,普遍采用的气硬冷芯盒工艺有（　　　）。

(A)二甲基乙胺法　　(B)三乙胺法　　　(C)CO_2 法　　　(D)SO_2 法

26. 以下可以作为冷芯盒树脂砂的原砂（　　　）。

(A)硅砂　　　　　　(B)锆砂　　　　　(C)铬铁矿砂　　　(D)镁砂

27. SO_2冷芯盒树脂砂的配制中,（　　　）可以作为黏结剂。

(A)酚醛树脂　　　　(B)聚异氯酸酯　　(C)尿醛呋喃树脂　(D)呋喃型冷硬树脂

28. 三乙胺法冷芯盒树脂砂的黏结剂由（　　　）组成。

(A)液态酚醛树脂　　　　　　　　　　(B)聚异氰酸酯

(C)尿醛呋喃树脂　　　　　　　　　　(D)呋喃型冷硬树脂

29. 对呋喃树脂自硬砂的特点描述正确的是（　　　）。

(A)溃散性很好　　　(B)不用烘干　　　(C)成本低　　　　(D)有刺激性气味

30. 呋喃树脂自硬砂采用的固化剂是（　　　）。

(A)苯二甲酸二丁酯　(B)硅烷　　　　　(C)苯酚磺酸

(D)甘油　　　　　　(E)甲苯磺酸　　　(F)二甲苯磺酸

31. 影响型芯砂粘模性的因素主要是（　　　）。

(A)空气湿度　　　　(B)黏土的性质　　(C)水分　　　　　(D)温度

32. 铸造生产中,型芯砂主要进行（　　　）性能的检测。

(A)透气性　　　　　(B)流动性　　　　(C)韧性

(D)发气性　　　　　(E)强度

33. 涂料的组成基本有（　　　）。

(A)耐火材料　　　　(B)黏结剂　　　　(C)悬浮剂

(D)稀释剂　　　　　(E)熔接剂　　　　(F)载体

34. 常用的涂料的混制方法有（　　　）。

(A)直接搅拌法　　　(B)间接搅拌法　　(C)预先制膏法　　(D)悬浮制膏法

35. 涂料的主要涂敷方法有（　　　）。

(A)刷涂　　　　　　(B)浸涂　　　　　(C)喷涂　　　　　(D)流涂

36. 涂料的主要作用（　　　）。

(A)填平砂型(芯)表面微小孔隙　　　　(B)降低铸件表面粗糙度

(C)提高铸件表面质量　　　　　　　　(D)增加砂型(芯)表面强度

37. 下列选项中,不是灰铸铁石墨化退火的作用的是（　　　）。

(A)消除铸造应力　　　　　　　　　　(B)改善石墨形状

(C)降低铸件硬度　　　　　　　　　　(D)提高铸件硬度

38. 属于面心立方晶格的是（　　　）。

(A)镉　　　　　　　(B)金　　　　　　(C)钒　　　　　　(D)铝

39. 碳在 α 铁中的固溶体,下列说法错误的是（　　　）。

(A)铁素体　　　　(B)奥氏体　　　　(C)渗碳体　　　　(D)莱氏体

40. 碳在γ铁中的固溶体,下列说法错误的是( )。

(A)铁素体　　　　(B)奥氏体　　　　(C)渗碳体　　　　(D)莱氏体

41. 固态合金中的基本相结构为( )。

(A)固溶体　　　　(B)金属组元　　　　(C)混合物组织　　　　(D)金属化合物

42. 细化晶粒的方法有( )。

(A)增大过冷度　　　　(B)减小过冷度　　　　(C)变质处理　　　　(D)精炼处理

43. 碳全部呈碳化物状态存在的铸铁,下列说法错误的是( )。

(A)球墨铸铁　　　　(B)灰铸铁　　　　(C)白口铁　　　　(D)麻口铁

44. 下列不属于层状凝固的是( )。

(A)低碳钢　　　　(B)中碳钢　　　　(C)高碳钢　　　　(D)高锰钢

45. 下列不属于中间凝固的是( )。

(A)铝硅合金　　　　(B)铝镁合金　　　　(C)锡青铜　　　　(D)特种黄铜

46. 下列不属于糊状凝固的是( )。

(A)铝青铜　　　　(B)锡青铜　　　　(C)灰铸铁　　　　(D)低碳钢

47. 下列铸造用特种砂,属于碱性砂的是( )。

(A)镁砂　　　　(B)锆英石砂　　　　(C)刚玉砂　　　　(D)橄榄石砂

48. 工艺装备的检查包括( )。

(A)模样的检查　　　　(B)型板的检查　　　　(C)芯盒的检查
(D)砂箱的检查　　　　(E)模板的检查　　　　(F)砂型的检查

49. 属于工艺装备范畴的是( )。

(A)芯盒　　　　(B)模样　　　　(C)浇冒口模
(D)定位销套　　　　(E)金属型　　　　(F)烘芯板

50. 下列属于模样检查的是( )。

(A)主要尺寸的检查　　　　(B)外观的检查
(C)安装的检查　　　　(D)活块和芯头的检查

51. 砂型、型芯表面的涂敷涂料可防止或减少( )、砂眼等铸造缺陷。

(A)气孔　　　　(B)粘砂　　　　(C)缩松　　　　(D)夹砂

52. 灰铸铁通常指具有片状石墨的灰口铸铁,含碳量较高,与铸钢相比,其( )。

(A)熔化温度较低　　　　(B)流动性较差　　　　(C)线收缩率较大
(D)收缩率较大　　　　(E)铸件不宜开裂

53. 根据不同的热处理方法可以得到具有不同的组织和性能的可锻铸铁,即( )可锻铸铁。

(A)铁素体　　　　(B)珠光体　　　　(C)白心　　　　(D)黑心

54. 舂砂要领正确的是( )。

(A)箱带处要舂紧些　　　　(B)下型要比上型舂紧些
(C)干型要比湿型舂紧些　　　　(D)铸铁件要比铸钢件舂紧些

55. 烘干时间长的砂型是( )的砂型。

(A)水分多　　　　(B)截面尺寸大　　　　(C)原砂粒度大　　　　(D)烘干深度大

56. 凭经验可以判断砂型的烘干程度,烘干的砂型,( )。
(A)手指弹击时声音清脆
(B)砂型排气孔没有水气冒出
(C)手指弹击时声音低沉
(D)用金属棒插入通气孔内没有水汽凝在金属棒上

57. 型砂在芯盒内得到紧实是依靠( )。
(A)放砂时的冲力
(B)芯砂所获得的动能
(C)芯盒内砂层之间所形成的压力差
(D)机器的惯性

58. 铸件过高,金属静压力超过湿砂型的抗压强度时,应使用( )。
(A)表干砂型　　　(B)干砂型　　　(C)水玻璃砂型　　　(D)自硬砂型

59. 以下不宜用湿型砂的是( )。
(A)浇注位置上的铸件有较大水平面时
(B)型内放置冷铁较多时
(C)造型过程长或需长时间等待浇注时
(D)金属静压力超过湿砂型的抗压强度时

60. 对于小型铸件,可以采用( )。
(A)有箱高压造型机生产线
(B)无箱高压造型机生产线
(C)实型造型线
(D)气冲造型线

61. 制芯方法一般有( )。
(A)冷芯盒法　　　(B)自硬芯盒法　　　(C)热芯盒法　　　(D)壳芯法

62. 芯头的作用是( )。
(A)固定砂芯
(B)便于型芯装配及合型
(C)能够承受型芯本身的重力及金属液对型芯的浮力
(D)能够使型芯中产生的气体通过芯头顺利的排到铸型以外

63. 芯骨的作用是( )。
(A)增加型芯强度和刚度
(B)便于型芯吊运
(C)舂砂起模方便
(D)型芯排气通畅

64. 上芯头与芯座之间留有( )间隙。
(A)水平　　　(B)底面　　　(C)侧面　　　(D)顶面

65. 手工制芯安放芯骨时应注意( )。
(A)芯骨周围用砂塞紧
(B)芯骨周围不能使用紧实工具
(C)外砂量不得过大
(D)外砂量不得过小

66. 常见的造型方法有( )。
(A)假箱造型　　　(B)吊砂造型　　　(C)漏模造型
(D)无箱造型　　　(E)多箱造型　　　(F)刮板造型

67. 对多箱造型描述正确的是( )。
(A)尺寸精度高
(B)生产效率低
(C)适用于单件、小批量生产
(D)需开设两个或两个以上的分型面

68. 刮板造型一般可分为( )。

(A)旋转刮板造型   (B)垂直刮板造型

(C)水平刮板造型   (D)导向刮板造型

69. 手工造型填砂前应检查( )。

(A)箱带是否妨碍浇冒口   (B)大型模样的起模装置是否牢固

(C)砂箱温度是否过高   (D)冷铁、浇道模样、活块等的埋放情况

70. 对铸铁和有色合金件春砂描述正确的是( )。

(A)春头与模样之间的砂层要保持在 20 mm 以上

(B)箱带处砂型要春紧些

(C)上型要比下型春的紧些

(D)干型要比湿型春的紧些

71. 以下选项中,( )情况下砂箱不能使用。

(A)定位销和定位套孔磨损超过极限偏差

(B)箱把有裂纹

(C)砂箱粘有大量干砂或铁液渣

(D)砂箱位置发生偏差

72. 下列关于固定型芯说法正确的是( )。

(A)型芯是靠芯骨固定

(B)芯头处要用型砂或干砂和石棉绳等塞紧

(C)需要用芯撑来来增加型芯的支撑点

(D)芯撑、垫片,可防止型芯位移或错芯

73. 合型操作一般包括( )。

(A)检查砂型   (B)精整砂型   (C)验型   (D)合型

74. 下列特种冒口中能提高补缩效率的是( )冒口。

(A)加压   (B)保温   (C)加热   (D)易割

75. 下列关于冒口的有效补缩距离说法错误的是( )。

(A)冒口区加中间区   (B)末端区加中间区

(C)冒口区加末端区   (D)冒口区加中间区加末端区

76. 实际生产中应用最多的是( )冒口。

(A)圆柱形   (B)球形   (C)球顶圆柱形   (D)腰圆柱形

77. 关于冒口描述正确的是( )。

(A)冒口起补缩作用   (B)球形冒口是最理想的补缩冒口

(C)冒口的数量应尽可能多   (D)选用散热表面积最大的

78. 影响冒口有效补缩距离大小的因素有( )。

(A)铸件的结构   (B)合金的化学成分   (C)冒口形状   (D)冷却条件

79. 浇注系统按内浇道相对位置分类分为( )。

(A)顶注式   (B)底注式   (C)中注式   (D)阶梯式

80. 横浇道最小截面积之和大于内浇道最小截面积之和的浇注系统是( )。

(A)封闭式浇注系统   (B)开放式浇注系统

(C)半封闭式浇注系统　　　　　　　　(D)封闭-开放式浇注系统

81. 顶注式浇注系统的特点是(　　　)。

(A)不利于顶部冒口对铸件的补缩

(B)易造成砂眼等缺陷

(C)减少薄壁铸件浇不到、冷隔等缺陷

(D)金属消耗量大

82. 中注式浇注系统广泛用于(　　　)。

(A)壁厚均匀铸件　　　　　　　　　　(B)高度较低、水平尺寸较大型铸件

(C)大型铸件　　　　　　　　　　　　(D)易氧化铸件

83. 金属液的引入位置应有利于(　　　)。

(A)金属液平稳的充满铸型　　　　　　(B)铸件凝固补缩

(C)减少铸件收缩应力和防止裂纹　　　(D)减少型砂和金属液的消耗

(E)改善铸件铸态组织　　　　　　　　(F)铸件清理

84. 下列关于内浇道的引入位置说法正确的是(　　　)。

(A)内浇道应开始在靠近冷铁或芯撑处

(B)内浇道不得开设在铸件质量要求高的部位

(C)内浇道应避免直冲型芯

(D)内浇道应使金属液沿型壁注入

85. 浇注时,金属液对上型的作用力有以下几种,其中描述正确的是(　　　)。

(A)金属液静压力作用于上型产生的抬型力,方向向上

(B)砂芯剩余浮力产生的抬型力,方向向上

(C)浇注金属液冲击上型产生的动压力,方向向上

(D)上型自身重力,方向向上

86. 工艺出品率除了与铸件几何形状、浇注条件、加工要求有关外,还与(　　　)有关。

(A)技术操作　　　　(B)生产环境　　　　(C)工艺设备　　　　(D)管理水平

87. 冒口设置的好坏直接影响(　　　)。

(A)铸件产生缺陷　　　　　　　　　　(B)金属液的消耗量

(C)铸件的补缩效果　　　　　　　　　(D)工艺出品率

88. 工艺出品率又称为(　　　)。

(A)成品率　　　　　(B)成功率　　　　　(C)收得率　　　　　(D)效益率

89. 以下选项中,可以控制铸件凝固的工艺措施是(　　　)。

(A)采用大气压力冒口　　　　　　　　(B)使用补贴、冷铁

(C)使金属液通过冒口再进入型腔　　　(D)采用发热冒口

90. 冷铁具有(　　　)的作用。

(A)消除铸件局部热节　　　　　　　　(B)防止产生气孔

(C)防止铸件产生裂纹　　　　　　　　(D)提高铸件硬度

91. 冷铁具有(　　　)的作用。

(A)控制铸件凝固顺序　　　　　　　　(B)减少冒口数量

(C)延缓冒口凝固速度　　　　　　　　(D)减小冒口尺寸

92. 丁字形接头处激冷面的冷铁的放置方法有（   ）。
(A)放在铸件壁厚的底部
(B)放在铸件壁厚的底部(须有吊钩)
(C)放在铸件壁厚的顶部(须有吊钩)
(D)放在铸件壁厚的侧部(须有吊钩)

93. 气孔的种类有（   ）。
(A)氧化性气孔
(B)侵入性气孔
(C)析出性气孔
(D)反应性气孔

94. 会导致铸件产生缩孔或缩松的情况是（   ）。
(A)铸件壁厚局部肥厚
(B)型芯尺寸太小
(C)型芯尺寸太大
(D)铸件转角尺寸不合理

95. 会导致产生型漏的原因是（   ）。
(A)砂型底部太薄
(B)砂床不平整
(C)砂型与砂床接触面积太小
(D)合型抹缝质量不高

96. 起模时模样松量偏大会引起（   ）。
(A)超重
(B)拉长
(C)错型
(D)错芯

97. 壁厚不均的铸件在冷却过程中会形成较大的内应力,在热节处易造成（   ）缺陷。
(A)缩孔
(B)缩松
(C)冷裂
(D)热裂

98. 对气孔描述正确的是（   ）。
(A)内壁光滑
(B)内表面呈亮白色或带有轻微的氧化色
(C)尺寸变化大
(D)较集中在铸钢件厚大断面上

99. 防止铸件产生反应性气孔的方法是（   ）。
(A)对球墨铸铁件要加大铁溶液中镁的加入量
(B)采用保护剂
(C)尽量缩短砂型在合型后的待浇时间
(D)减少金属液中气体含量和控制型砂的水分

100. 防止铸件产生缩孔的方法是（   ）。
(A)提高铸型刚度和强度
(B)阻止气体析出
(C)改进铸件设计
(D)加强合金精炼和处理

101. 控制铸件凝固和补缩具体方法正确的是（   ）。
(A)尽量减少和避免形成孤立热节
(B)采用补贴
(C)改进铸件设计
(D)在铸型各部分采用导热不同的材料

102. 防止铸件产生错型的方法有（   ）。
(A)不能在拔去合型定位销的情况下打箱卡
(B)定期检查及时更换定位销
(C)用钢制专用定位销和定位套
(D)合型时,横浇道必须落在直浇道上

103. 防止铸件产生偏芯的方法有（   ）。
(A)悬臂芯的芯头长度,必须要小于伸入型腔内砂芯的长度
(B)细小而高度较高的垂直砂芯,在上砂型必须要设置芯头
(C)垂直型砂芯的芯骨,其刚度要好
(D)合理布置芯撑的安放位置和数量

104. 对浇不到描述正确的是( )。

(A)缺陷出现在远离浇口的部位及薄壁处

(B)边角呈圆形,色泽光亮

(C)进入型腔的金属液不足而产生的

(D)流动性太差或流动阻力太大而产生的

105. 防止铸件未浇满的方法有( )。

(A)加强挡渣措施 (B)改善精炼工艺

(C)改进浇注操作 (D)正确估计金属液量

106. 铸件的表面清理方法一般有( )。

(A)滚筒清理 (B)机械手自动打磨系统

(C)喷丸(砂)清理 (D)抛丸清理

107. 矫正铸件缺陷的方法分为( )。

(A)冷态矫正 (B)局部加热矫正 (C)热态矫正 (D)整体加热矫正

108. 焊补方法主要有( )。

(A)埋弧自动焊 (B)电弧焊 (C)气焊 (D)钎焊

109. 下列对射线探伤简称说法错误的是( )。

(A)MT (B)PT (C)RT (D)UT

110. 常用的浸渗方法主要有( )。

(A)氯化铵液浸渗 (B)氯化钠液浸渗

(C)胶状液浸渗 (D)半凝固液浸渗

111. 填腻子方法有( )。

(A)用目测或尖嘴小锤振击缺陷处

(B)以氧-乙炔中性焰或喷灯火焰将缺陷处加热

(C)用丙酮将缺陷处擦拭干净

(D)以刮板将各种腻子压入缺陷,压实刮平

112. 铸件尺寸的检查方法有( )。

(A)划线法 (B)专用检查法 (C)样板检查法 (D)目测法

113. 样板检查法一般适用于( )。

(A)受铸造工艺影响、易出偏差的尺寸 (B)大量生产

(C)大型铸件 (D)检测关键尺寸

114. 对铸件表面粗糙度的主要评定原则是( )。

(A)当被检铸造表面粗糙度有介于比较样块两级之间者,按低的一级评定

(B)被检铸造表面大于或等于80%的表面达到样块的某等级时,就可以定位此等级,但其余表面粗糙度不得低于评定等级的一级以上

(C)用样块比对时应在双方认定的最差处,而且被检的点数应符合有关标准的要求

(D)用视觉或触觉将铸件表面与标准样块比较

115. 可采用( )检验方法来发现表面上或靠近表面的缺陷。

(A)电波探伤 (B)荧光探伤 (C)着色探伤 (D)磁粉探伤

116. 属于铸件内在质量的是( )。

(A)显微组织　　　(B)粗糙度　　　(C)疲劳性能

(D)尺寸精度　　　(E)耐磨性能　　　(F)几何尺寸

117. 属于非常规力学性能的是( )。

(A)断裂韧度　　　(B)抗拉强度　　　(C)疲劳性能　　　(D)断面收缩率

118. 测定铸件硬度的常用方法有( )。

(A)肖氏硬度　　　(B)洛氏硬度　　　(C)布氏硬度　　　(D)维氏硬度

119. 下列选项中,关于砂芯的说法正确的是( )

(A)砂芯的功用是形成铸件的内腔、孔和铸件外形不能出砂的部位

(B)砂芯的形状、尺寸以及在砂型中的位置应符合铸件要求

(C)砂芯应具有足够的强度和刚度

(D)砂芯在设计时,应尽量增加砂芯的数目,以控制铸件质量

120. 下列关于热芯盒射芯机的制芯操作说法正确的是( )

(A)喷分型剂时,量越多越好

(B)应根据工艺要求严格控制射砂压力和射砂时间

(C)应严格掌握砂芯的硬化温度、硬化时间和硬化层厚度

(D)每次射完砂芯后应将射头上和芯盒平面的浮砂及砂块清理干净

121. 下列关于火焰表面淬火,说法正确的是( )

(A)喷嘴与工件的距离不宜过远或过近

(B)喷嘴或零件的移动速度不宜过快或过慢

(C)对合金钢加热后不宜直接用水冷

(D)喷水器与火焰间的距离不宜太近或太远

122. 下列选项中,关于冒口位置设计的说法正确的是( )

(A)冒口位置设计需考虑合金的凝固特性

(B)冒口位置应尽量设置在铸件最高、最厚的部位

(C)冒口不应设在铸件受力大的部位

(D)对致密度要求高的铸件,冒口应按其有效补缩距离进行设置

123. 下列选项中,4个直径5深6的螺孔的注写方法错误的是( )。

(A)4—ϕ5 深 6　　(B)4—M5 深 6　　(C)4—ϕ6 深 5　　(D)4—M6 深 5

124. 技术制图中字母和数字可写成( )格式。

(A)仿宋体　　　(B)直体　　　(C)斜体　　　(D)黑体

125. 在同一零件图中,剖视图、剖面图的剖面线,应画成( )而且与水平成 45°角的平行线。

(A)间隔相等　　　(B)方向相同　　　(C)间隔不等　　　(D)方向相反

126. 以下视图不属于基本视图的是( )。

(A)主视图　　　(B)局部视图　　　(C)斜视图　　　(D)旋转视图

127. 线孔的标注尺寸为 $\phi 50^{+0.15}_{-0.10}$,以下说法正确的是:( )。

(A)其最小尺寸为 ϕ49.90　　　　(B)其最大尺寸为 50.15

(C)其最大公差范围为 0.25　　　　(D)其最大公差范围为 0.15

128. 以下选项中,( )为孔的公差代号。

(A)f9　　　　　　(B)N7　　　　　　(C)is6　　　　　　(D)K6

129. 以下关于位置公差的表示符号对应不正确的是:(　　　)。

(A)平行度——//　　　　　　　　(B)垂直度——⊥

(C)同轴度——◎　　　　　　　　(D)对称度——≒

130. 装配图的标题栏名称及代号区一般由(　　　)等组成。

(A)单位名称　　　(B)图样名称　　　(C)图样代号　　　(D)制图时间

131. 机械制图中组合体的组合类型有(　　　)。

(A)叠加型　　　　(B)切割型　　　　(C)综合型　　　　(D)旋转型

132. 下列铸铁与其石墨形态对应正确的是:(　　　)。

(A)白口铸铁-片状　　　　　　　　(B)蠕墨铸铁-蠕虫状

(C)球墨铸铁-球状　　　　　　　　(D)可锻铸铁-团絮状

133. 以下可以影响灰铸铁金相组织的因素是(　　　)。

(A)化学成分　　　(B)冷却速度　　　(C)铁液过热温度　　　(D)冶炼方法

134. 以下内容关于孕育铸铁的说法正确的是:(　　　)。

(A)孕育铸铁的组织是在致密的珠光体基体上,均匀地分布着细小的片状石墨

(B)孕育铸铁的强度、耐磨性等均比普通灰铸铁高

(C)孕育铸铁的减震性、缺口敏感型略高于普通灰铸铁

(D)孕育铸铁的断面敏感性小

135. 合金结构钢按其冶金质量不同可以分为(　　　)。

(A)优质钢　　　　　　　　　　　(B)高级优质钢

(C)一级优质钢　　　　　　　　　(D)特级优质钢

136. 以下关于高碳钢的说法正确的是:(　　　)。

(A)含碳量 0.60%～2.00% 的钢称为高碳钢

(B)高碳钢硬度高、耐磨性好

(C)高碳钢适用于制造工具、刀具

(D)高碳钢不适用于制作模具、量具

137. 以下选项中属于奥氏体不锈钢的是(　　　)。

(A)Cr18Ni9　　　(B)2Cr13　　　(C)Cr18Ni9T1　　　(D)Cr13Ni4Mn9

138. 以下选项中常用做塑性判断依据的是(　　　)。

(A)伸长率　　　　(B)断面收缩率　　　(C)抗剪强度　　　(D)洛氏硬度

139. 以下属于难熔金属的是(　　　)。

(A)铅　　　　　　(B)铁　　　　　　(C)钨　　　　　　(D)钼

140. 以下属于重金属的是(　　　)。

(A)铜　　　　　　(B)钛　　　　　　(C)铅　　　　　　(D)铁

141. 以下选项,(　　　)是经国际计量大会通过的基础单位。

(A)克　　　　　　(B)摩尔　　　　　(C)安培　　　　　(D)秒

142. 以下选项中属于电工测量仪表的主要技术指标的是(　　　)。

(A)准确度　　　　(B)灵敏性　　　　(C)恒定性　　　　(D)周期性

143. 质量管理体系对记录的要求有(　　　)。

(A)记录应建立并保存,以提供符合要求和质量管理体系有效运行的证据

(B)记录应保持清晰、易于识别和检索

(C)程序文件应规定记录的标识、贮存、保护、检索

(D)程序文件应规定记录的保存期限和处置方法

144. 以下选项属于常用铸造铝合金系列的是( )。

(A)Al-Si 系列　　　(B)Al-Cu 系列　　　(C)Al-Mg 系列　　　(D)Al-RE 系列

145. 与电弧炉相比,以下选项中,属于感应炉的优点的是:( )。

(A)不存在石墨电极,可以熔炼含碳量很低的钢种

(B)合金元素烧损小,热效率高

(C)能比较精确地调整钢液温度

(D)钢液的自动搅拌作用,使钢液化学成分均匀一致,并促进非金属夹杂物的上浮

146. 短路保护一般采用( )。

(A)熔丝　　　(B)自动开关　　　(C)继电器　　　(D)交流接触器

147. 以下选项中属于液压传动的执行元件的是( )

(A)油泵　　　(B)油缸　　　(C)蓄能器　　　(D)油马达

148. 以下选项中可用来直接测量型芯内孔直径尺寸的是( )。

(A)塞规　　　(B)卡规　　　(C)样板　　　(D)钢直尺

149. 以下选项中,可用来清除狭小型腔处散落的灰尘和砂粒的工具是( )。

(A)掸笔　　　(B)排笔　　　(C)砂钩　　　(D)手风箱

150. 下列选项中影响压力铸造的主要因素是( )。

(A)压力　　　(B)速度　　　(C)温度　　　(D)时间

151. 下列选项中可以控制压力铸造的充填速度的是( )。

(A)调解压射速度　　　　　　(B)调节比压

(C)改变压室直径　　　　　　(D)改变内浇口截面积

152. 压铸工艺上的时间是指( )。

(A)充填时间　　　(B)持压时间　　　(C)留模时间　　　(D)合箱时间

153. 离心铸造是在( )的作用下结晶的。

(A)离心力　　　(B)压力　　　(C)摩擦力　　　(D)重力

154. 与砂型铸造相比,以下是离心铸造所具有的特点有( )。

(A)铸件致密,气孔、夹渣等缺陷相对较少

(B)铸件力学性能较高

(C)中空铸件不用型芯

(D)工艺出品率高

155. 下列关于离心铸造特点的说法正确是( )。

(A)离心铸造可以不用型芯就能铸出中空的铸件,简化了生产过程

(B)离心铸造可以提高液体金属充填铸型的能力

(C)改善了补缩条件,气体和非金属夹杂易于从金属液中排除

(D)提高了铸件的工艺出品率

156. 下列选项中属于绝缘保护用具的是( )。

(A)绝缘棒　　　　　(B)橡胶靴　　　　　(C)检电器　　　　　(D)橡胶手套

157. 以下属于事故"三不放过"内容的项目是(　　　)。

(A)事故原因未查清不放过

(B)事故隐患、苗头不处理不放过

(C)没有预防措施或措施不落实不放过

(D)事故责任者和工人群众未接受教训不放过

158. 下列关于射芯机作业说法正确的是:(　　　)。

(A)工作前需穿戴好劳动保护用品

(B)芯盒合模时,严禁用手扶,以免将手夹伤

(C)更换芯盒时,必须待芯盘冷却后进行,以免发生烫伤事故

(D)工作后,应切断电源,关闭水、气源阀门,释放设备中的残留气体

159. 下列工作在清理铸件过程中容易产生大量烟尘、粉尘的是:(　　　)。

(A)电焊　　　　　(B)气刨　　　　　(C)气割　　　　　(D)铲砂

160. 对于抛丸清理作业的说法以下正确的是:(　　　)。

(A)抛丸室或抛丸机有局部被铁丸穿透,此时对操作者无伤害,可继续工作

(B)抛丸机未起动前,禁止打开供铁丸的控制阀门

(C)当抛丸机通风除尘装置损坏时,只要抛丸质量合格,即可以继续工作

(D)抛丸机的传动部分必须要有安全防护装置,否则不准使用

161. 下列属于炉渣化学性质的是(　　　)。

(A)炉渣的碱度　　　　　　　　　(B)炉渣的氧化性

(C)炉渣的还原性　　　　　　　　(D)炉渣的导电能力

162. 下列说法正确的是(　　　)。

(A)锰的氧化是放热反应　　　　　(B)锰的氧化是还原反应

(C)随着温度的升高锰的氧化程度减弱　(D)随着温度的升高锰的氧化程度增强

163. 钢中硫的来源主要有(　　　)。

(A)生铁　　　　　(B)矿石　　　　　(C)废钢　　　　　(D)造渣剂

164. 碱性氧化渣脱硫的主要影响因素为(　　　)。

(A)炉渣和钢液的温度　　　　　　(B)炉渣的碱度

(C)炉渣的密度　　　　　　　　　(D)钢中氧的浓度

165. 脱氧的基本任务主要有(　　　)。

(A)提高钢液温度　　　　　　　　(B)按钢种要求脱出多余的氧

(C)排除脱氧产物　　　　　　　　(D)调整钢液合金成分

166. 电弧炉一次冶炼工艺可分为(　　　)。

(A)氧化法　　　　　(B)不氧化法　　　　　(C)返回吹氧法　　　　　(D)矿石氧化法

167. 根据氧化期供氧方式不同,可分为(　　　)。

(A)氧化剂氧化法　　　　　　　　(B)氧气氧化法

(C)综合氧化法　　　　　　　　　(D)返回吹氧法

168. 电炉主电路电器(元件)组成包括(　　　)、短网等,将电流导入电极产生电弧。

(A)隔离开关　　　　　(B)高压断路器　　　　　(C)电炉变压器　　　　　(D)电抗器

169. 电极升降自动调节器的作用是及时地调节电极的升降,使电炉的电参数尽可能保持恒定,以利于(   )。

(A)缩短熔化时间,减小熔化期的电耗   (B)减少电弧对电网的干扰

(C)防止电极折断   (D)减轻电弧辐射对炉衬的侵蚀

170. 下列关于电炉炼钢对废钢技术要求的说法中,正确的是(   )。

(A)废钢表面清洁少锈

(B)废钢中不得混有铅、锡、砷、锌、铜等有色金属

(C)废钢中严禁夹有爆炸物或封闭物

(D)废钢的化学成分应明确,硫、磷含量都不得大于 0.05%

171. 合金在入炉前进行烘烤的好处是(   )。

(A)去除合金中的气体和水分   (B)合金易于熔化

(C)减少合金吸收钢液的热量   (D)缩短冶炼时间,减少电能消耗

172. 电炉炼钢对铁矿石的要求是(   )。

(A)铁含量要高   (B)密度要大   (C)导电性要好   (D)杂质要少

173. 下列属于电炉炼钢常用造渣材料的是(   )。

(A)石灰   (B)萤石   (C)白云石   (D)火砖块

174. 下列关于萤石说法正确的是(   )。

(A)萤石是由萤石矿直接开采得到的   (B)萤石主要成分为 CaF_2

(C)萤石又称助熔造渣剂   (D)萤石能增加渣钢界面的反应能力

175. 电炉炼钢中降低电极消耗的措施包括(   )。

(A)消除结构缺陷或强度不足的问题   (B)提高端面的加工精度

(C)保证电极公差配合达到要求   (D)严格控制送电制度

176. 下列关于电炉炼钢使用的氩气说法正确的是(   )。

(A)氩气是一种惰性气体   (B)氩气密度为 1.78 g/cm^3

(C)炼钢使用的氩气纯度不低于 99.99% (D)氩气是脱硫剂

177. 下列关于电炉炼钢使用的氧气说法正确的是(   )。

(A)氧气是一种惰性气体   (B)氧气是电炉炼钢的重要氧化剂

(C)炼钢使用的氧气纯度不低于 99.5% (D)冶炼过程中氧气具有助熔作用

178. 下列属于影响炉衬寿命因素的是(   )。

(A)高温热作用的影响   (B)化学侵蚀的影响

(C)弧光的辐射或反射的影响   (D)机械碰撞与振动的影响

179. 电炉炼钢碳的配定,主要考虑(   )。

(A)钢种规格成分   (B)熔化期碳的烧损

(C)氧化期脱碳量   (D)工艺对出渣碳的要求

180. 电炉配碳过低的负面影响包括(   )。

(A)钢铁料的吹损将会增加   (B)电炉冷区残留冷钢的几率增大

(C)冶炼过程中泡沫渣不易控制   (D)碳氧反应的化学热减少,冶炼电耗增加

181. 影响配料准确性的因素包括(   )。

(A)计划、计算及计量   (B)收得率、炉体情况

(C)钢铁料及铁合金的科学管理　　　　(D)工人的操作水平

182. 吹氧助熔的方法主要有（　　　）。

(A)吹氧管插到炉底部位吹氧提温　　　(B)切割法

(C)渣面上吹氧　　　　　　　　　　　(D)先吹熔池的冷区废钢

183. 提前造熔化渣的作用有（　　　）。

(A)稳定电弧　　　　　　　　　　　　(B)减少钢液吸气

(C)提前去磷　　　　　　　　　　　　(D)减少元素的挥发和氧化损失

184. 下列属于通过增大渣钢接触面积,改善脱磷的操作有（　　　）。

(A)吹氧助熔　　　(B)自动流渣　　　(C)换渣　　　(D)加入石灰

185. 熔化期送电过程中采用最大功率的时期是（　　　）。

(A)起弧　　　　　(B)穿井　　　　　(C)主熔化　　　(D)熔末升温

186. 熔化期发生导电不良现象的原因是（　　　）。

(A)有些炉料中间混杂有不易导电的耐火材料、渣铁、炉渣等

(B)炉料装得空隙太大,彼此接触不良,而造成三根电极电流断路

(C)吹氧影响了电极阴极电子发射从而使电极导电不良

(D)由于机械故障电极被卡住,造成电极不能下降,会发生类似不导电的现象

187. 熔化期发生炉料导电不良,可在导电不良的电极下方加入下列（　　　）物质帮助起弧。

(A)生铁　　　　　　　　　　　　　　(B)导电性良好的小切头

(C)焦炭块　　　　　　　　　　　　　(D)小电极块

188. 下列属于氧化剂氧化法特点的是（　　　）。

(A)有利于去磷　　　　　　　　　　　(B)吸热反应,增加电耗

(C)控制不好,容易发生大沸腾　　　　(D)脱碳速度快

189. 调整氧化渣流动性常用的材料有（　　　）。

(A)萤石　　　　　(B)火砖块　　　　(C)硅石　　　(D)石灰

190. 下列材料可以调整炉渣流动性,但会降低炉渣碱度的是（　　　）。

(A)萤石　　　　　(B)火砖块　　　　(C)硅石　　　(D)石灰

191. 下列属于良好氧化渣特点的是（　　　）。

(A)泡沫状　　　　　　　　　　　　　(B)流出炉门时呈鱼鳞状

(C)溅起时有圆弧形波峰　　　　　　　(D)冷却后断面有蜂窝状小孔

192. 氧化期用铁棒粘渣,冷却后观察,良好氧化渣表现为（　　　）。

(A)黑色,有金属光泽　　　　　　　　(B)断口致密,在空气中不会自行破裂

(C)前期渣有光泽,厚度3～5 mm　　　(D)后期渣色黄,厚度较薄

193. 氧化末期扒渣条件是（　　　）。

(A)温度合格　　　　　　　　　　　　(B)碳含量达到要求

(C)磷含量达到要求　　　　　　　　　(D)硫含量达到要求

194. 氧化末期扒除氧化渣以后可用作增碳的材料有（　　　）。

(A)电极粉　　　　(B)焦炭粉　　　　(C)无烟煤　　　(D)炼钢生铁

195. 氧化末期净沸腾操作的目的是（　　　）。

(A)钢中残余含氧量降低　　　　　　(B)气体上浮
(C)夹杂物上浮　　　　　　　　　　(D)脱硫

196. 在电炉炼钢过程中,脱氧方法主要有(　　　)。
(A)沉淀脱氧　　　(B)扩散脱氧　　　(C)综合脱氧法　　　(D)喷粉脱氧

197. 在常用的脱氧剂中,硅的脱氧能力大于(　　　)。
(A)钛　　　　　　(B)锰　　　　　　(C)钒　　　　　　(D)碳

198. 影响脱硫的因素有(　　　)。
(A)炉渣碱度　　　(B)炉渣氧化性　　　(C)渣量　　　　　(D)温度

199. 调整炉渣流动性的方法有(　　　)。
(A)提高温度　　　(B)加入萤石　　　(C)加入硅石　　　(D)加入石灰

200. 电炉还原渣颜色较黑,说明渣中(　　　)含量较高。
(A)二氧化硅　　　(B)氧化锰　　　　(C)氟化钙　　　　(D)氧化铁

四、判　断　题

1. 铸造工艺规范也称为铸造操作规程,其种类和内容可根据铸造车间生产情况而定。
(　　　)

2. 铸造工艺卡片是将铸造工艺图的的设计思想和实际操作要求进一步说明的工艺文件。
(　　　)

3. 一般来说,成批大量生产的定型产品的工艺卡片,其内容详尽;单件、小批量生产的铸造工艺卡可以简化。(　　　)

4. 重要的铸件应设计下芯夹具和各种卡板。(　　　)

5. 砂型铸造工艺方案的确定是整个铸造工艺设计中最基本而又最重要的一个环节。
(　　　)

6. 铸件分型面的选择不影响铸件的质量。(　　　)

7. 应尽量把铸件的大部分或全部放在同一砂型内,以减少因错型而造成的尺寸偏差。
(　　　)

8. 在大批量生产时采用环状型芯,可将原来的分型面简化为一个分型面。(　　　)

9. 选择分型面应是主要的型芯位于上型。(　　　)

10. 铸件的重要加工面、主要工作面和受力面应尽量放在铸件上面。(　　　)

11. 浇注位置应有利于所确定的凝固顺序。(　　　)

12. 为避免下芯和合型时压坏型芯和砂型,上下芯头都要有一定的斜度,并且上芯头斜度小于下芯头斜度。(　　　)

13. 分型面选择应尽可能少而平直。(　　　)

14. 砂芯分块应使其结构简单、便于制造和使用。(　　　)

15. 芯头是砂芯的重要组成部分,它与金属液接触,形成铸件的部分形状,并有支撑、定位和排气作用。(　　　)

16. 砂箱外凸边的作用是防止砂型塌落。(　　　)

17. 起模斜度只与铸件壁厚和高度有关。(　　　)

18. 铸铁的铸造收缩率大于铸钢。(　　　)

19. 铸件在浇注位置应有较大的水平面,以利于气体和熔渣排除,也可防止铸件上表面夹砂。(　　)

20. 用于砂型铸造的铸型,有湿型、表面干型和自硬型等,但各种铸型都具有完全相同的特点,适用于各类型铸件的生产。(　　)

21. 铸造收缩率与铸件的材质、结构特点及铸型的退让性等因素无关。(　　)

22. 特种砂使铸件产生粘砂的倾向性比石英砂严重。(　　)

23. 型砂透气性测定时,必须选用标准试样进行测定。(　　)

24. 型砂强度试验都是取三个试样的平均值,若其中任何一个试样强度值与平均强度值相差 20% 以上,则要求重新试验。(　　)

25. 黏土类型砂中,黏土含量越高,则其耐火度就越好。(　　)

26. 水玻璃的模数高,则其型(芯)砂的湿强度就高,但硬化干强度低。(　　)

27. 树脂砂的优点是硬化后强度高,能制出复杂、薄壁铸件。(　　)

28. 硅砂中二氧化硅含量越高其耐火度越高。(　　)

29. 在黏土类型砂中加入木屑或焦碳末有助于提高型砂的退让性。(　　)

30. 树脂自硬砂中常用的固化剂是树脂。(　　)

31. 砂型型腔表面刷涂料中的防粘砂材料,铸铁件是用石英粉,铸钢件是石墨粉。(　　)

32. 手工造型时,其型砂中的水分及黏土含量相对较高。(　　)

33. 铸钢件湿砂型型砂芯砂一般用黏性好的膨润土作黏结剂,以碳酸钠作膨润土的活化剂。(　　)

34. CO_2 是一种干燥剂,吹 CO_2 起脱水作用,使型砂芯砂中的硅酸凝胶或水玻璃脱水而硬化。(　　)

35. 热芯盒树脂砂是在原砂中加入适量的酚醛树脂黏结剂和固化剂。(　　)

36. 目前普遍采用的气硬冷芯盒工艺有三乙胺法和 SO_2 法,这两种方法工艺类似,仅黏结剂不同。(　　)

37. 溃散性主要由型砂的残留强度决定,残留强度与溃散性成正比。(　　)

38. 砂型吸湿后干强度下降,浇注时发气量增加,对铸件质量产生不良影响。(　　)

39. 在涂料的组成中,耐火材料是涂料的主体。(　　)

40. 金属的晶格类型和晶格常数改变时,金属的性能也发生相应的变化。(　　)

41. 金属的理论结晶温度与实际结晶温度之差称为临界点,它是一个恒定值。(　　)

42. 金属由液体状态转变为固体状态的过程,即晶体结构形成的过程称为结晶。(　　)

43. 无论间隙固溶体,还是置换固溶体,都因溶质原子的溶入,使溶剂晶格发生扭曲,从而提高合金抵抗塑性变形的能力。(　　)

44. 合金相图,是以合金成分为纵坐标,温度为横坐标描绘出来的合金组织状态。(　　)

45. 铁碳合金基本组织中的铁素体、奥氏体和渗碳体,都是多相组织,而珠光体和莱氏体是单相组织。(　　)

46. 在铁碳合金相图中,A 点为渗碳体的熔点,D 点为纯铁的熔点,C 点为共析点,S 点为共晶点。(　　)

47. 金属在固体状态下,都是晶体,晶格有不同的类型。(　　)

48. 组成合金最基本的、独立的物质是相。(　　)

49. 晶核沿着各个方向长大速度是一致的,主要是沿着冷却速度最大的方向生长。（   ）

50. 合金结晶主要是在某一恒定的温度下进行。（   ）

51. 应根据铸件结构特点和技术要求、生产批量的大小、工装制造的费用以及车间的具体情况等综合考虑,以产品零件图、铸造工艺图和有关技术条件为依据,正确地选用工装。（   ）

52. 在高压紧实型砂过程中,当各个浮动触点面积不等时,则各触头施加给型砂的比压相同。（   ）

53. 射压紧实只适用于复杂、较大、要求较高铸件的单件小批生产。（   ）

54. 采用模板造型可以简化操作工艺,有利于提高劳动生产率和铸件质量。（   ）

55. 热芯盒是热芯盒射芯机上的专用装备,它的特点是制芯效率高,砂芯质量好。（   ）

56. 砂箱内框的有效尺寸,应保证模样与砂箱壁之间有足够的吃砂量。（   ）

57. 模样是用来形成铸型的型腔,它应具备足够的强度、刚度及与铸件相应的表面粗糙度和尺寸精度。（   ）

58. 木模与金属模比较,具有强度高、寿命长、精度高等优点,但制造复杂,周期长和成本高。（   ）

59. 树脂砂旧砂再生的预处理阶段包括落砂、磁选、破碎和筛分四项工作。（   ）

60. 树脂砂中简单的手工造型线主要由混砂机、振实台、手推辊道配合桥式起重机起模或简易的翻箱机构组成。（   ）

61. 正火的加热时间与完全退火相同,只有冷却方式不同,正火是在保温时间达到后将铸钢件拉出炉外空冷到室温。（   ）

62. 导向刮板造型的合型工作,只有用划线方法定位才准确可靠。（   ）

63. 对于大、中型铸件利用刮板造型浇出的铸件尺寸精度比实样模造型高。（   ）

64. 砂芯不仅要有好的低温强度,而且要有足够的高温强度和刚度。（   ）

65. 铸铁芯骨的制作,一般是在硬砂床上造型、浇注而成。（   ）

66. 有一圆柱体铸件,单件小批生产,当其粗短时采用旋转刮板造型,细长时采用导向刮板造型。（   ）

67. 由于铸钢件浇注温度高,所以湿砂型不能应用于任何条件的铸钢件。（   ）

68. 填砂前要检查大型模样的起模装置是否牢固,还要检查冷铁、浇道模样、活块等的埋放情况。

69. 修型时,型腔内以及浇冒口系统内的尖角、两面相交棱角必须倒成圆角。（   ）

70. 挖砂造型与假箱造型比较,它具有造型效率高,砂型质量好的特点。（   ）

71. 干砂型中较短的吊砂可采用木片加固。（   ）

72. 漏模造型能够提高劳动生产率,减轻劳动强度,但对操作者技术要求较高。（   ）

73. 劈箱造型是将模样沿起模方向劈成几块,而劈模造型是将中箱和模样相应部分,沿垂直方向劈成几部分的造型方法。（   ）

74. 对大而复杂的砂芯,可由几个形状简单的砂芯组合而成,这样操作方便,并简化了芯盒的结构。（   ）

75. 当一个砂芯上有两个以上芯头时,其芯头与芯座间隙可适当减小。（   ）

76. 多箱造型时,只要一个分型面留出分型负数,而其余分型面不必留分型负数。（   ）

77. 湿砂型、表干砂型和干砂型等其他砂型中应优先使用湿砂型。（   ）

78. 当铸件过高,金属静压力低于湿砂型的抗压强度时,应考虑使用干砂型或自硬砂型等。( )

79. 造型过程长或需长时间等待浇注的砂型以及型内放置冷铁较多时不宜用湿砂型。( )

80. 表干砂型具有湿砂型的许多优点,而在性能上却比湿砂型好,减少了气孔、冲砂、胀砂、夹砂的倾向。( )

81. 大型机床床身等铸件的生产或者车间内吊车的吨位小、烘干炉也小,而需要制作大型铸件时,多采用组芯造型法。( )

82. 型芯上的防压环是为了防止上芯与合型时芯头压坏芯座而设置的。( )

83. 铸件越复杂,金属液的流动性越差。( )

84. 由于砂芯大部分表面被高温金属液所包围,因此砂芯应比砂型具有更高的吸湿性和发气性。( )

85. 手工造型时,在设置通气道操作时所设置的通气道与芯头出气孔相通,通气道开设在型腔上。( )

86. 假箱可用强度较高的型砂制作,可供循环反复使用。因此假箱造型效率很高,而且造型质量很好。( )

87. 多箱造型由于分型面多,操作复杂,生产效率低,铸件尺寸也难以保证,因此只宜于单件、小批量生产。( )

88. 刮板造型在合型时把下半型芯放入下型内再放上半型芯,合型定位可采用划线的方法来解决。( )

89. 手工造型春砂时,箱带处砂型要春紧些,下型要比上型春的紧些,干型要比湿型春的。( )

90. 手工造型起模时要始终保持缓慢速度上起。( )

91. 球形冒口是最理想的冒口形状,因此在实际生产中应用最多的是球形冒口。( )

92. 轮类铸件,在轮缘处热节形状为长条形,通常采用压边腰圆柱形冒口较好。( )

93. 影响冒口有效补缩距离的因素有铸件的结构、铸件的材料等。( )

94. 采用冒口补贴工艺的目的是保证杆状件和壁厚均匀的铸件以及长度和高度大于冒口补缩距离的铸件,在凝固过程中始终保持着向冒口的补缩通道扩张角 β,使冒口能有效地向铸件补缩提供金属液。( )

95. 封闭式浇注系统主要用于各类金属的湿砂型小型铸件和干砂型中、大型铸铁件生产。( )

96. 顶注式、中注式、底注式和阶梯式等几种类型浇注系统,内浇道在铸件上的相对位置都不同。( )

97. 阶梯式浇注系统可减少铸件上的砂眼、气孔、冷隔、浇不到、缩孔、缩松、氧化等缺陷,而使其组织致密。( )

98. 浇注系统的选择应使充型方向正确,充型流股要正对冷铁和芯撑。( )

99. 合理选择内浇道的引入位置,有利于铸件液体补缩。( )

100. 要求同时凝固的铸件,内浇道应开设在铸件厚壁处。( )

101. 用封闭式浇注系统时,内浇道的纵截面最好离接口处呈"远厚近薄"状态。( )

102. 过高的工艺出品率将意味着铸件较少的产生缩孔、缩松等缺陷。(　　)

103. 冒口补缩效率不高,结构尺寸大,消耗金属多,工艺出品率低。(　　)

104. 金属液本身的流动能力称为金属液的充型能力。(　　)

105. 铸件凝固时凝固区域越宽,补缩越困难。(　　)

106. 机器造型多采用上小下大的圆锥形直浇道。(　　)

107. 封闭式浇注系统的特点是冲击力小,横浇道无挡渣能力。(　　)

108. 顶注时,平均静压力头:$H_P = H$。(　　)

109. 计算出的浇注时间还要用铸型中金属液面的上升速度来检验,以确定其是否合理。(　　)

110. 铸件的浇注时间与铸件的重量、壁厚有关,而与铸件材质和结构特点无关。(　　)

111. 冒口应设置在铸件最高、最厚的部位,以便利用金属的重力作用,进行补缩。(　　)

112. 以圆形冒口的中心点为圆心,冒口半径加其补缩距离为半径画圆,则圆内部分的铸件,就是该冒口的补缩范围。(　　)

113. 冒口补贴可以扩大补缩通道,增加补缩效果,而且不增加金属的消耗。(　　)

114. 当铸件壁厚一定时,冒口补缩距离随铸件宽厚比减小而减小。(　　)

115. 采用保温冒口可延长冒口的凝固时间,提高铸件的工艺出品率。(　　)

116. 对于铸钢件大多采用顺序凝固原则,这时浇口的开设、冒口的设置、补贴和冷铁的采用也都必须遵循这个原则。(　　)

117. 为了防止侵入性气孔的产生,除了用顶注式浇注系统外,适当大流量快浇对防止侵入性气孔有利。(　　)

118. 在铸型各部分采用导热能力不同的材料可有效地控制铸件凝固和补缩。(　　)

119. 析出性气孔和反应性气孔是在凝固过程中形成的。(　　)

120. 型腔周围吃砂量偏大,会产生跑火。(　　)

121. 冷铁和铸肋都是保证铸件质量的有效工艺措施,它们可以防止铸件产生变形和裂纹等缺陷。(　　)

122. 提高浇注温度可防止金属型产生外裂纹。(　　)

123. 梨形气泡尖端指向下方,说明气体来自下方。(　　)

124. 缩孔常出现在铸件最先凝固的部位。(　　)

125. 压力头越高,金属液注入型腔的速度就越快。(　　)

126. 裂口外形曲折而不规则,宽度较大,是冷裂纹的特征。(　　)

127. 因壁厚不均匀引起的铸件变形,其冷却较慢的厚部总是向下凹。(　　)

128. 冷隔多出现在远离内浇道的宽大上表面或薄壁处。(　　)

129. 铸件焊补会引起铸件变形和裂纹,造成过硬的组织,或出现气孔,熔敷金属与母材不易融合等。(　　)

130. 用射线探伤,物体密度越大,射线衰减越快。(　　)

131. 运用尖头锤子敲击铸件,根据铸件发声的清脆程度,可以判断出铸件表皮以下是否有孔洞或裂纹。(　　)

132. 超声波可以看出缺陷位置和大小,但不能直接说明是哪种缺陷。(　　)

133. 化学成分、金相组织和力学性能之间的关系是化学成分、金相组织决定了力学性能。

( )

134. 铸件表面缺陷的检验一般靠目视检验。( )

135. 几何即零件尺寸、形状和位置公差等。( )

136. 5 个直径 6 沉孔 $\phi 12 \times 90°$ 的注写方法是 5-ϕ6 沉孔 $\phi 12 \times 90°$。( )

137. 机械制图中,用作指数、分数、极限偏差、注脚等的数字及字母,一般应采用小一号的字体。( )

138. 画局部视图时,一般在局部视图的上部,标注视图的名称"X 向"。( )

139. 合格的实际尺寸一定要在最大与最小尺寸之间,或其实际偏差一定要在上、下偏差之间。( )

140. 过渡配合是指可能具有间隙或过盈的配合。( )

141. 标题栏更改区中的内容应按由上而下的顺序填写。( )

142. 明细表一般由序号、代号、名称、数量、材料、重量(单件、总计)、分区、备注等组成。( )

143. 高碳铸钢含碳量为 $0.6\% \sim 2.0\%$。( )

144. ZG270-500 断面收缩率的最小值为 22%。( )

145. "HR"表示维氏硬度,适于测量金属的薄镀层、表面渗碳、氮化层的硬度及硬而薄的工件的硬度( )

146. 钼铁可随炉底料一起加入,调整合金成分时,其烘烤温度一般为 200 ℃～400 ℃。( )

147. 石英的分子式是 SiO_2,它的化学性质呈酸性。( )

148. 法定计量单位是国家以法律形式规定强制使用或允许使用的计量单位。( )

149. 工件为半径 3 cm 的球体铸钢件,其密度为 7.8 g/cm³,其物体材料质量为 881.712 g。( )

150. 设计控制线路时应考虑到各个控制元件的实际接线,应尽可能减短连接导线。( )

151. 电流强度就是指单位时间内通过导体横截面的电量。( )

152. 企业的质量方针是企业总的质量宗旨和质量方向,是企业各职能部门和全体职工日常工作应遵循的准则。( )

153. 工作质量是指企业(或部门)为了达到产品质量标准和用户要求所进行的综合管理水平。( )

154. ZCuZn3Pb2 是铸造铅青铜的合金牌号。( )

155. 铸造车间用得较多的炼钢设备是电弧炉及感应电炉。( )

156. 感应电炉分为酸性和碱性两种,酸性炉的坩埚用镁砂铸成。( )

157. 液压油泵中,作用在活塞上的液压推力越大,活塞运动速度越快。( )

158. 液压系统中的油箱起储油、散热、分离油中空气和杂质的作用。( )

159. 单向节流阀从原理上看是单向阀和节流阀的组合。( )

160. 法兰梗又称光槽镘刀,常用铜合金制成,主要用来修整圆形及弧形凹槽。( )

161. 与砂型铸造相比,特种铸造铸件的力学性能、内部质量较好。( )

162. 离心铸造生产的铸件容易产生偏析,铸件内表面质量较差,且内表面尺寸不容易控制。( )

163. 立式离心铸造机主要用来生产高度小于直径的圆环类铸件。( )

164. 卧式离心铸造机主要用来生产高度小于直径的圆环类铸件。(　　)

165. 采用离心铸造可不用型芯就能铸出中空的铸件。(　　)

166. 离心铸造浇注时,对所浇金属的定量要求较高。(　　)

167. 滚筒式离心铸造机浇注的铸件直径较小,长度较短。(　　)

168. 铸造车间的废水大部分可以回用,如各种冷却用水经冷却后可以循环使用。(　　)

169. 在使用天然气时,必须先放气后点火,以防烧伤。(　　)

170. 清理完的浇冒口、铁块、芯骨应堆放在指定的地点。(　　)

171. 三乙胺、黏结剂等挥发易燃气体遇火花等明火或者静电会产生火灾或者爆炸。(　　)

172. 我国职业安全健康标准分为基础标准、操作安全标准、产品安全标准、健康卫生标准和评测方法标准五类。(　　)

173. 造成环境污染危害的,其责任只是对直接受到损害的单位或者个人赔偿损失。(　　)

174. 熔渣透气性随温度升高而升高,即温度升高,熔渣透气性升高。(　　)

175. 一般来说,电炉炼钢中氧化渣的表面张力大于还原渣的表面张力。(　　)

176. 白渣中有正硅酸钙存在,冷却时会发生体积增大,使炉渣粉化。(　　)

177. 碳钢中,硫改善了钢液的流动性,磷降低了钢液的流动性。(　　)

178. 当硫含量大于 0.060% 以后,钢的耐腐蚀性能才引起恶化。(　　)

179. 在电炉的炼钢过程中,铁在红热状态就能够被氧气。(　　)

180. 镍对钢性能的影响,在固溶强化、提高淬透性等方面与铬有相似的作用。(　　)

181. 钢中非金属夹杂物一般含量极少,通常小于万分之一,故对钢的质量影响极小。(　　)

182. 尽力降低钢中非金属夹杂物,消除它可能带来的有害因素,是炼钢生产中的重要任务之一。(　　)

183. 炉外精炼的基本功能就是弥补电炉冶炼钢液的不足。(　　)

184. 电弧炉对炉门的要求是:结构严密、升降简便灵活、牢固耐用,同时各部分便于拆装。(　　)

185. 硅砖炉盖多用于碱性炉。(　　)

186. 电弧炉水冷装置发生漏水,对钢水无任何影响。(　　)

187. 电弧炉采用水冷炉盖后,因炉盖造成的热损失就会消除。(　　)

188. 电弧炉液压传动电极升降机构,调节进出油的流速就可调节升降速度。(　　)

189. 感应电炉炼钢工艺比较简单。(　　)

190. 感应电炉炼钢速度慢。(　　)

191. 炼钢废钢中不能混有两端封闭的管状物及封闭容器。(　　)

192. 电弧炉炼钢采用的造渣剂主要是炭粉、萤石、石灰。(　　)

193. 烤包结束后,先关闭风机,然后关闭燃气阀门,并打开包盖。(　　)

194. 钢包烘烤过程中,如发生故障熄火,应马上关闭燃气阀门。(　　)

195. 入炉废钢料的块度可以不作要求。(　　)

196. 入炉合金料块度越小越好。(　　)

197. Fe-Ni、Fe-Mo 应在还原期加入。(　　)

198. 配料时磷和硫原则上是越低越好。(　　)

199. 炉料中磷、硫含量高则冶炼时间长。(　　)

200. 熔化期钢水温度较低(1 500 ℃～1 540 ℃),所以能否提前脱磷的关键在于造好熔化渣。(　　)

201. 熔化期采用氧气助熔,那么熔化所需的总电能会降低。(　　)

202. 熔化期的化学反应,都是吸热反应。(　　)

203. 熔化初期形成的炉渣碱度很低。(　　)

204. 氧化剂氧化法是一种直接氧化法。(　　)

205. 氧化期脱磷过程中,钢液的含硫量会增加。(　　)

206. 脱碳速度越大,对钢液的净化效果越好。(　　)

207. 氧化前期造高碱度渣,大渣量去磷,后期低碱度,薄渣脱碳。(　　)

208. 氧化期渣量一般控制在 3%～5%。(　　)

209. 扩散脱氧比沉淀脱氧速度快。(　　)

210. 锰铁的用途主要是用于沉淀脱氧和合金化。(　　)

211. 白渣法适于冶炼含碳量较低的钢种。(　　)

212. 电石渣的脱氧能力比白渣弱。(　　)

213. 电石渣不适于冶炼低碳钢。(　　)

五、简 答 题

1. 说明原砂牌号 ZGS98-21H-45 的含义。

2. 零件图上应包括哪些内容?

3. 什么叫形位公差?

4. 零件图上应标注哪些技术要求?

5. 按照国家颁布的 GB/T 5611—1998《铸造术语》专用标准统一规定,将铸件缺陷分为哪八大类?

6. 铸造工艺文件有哪些主要作用?

7. 确定铸件浇注位置应遵循哪几项原则?

8. 影响加工余量大小的因素有哪些?

9. 试述热芯盒树脂砂的配制。

10. 确定造型方法的原则是什么?

11. 铸造常用的特种砂有哪些?

12. 简述水玻璃砂的制备工艺。

13. 防止侵入性气孔产生的方法有哪些?

14. 型(芯)砂应具备哪些性能?

15. 型(芯)砂强度对造型过程和铸件质量有何影响?

16. 铸造生产中应用较广的是哪几种树脂砂?

17. 什么叫过冷度?

18. 怎样细化纯金属晶粒?

19. 铁碳合金相图在冶炼浇注生产中有何作用?

20. 铸件缺陷修补常遵循的原则和常用的修补方法是什么?

21. 铸件的表面清理设备主要有哪几类?

22. 选用砂箱的总体原则是什么？

23. 金属模有何优缺点？

24. 确定砂芯形状及个数的基本原则是什么？

25. 组芯造型的组芯方法有哪几种？

26. 刮板制芯方法有哪些？

27. 什么叫劈模造型？

28. 有盖地坑造型方法有哪几种？

29. 为什么烘干温度主要决定于黏结剂的种类？

30. 合型后，为什么要对铸型进行紧固？

31. 金属流动性对铸件质量有什么影响？

32. 什么叫定向凝固？

33. 开放式浇注系统有什么特点？

34. 冒口的作用是什么？

35. 实现冒口补缩铸件的基本条件是什么？

36. 什么叫冒口的有效补缩距离？

37. 怎样降低水玻璃的模数？

38. 简述铸造生产涂料应具备的性能。

39. 防止铸件变形的主要措施有哪些？

40. 防止粘砂的措施有哪些？

41. 验型的作用有哪些？

42. 影响灰铸铁金相组织的因素是什么？

43. 生产中对砂芯有什么要求？

44. 铸件质量的检验应包括哪些内容？

45. 干砂型有哪些主要优点？

46. 劈箱造型有哪些优点？

47. 如何用仪表直接测定砂型(芯)的烘干程度？

48. 为什么球墨铸铁可以实现小冒口或无冒口铸造工艺？

49. 浇注系统按内浇道设置在铸件的不同高度处分为哪几类？

50. 按浇注系统各基本组元截面积的比例分为哪几类？并写出阻流截面积的位置。

51. 碳钢铸件热处理的目的是什么？

52. 碳钢铸件有哪几种热处理方法？（至少3种）

53. 超声波探伤有什么优缺点？

54. 缩孔和缩松是怎样产生的？

55. 防止析出性气孔产生的主要措施有哪些？

56. 冷裂和热裂外观特征有何区别？

57. 铸件常用的修补方法有哪些？

58. 干砂型有哪些主要缺点？

59. 铁碳合金相图上的温度线在热处理方面有何作用？

60. 什么叫完全退火，并简要写出工艺过程？

61. 三相电弧炉有哪些主要结构？

62. 什么是造型生产线？

63. 造型机工作前要做哪些检查？

64. 压力铸造有哪两大基本特征？

65. 压力铸造有何优点？

66. 压力铸造有何缺点？

67. 离心铸造有何优点？

68. 离心铸造有何缺点？

69. 危险源的根源是什么？

70. 我国环境保护的基本方针是什么？

71. 噪声有哪些危害？

72. 电弧炉炼钢的基本原理是什么？

73. 影响炉衬使用寿命的主要因素有哪些？

74. 简述炉内正确的布料方法及原因。

75. 简述钢液脱碳的目的。

76. 氧化期的操作原则是什么？

77. 氧化期的基本过程有哪些？

78. 写出脱硫反应方程式。

79. 炼钢过程中哪几个阶段可以去硫？

80. 喂铝线时影响铝收得率的因素有哪些？

81. 什么是真空脱氧？

六、综 合 题

1. 封闭式浇注系统的优缺点是什么？

2. 什么是型砂强度？影响型砂强度的因素有哪些？

3. 铸造工艺设计参数有哪些？

4. 列举常见的三角柱体、球体、中空圆柱体、圆锥体的体积计算公式。

5. 如图 2 所示，是一个材质为 ZG 230-450 的铸钢法兰，计算铸件的质量（密度为 7.8×10^3 kg/m³）。

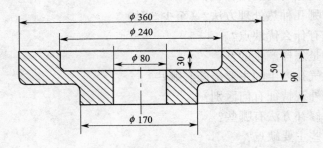

图 2　铸钢法兰(图中尺寸单位:mm)

6. 已知红松木实体模样的密度为 $2.8×10^3$ kg/m³,铸钢件密度为 $7.8×10^3$ kg/m³,称得红松木实体模样质量为 35 kg,求浇注的铸钢件的质量。

7. 杉木实体模的质量为 21 kg,浇出的铸铁件质量为 46 kg,另有一杉木材质的模样质量为 65 kg,求浇注的铸铁件的质量。

8. 如图 3 所示铸铁带轮铸件,试求其质量(密度为 $7×10^3$ kg/m³)。

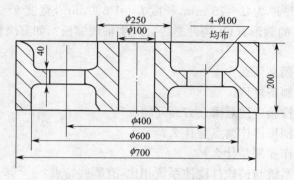

图 3 铸铁轮带(图中尺寸单位:mm)

9. 购入一种水玻璃原砂,其成分含二氧化硅的质量分数为 33%,氧化钠质量分数为 13%,试计算其模数。

10. 涂料的作用是什么?

11. 为什么要设分型负数?

12. 对中间合金性能有什么要求?

13. 造型机合型操作时应注意什么?

14. 铸造生产对砂箱结构和尺寸的要求是什么?

15. 一灰铸铁件的质量为 2 500 kg,计算浇注时间为多少秒(经验因数为 1.7)?

16. 某一铸铁件浇注位置高度为 300 mm,上型高度为 400 mm,计算顶注(铸件位于上型)、中注(铸件上、下型对称分布)、底注(铸件位于下型)时的平均有效静压头高度。

17. 已知某灰铸铁件浇注质量为 81 kg,采用顶注式浇注系统,上型高度 200 mm,计算浇注时间的经验因数为 1.6,铸铁密度为 $7×10^{-3}$ kg/cm³,流速系数 μ 为 0.41,试求内浇道总截面积大小。

18. 如图 4 是一平板铸铁件。其尺寸为 1 200 mm×1 000 mm×50 mm,浇注时铸件全部位于下型,采用顶注,上型连浇口杯的高度为 200 mm,计算卧浇时上型的压重(安全因数取 1.3,铸铁密度为 $7×10^3$ kg/m³)。

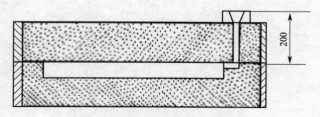

图 4 平板铸件的浇注(图中尺寸单位:mm)

19. 某铸钢件质量为 300 kg,浇注系统质量占铸件质量百分数为 6%(质量分数),冒口总质量为 150 kg,试计算其工艺出品率。

20. 某球墨铸铁件毛坯质量为 125 kg,采用顶注式浇注系统,浇注系统各组元截面比为 $A_内 : A_横 : A_直 = 3 : 2.5 : 1$,流速因数 $\mu = 0.45$,浇注时间计算公式为 $t = (2.5 \sim 3.5)\sqrt[3]{m}$,铸件为薄壁复杂件,上型和浇口杯高度为 360 mm,试计算确定浇注系统各组元的面积。

21. 某板状铸钢件壁厚为 $d = 75$ mm,长度 $L = 1\,600$ mm,宽度 $b = 450$ mm,如采用两个直径 $D = 2d = 150$ mm 的圆形冒口,铸件是否会产生轴线缩松? 如有缩松,冒口和冷铁应如何设置?

22. 起模的基本要领是什么?

23. 简述硬砂床的制备过程。

24. 合型时对铸型检验应注意哪几方面问题?

25. 安装大型旋转刮板操作要点是什么?

26. 活砂造型的操作要领是什么?

27. 铸钢件的浇注系统与铸铁件浇注系统相比,有哪些特点?

28. 高压紧实的压头结构有何特点?

29. 怎样对铸件缺陷进行焊接修补?

30. 简述用金属液熔补铸件缺陷的方法。

31. 喷丸时必须遵守什么规定?

32. 一般铸造设备二级保养的内容是什么?

33. 如何对造型机械进行维护和保养?

34. 试述碾轮式混砂机的工作原理。

35. 简述安全生产注意事项。

36. 电炉炼钢中,为什么还原期炉子要封闭好?

37. 炉前加料时应注意哪些安全问题?

38. 为了缩短冶炼周期,冶炼操作中的关键环节需要控制哪些方面?

39. 为什么出钢前要做好炉盖和出钢槽的清洁工作?

40. 电炉炼钢中,如何安全地进行测温取样的操作?

铸造工(中级工)答案

一、填 空 题

1. 铸件线收缩率
2. 铸造圆角
3. 铸件质量
4. 下型内
5. 铸型
6. 垂直芯头
7. 轴向移动
8. 生产准备
9. 铸型的退让性
10. 砂型分型面
11. 生产数量
12. 铸件加工余量等级
13. 8 mm～12 mm
14. 非加工面
15. 15
16. 型砂强度
17. 低
18. 0.025～3.35
19. 1 小时
20. 膨润土
21. 20 ℃～30 ℃
22. SiO_2
23. P_{Ca}膨润土＋Na_2CO_3 $\xrightarrow{\text{水介质作用}}$ P_{Na}膨润土＋$COCO_3$↓
24. 石墨粉
25. 流动性
26. 附加物
27. 3 min～5 min
28. 硬脂酸钙
29. 4 小时
30. 底注式
31. 蠕虫状
32. 高碳
33. 流动性
34. 密排六方晶格
35. 冷却速度
36. 有规则排列
37. 过冷度
38. 细化晶粒
39. 热裂
40. 多晶体
41. 金属化合物
42. 共析转变
43. 白口铁
44. 温度
45. 熔点低
46. 砂型
47. 机器
48. 湿型铸造
49. 减小
50. 大
51. 面砂
52. 大量成批生产
53. 定位销
54. 顶杆出芯法
55. 连续式
56. 机械化造型线
57. 预处理阶段
58. 透气性
59. 速度
60. 刮板
61. 气孔
62. 烘干
63. 100 mm
64. 中间砂
65. 合力
66. 插钉加固
67. 强度较高
68. 吊砂骨架
69. 起模
70. 模底板
71. 压实
72. 专用
73. 砂芯
74. 承载能力
75. 覆盖法
76. 吊砂
77. 间隙
78. 顺序
79. 铁丝和圆钢
80. 强度
81. 芯盒制芯
82. 旋转刮板造型
83. 烘干时间
84. 间接法
85. 样板
86. 长条形
87. $S = 2R\sin\frac{\pi}{n}$
88. 溃散性
89. 底注开放
90. 冒口
91. 模数法
92. $A_{内} < A_{直} < A_{横}$
93. 垂直缝隙式
94. 浇注条件
95. 中间凝固
96. 定向凝固
97. 塞杆底注式
98. 充型速度和方向
99. $V_{升} = \dfrac{h}{t}$
100. 1：1.2：1.4
101. 开放
102. 雨淋式
103. 大于
104. 补缩通道
105. 大于
106. 致密的
107. $(6～10)d$
108. 补缩通道
109. 易割冒口
110. 40%～60%
111. 成分
112. 温度

113. 铸造应力	114. 强度	115. 含气量	116. 上浮
117. 倾斜	118. 裂纹	119. 铸件使用性能	120. 直观
121. 预热和保温	122. 铁磁	123. 不同	124. 铸件
125. 去应力	126. 形核和长大	127. 低	128. 调质处理
129. 图中图形	130. 公差	131. 装配图	132. 正投影
133. 斜视图	134. 椭圆形	135. 形状公差	136. ϕ112.695
137. 明细表	138. 过共晶铸铁	139. 碳当量	140. 620 MPa
141. 硬度	142. 抗拉强度	143. 75	144. 800
145. 1	146. 60	147. 圆心角	148. 保护接地
149. 负载	150. 非铁合金	151. 高速喷射	152. 载荷
153. 速度	154. 填砂紧实	155. 10	156. 离心铸造
157. 压力铸造	158. 受推压力	159. 小于	160. 充填时间
161. 涂料	162. 水冷法	163. 10 m	164. 安全生产
165. 停止作业	166. 生态环境	167. 垃圾污染	168. 溶解度
169. 钢	170. 韧性	171. 氧	172. 水分
173. 热脆	174. 铁素体	175. 热损失	176. 导热系数
177. 使用寿命	178. 不加长短网	179. 水冷式	180. 铜损
181. 合金化	182. 化学侵蚀	183. 含氮量	184. 氧化期
185. 去磷	186. 综合脱碳法	187. 氧化剂	188. 较快
189. 较慢	190. 预脱氧	191. 熔渣	192. 特有
193. 吹氩搅拌	194. 脱氧能力	195. 炭粉	196. CaS
197. 换渣	198. 稳定成分	199. 喂铝线法	200. 增碳
201. 中下限	202. 弱强度	203. 低强度	204. 调整成分
205. 清理			

二、单项选择题

1. C	2. C	3. D	4. A	5. C	6. C	7. D	8. A	9. B
10. B	11. A	12. B	13. D	14. A	15. C	16. D	17. A	18. A
19. D	20. B	21. C	22. C	23. D	24. C	25. C	26. D	27. A
28. B	29. B	30. A	31. B	32. A	33. B	34. A	35. C	36. B
37. B	38. A	39. D	40. A	41. B	42. A	43. D	44. A	45. C
46. C	47. A	48. A	49. D	50. B	51. B	52. B	53. C	54. D
55. C	56. C	57. C	58. C	59. A	60. C	61. D	62. A	63. A
64. B	65. C	66. C	67. B	68. D	69. A	70. A	71. B	72. A
73. A	74. B	75. A	76. B	77. C	78. A	79. B	80. D	81. B
82. D	83. A	84. B	85. B	86. A	87. B	88. C	89. B	90. A
91. C	92. A	93. C	94. B	95. B	96. C	97. A	98. D	99. D
100. D	101. D	102. A	103. B	104. A	105. C	106. D	107. B	108. C
109. C	110. A	111. B	112. C	113. C	114. A	115. A	116. A	117. B

118. A   119. B   120. B   121. C   122. C   123. C   124. C   125. D   126. B
127. D   128. B   129. C   130. A   131. D   132. A   133. B   134. C   135. D
136. C   137. A   138. C   139. A   140. B   141. B   142. C   143. B   144. A
145. C   146. C   147. C   148. A   149. C   150. C   151. B   152. A   153. C
154. B   155. B   156. D   157. B   158. A   159. B   160. B   161. D   162. C
163. A   164. B   165. B   166. A   167. B   168. D   169. A   170. C   171. A
172. B   173. C   174. A   175. C   176. A   177. B   178. B   179. A   180. B
181. B   182. D   183. B   184. B   185. A   186. C   187. A   188. C   189. A
190. C   191. B   192. C   193. C   194. B   195. B   196. A   197. A   198. A
199. A   200. A   201. B   202. D

三、多项选择题

1. AD   2. BC   3. ABC   4. ABD   5. ACD   6. ACD   7. BCD
8. AB   9. ADE   10. BC   11. AB   12. ABC   13. ABCD   14. ABCEF
15. ABCD   16. ABCD   17. BC   18. AD   19. BCD   20. ABCD   21. ACD
22. AEF   23. ABC   24. ABCD   25. BD   26. ABC   27. AD   28. AB
29. ABD   30. CEF   31. CD   32. ABCDE   33. ABCDF   34. AC   35. ABCD
36. ABCD   37. ABD   38. BD   39. BCD   40. ACD   41. AD   42. AC
43. ABD   44. BCD   45. ABC   46. ABC   47. AD   48. ACDE
49. ABCDEF   50. ABCD   51. BD   52. AE   53. BCD   54. ABC
55. ABD   56. ABD   57. BC   58. BD   59. ABCD   60. BC   61. ABCD
62. ABCD   63. AB   64. CD   65. AD   66. ABCEF   67. BCD   68. AD
69. BD   70. ABD   71. ABC   72. BCD   73. ACD   74. ABC   75. ABD
76. ACD   77. AB   78. ABD   79. ABCD   80. AC   81. BC   82. AB
83. ABCDEF   84. BCD   85. ABC   86. AD   87. CD   88. AC
89. BC   90. ACD   91. ABD   92. ACD   93. BCD   94. AD   95. ABC
96. ABC   97. ABD   98. ABC   99. BCD   100. ACD   101. BCD   102. ABC
103. BD   104. ABD   105. ACD   106. ACD   107. AC   108. BCD   109. ABD
110. AC   111. BD   112. ABC   113. ABD   114. ABCD   115. BCD   116. ACE
117. AC   118. BC   119. ABC   120. BCD   121. ABCD   122. ABCD   123. ACD
124. BC   125. AB   126. BCD   127. AC   128. BD   129. BCD   130. ABC
131. ABC   132. BCD   133. ABC   134. ABD   135. ABD   136. ABC   137. ACD
138. AB   139. BCD   140. ACD   141. BCD   142. ABC   143. ABCD   144. ABCD
145. ABCD   146. AB   147. BD   148. AD   149. ACD   150. ABCD   151. ABCD
152. ABC   153. AD   154. ABCD   155. ABCD   156. ABCD   157. ACD   158. ABCD
159. ABCD   160. BD   161. ABC   162. AC   163. ABCD   164. ABD   165. BC
166. ABC   167. ABC   168. ABCD   169. ABCD   170. ABCD   171. ABCD   172. ABD
173. ABCD   174. ABCD   175. ABCD   176. ABC   177. BCD   178. ABCD   179. ABCD
180. ABCD   181. ABCD   182. BCD   183. ABCD   184. ABC   185. BC   186. ABD

187. ABCD 188. ABC 189. ABC 190. BC 191. ABCD 192. ABCD 193. ABC
194. ABD 195. ABC 196. ABC 197. BCD 198. ABCD 199. ABC 200. BD

四、判 断 题

1. √	2. ×	3. √	4. √	5. √	6. ×	7. √	8. √	9. ×
10. ×	11. √	12. ×	13. √	14. √	15. ×	16. ×	17. √	18. ×
19. ×	20. √	21. ×	22. ×	23. √	24. √	25. ×	26. √	27. √
28. √	29. √	30. ×	31. ×	32. √	33. √	34. √	35. ×	36. √
37. √	38. √	39. √	40. √	41. ×	42. √	43. √	44. √	45. ×
46. ×	47. √	48. ×	49. √	50. √	51. √	52. √	53. ×	54. √
55. √	56. √	57. √	58. √	59. √	60. √	61. √	62. √	63. ×
64. √	65. ×	66. √	67. ×	68. √	69. √	70. √	71. ×	72. ×
73. ×	74. √	75. ×	76. ×	77. √	78. √	79. √	80. √	81. √
82. ×	83. √	84. √	85. √	86. √	87. √	88. √	89. √	90. ×
91. ×	92. √	93. ×	94. √	95. ×	96. √	97. √	98. ×	99. ×
100. ×	101. √	102. ×	103. √	104. √	105. √	106. √	107. √	108. √
109. √	110. ×	111. √	112. √	113. √	114. √	115. √	116. √	117. √
118. √	119. √	120. √	121. √	122. √	123. √	124. ×	125. √	126. ×
127. √	128. √	129. √	130. √	131. √	132. √	133. √	134. √	135. √
136. √	137. √	138. √	139. √	140. √	141. √	142. √	143. √	144. ×
145. ×	146. √	147. √	148. √	149. √	150. √	151. √	152. √	153. √
154. ×	155. √	156. ×	157. ×	158. √	159. √	160. ×	161. √	162. √
163. √	164. √	165. √	166. √	167. √	168. √	169. √	170. √	171. √
172. √	173. √	174. √	175. ×	176. √	177. √	178. √	179. √	180. √
181. √	182. √	183. √	184. √	185. √	186. √	187. √	188. √	189. √
190. ×	191. √	192. √	193. √	194. √	195. √	196. √	197. √	198. √
199. √	200. √	201. √	202. ×	203. √	204. √	205. ×	206. √	207. √
208. √	209. ×	210. √	211. √	212. ×	213. √			

五、简 答 题

1. 答:原砂牌号"ZGS98-21H-45"表示铸造用硅砂,二氧化硅质量分数大于或等于98%(2分),主要粒度组成部分筛孔尺寸为 0.21 mm(1分),后筛残留量大于前筛残留量(1分),角形系数代号为 45(1分)。

2. 答:一张完整的零件图应包括下列内容:一组视图(1分);足够的尺寸(1分);技术要求(1分);标题栏(1分)。

3. 答:经过加工的零件表面,不但会有尺寸误差,而且也会有形状误差(2分)。对于精度要求的零件,要规定其表面形状和相互位置的公差,简称形位公差(3分)。

4. 答:零件图上应标注的技术要求有表面粗糙度(1分)、尺寸公差(1分)、形位公差(1分)、热处理及表面涂镀层(1分),零件材料以及零件的加工、检查、试验等项目(1分)。(答对

5个或5个以上的满分)

5. 答:多肉类(1分)、孔洞类(1分)、裂纹和冷隔类(1分)、表面缺陷类(1分)、残缺类(1分)、形状及重量差错类(1分)、夹渣类(1分)以及性能、成分、组织及性能不合格类(1分),共八大类,105种。(写出5个或5个以上得满分)

6. 答:铸造工艺文件在生产中可起下列作用:有利于获得高质量低成本的铸件(1分),有利于进行技术准备工作(1分),有利于进行技术检验工作(1分),有利于实行计划管理(1分),有利于提高工艺技术水平(1分)。

7. 答:质量要求高的面或主要加工面(1分)应放在下面(1分)。应有利于砂芯的定位、稳固和排气(1分)。厚大部分应放在下面(1分)。薄壁部分应放在上面(1分)。

8. 答:铸造合金种类(1.5分),铸件尺寸(1.5分)和铸件加工余量等级(2分)等。

9. 答:热芯盒树脂砂原砂一般采用粒度组别21,粒型以圆形为佳(1分)。黏结剂大多使用呋喃树脂(1分)。呋喃Ⅰ型树脂一般用氯化氨或氯化氨与尿素的水溶化剂(1分);中氮树脂使用氯化氨:尿素:水=1:3:3的比例配制(2分)。

10. 答:造型方法的选择要考虑到铸件的产量(1分)。大批量生产铸件用机器造型(1分);单件生产的形状对称或回转体铸件,可采用刮板造型(1分);不适宜于刮板造型的可用手工模样造型(1分);小、中批量生产的铸件视具体情况,可用手工或机器造型(1分)。

11. 答:常用特种砂有:锆砂(1.5分)、镁砂(1.5分)、铬铁矿砂(1分)和刚玉砂(1分)。

12. 答:砂子+干粉状物 $\xrightarrow{\text{干混 2\sim3 min}}$ +重油+NaOH(溶液) $\xrightarrow{\text{湿混 1\sim2 min}}$ +水玻璃 $\xrightarrow{\text{湿混 3 min}}$ 出砂(5分)

13. 答:(1)控制型砂中气体产生的速度(1.5分);(2)提高砂型的排气能力(1.5分);(3)浇注时防止气体卷入(1分);(4)除了用顶注式浇注系统外,适当大流量快浇对防止侵入性气孔有利(1分)。

14. 答:型(芯)砂应具有适当的强度、良好的透气性、流动性和韧性(1.5分),较低的发气性和发气率(1.5分),较低的残留强度和吸湿性(1分),良好的溃散性、落砂性和耐火性等性能(1分)。

15. 答:型砂强度高,铸型才能承受翻型、起模、搬运、分型等过程中的外力作用(1.5分)和浇注时金属液的静、动压力作用(1.5分),否则将导致铸件产生夹砂、胀砂等缺陷(2分)。

16. 答:铸造生产中应用较广的树脂砂有热法覆膜树脂砂(1分)、热芯盒树脂砂(1分)、冷芯盒树脂砂(1分)和呋喃树脂自硬砂(1分)等。(答对4个或4个以上得满分)

17. 答:在实际生产中,金属的实际结晶温度(T_1),总是低于理论结晶温度(T_0)(2分)。这个理论结晶温度与实际结晶温度之差(T_0-T_1)称为过冷度(3分)。

18. 答:细化晶粒的方法一是增大过冷度,加强液体金属的结晶能力(2分);二是变质处理,浇注前在液体金属中加入一些能促使产生晶核或降低晶核长大速度的物质(3分)。

19. 答:铁碳合金相图在冶炼浇注生产中的作用是可以从相图中找出不同铁合金的熔点(1.5分),从而确定合金的熔化温度(1.5分)和浇注温度(2分)。

20. 答:原则是:不降低使用性能,不影响外观,不高于重铸成本,不影响后工序操作,不影响供货周期,与铸件验收条件没有矛盾(2.5分)。方法是:电焊焊补、气焊焊补、工业修补剂修补和浸渗修补,其中焊补最广泛(2.5分)。

21. 答:铸件的表面清理设备主要有滚筒清理(1.5 分)、抛丸清理(1.5 分)、喷丸清理(2 分)等。(答对 5 个或 5 个以上得满分)

22. 答:选用砂箱的总体原则是:砂箱大小和高度合适,重量轻,强度高,箱壁能很好地支持型砂(2.5 分),易装配合型并保证定位准确,紧固方便可靠(2.5 分)。

23. 答:金属模具有强度高、尺寸精确、表面光洁、耐磨性好、使用寿命长等优点(2.5 分)。但金属模的制造成本高,生产周期长(2.5 分)。

24. 答:总的原则是:造芯、下芯方便,铸件内腔尺寸准确(2.5 分),能避免铸件产生气孔等缺陷,芯盒结构简单,舂砂起模方便,砂芯放置平稳,不易变形,(2.5 分)浇注后便于清砂等。

25. 答:根据铸件的结构和生产条件,组芯造型的组芯方法有以下几种:以砂型为外围,在其内部组芯(1.5 分);使用专用卡具组芯。这种方法适用于大批量生产(1.5 分);在型芯复杂铸件,可在地坑中组芯(2 分)。

26. 答:刮板制芯方法分为车板制芯(1.5 分)和导向刮板制芯(1.5 分)两种。其中导板制芯又可分为卧式导板制芯(1 分)和立式导板制芯(1 分)两种。

27. 答:将模样沿起模方向劈成数块,做成脱皮及中间带有适当斜度的抽芯的形式并组装在一起,起模时,先将中间的抽芯拔出来,再按一定的起模顺序取出周围的脱皮块(5 分)。这种造型方法称劈模造型。

28. 答:有覆盖法(2.5 分)、复印法(2.5 分)等有盖地坑造型方法。

29. 答:因为各种黏结剂均有最适宜的烘干温度(1 分)。超过这个温度,会破坏黏结力,使砂型(芯)的强度降低(2 分),而低于这个温度,黏结剂不能充分发挥作用(2 分)。

30. 答:金属液浇入型腔后(1 分),会产生较大的抬型力(3 分),因此,砂型合型后必须进行紧固后才能浇注(1 分)。

31. 答:流动性好就容易获得形状完整、轮廓清晰的铸件,能生产出薄壁复杂铸件(1.5 分),有利于气体和非金属夹杂物浮出(1.5 分),铸件的体收缩能及时得到金属液的补充而防止产生缩松或缩孔(2 分)。

32. 答:使铸件按规定方向从一部分(1.5 分)到另一部分(1.5 分)逐渐凝固(2 分)叫作定向凝固。

33. 答:开放式浇注系统 $A_直 < A_横 < A_内$(1 分),液流速度小(1 分),冲击力小(1 分),但横浇道无挡渣能力(2 分)。

34. 答:冒口的主要作用是补缩铸件(2 分),其次是出气(1.5 分)和集渣作用(1.5 分)。

35. 答:冒口补缩铸件的基本条件是:冒口设置应符合定向凝固原则,冒口的大小和形状应使冒口内金属液最后凝固(1.5 分);在整个凝固期间应有充足的金属液补偿铸件的体收缩(1.5 分);必须有足够的补缩压力和顺利的补缩通道,以便金属液顺利地流到需补给的部位去(2 分)。

36. 答:冒口对铸件的补缩在一定的距离内铸件组织是致密的(2 分),冒口补缩铸件的这一距离(1.5 分),叫冒口的有效补缩距离(1.5 分)。

37. 答:降低水玻璃模数可加入适量的 $NaOH$(3 分),以提高水玻璃中的 Na_2O 的含量(1 分),从而相对地减少 SiO_2 的含量(1 分)。

38. 答:(1)抗粘砂性(1 分);(2)悬浮稳定性(1 分);(3)涂刷性(1 分);(4)抗裂纹性(1

分）；(5)涂料层应具备一定强度(1分)。

39. 答：防止铸件变形的主要措施是：适当增大加工余量(1分)；采用造型挠度(1分)；改进铸件结构(1分)；设置防变形拉筋(1分)；严格遵守落砂工艺守则(1分)；对铸件及时进行热处理等(1分)。(答对 5 个或 5 个以上得满分)

40. 答：**防粘砂措施有**：选择成分合适的造型材料(1分)；选择粗细合适的砂粒(1分)；型砂中加入防粘砂材料(1分)；提高砂型的紧实度(1分)；在型腔表面刷涂料(1分)；适当降低浇注温度(1分)。(答对 5 个或 5 个以上得满分)

41. 答：用泥团检查铸件的壁厚，确定芯撑高度(2分)；检查合型后砂芯是否被上型压牢，型腔是否被压坏，有无掉砂(1.5分)；检查砂型通气孔是否与砂芯通气孔对正，砂圈、泥条、石棉绳是否被压住，尽量减少金属液钻入芯头的可能性(1.5分)。

42. 答：影响灰铸铁金相组织的因素有化学成分(2分)、冷却速度(2分)和铁液过热温度(1分)等。

43. 答：对砂芯的要求主要有以下几点：砂芯应比砂型具有更高的强度(1分)；砂芯应比砂型具有更低的吸湿性和发气性(1分)；砂芯应比砂型具有更高的透气性、退让性和溃散性(1分)。

44. 答：铸件质量的检验内容包括外观质量(1.5分)、内在质量(1.5分)和使用质量(2分)三个方面。

45. 答：干砂型具有良好的透气性，热稳定性，较低的发气性，可以避免湿砂型常常出现的气孔、砂眼、粘砂、夹砂等铸件缺陷(4分)。干砂型干强度高可以浇注特大型铸件(1分)。

46. 答：填砂、舂砂、起模和修型工作简便(1分)；劈分后的模块、模板加工制造容易(1分)；下芯方便，修理和检测也容易(1分)；改善了劳动条件(1分)；铸件尺寸可以得到保证，胀砂、砂眼等缺陷大为减少(1分)。

47. 答：根据电导率大小来测定砂型(芯)的干湿强度，因为型(芯)的湿度越小，导电率也越小(2分)；根据型(芯)内部温度，测定是否干燥，当测得温度不到 100 ℃时，则表示还未干燥，如温度超过 100 ℃时，则表示已烘干，因为砂型(芯)没有烘干前，其内部温度不会超过 100 ℃(3分)。

48. 答：因为球墨铁具有共晶转变时石墨析出产生的体积膨胀，导致缩前膨胀值大(1分)；采取提高铸型刚度(1分)；采用高碳化学成分(1分)；采用开放式或半封闭式浇注系统(1分)；采用同时凝固原则(1分)；降低浇注温度(1分)；加快浇注速度等工艺措施，就可以实现小冒口或无冒口铸造(1分)。(答对 5 个或 5 个以上得满分)

49. 答：顶注式浇注系统(1.5分)；中间注入式浇注系统(1分)；底注式浇注系统(1.5分)；阶梯式浇注系统(1分)；(4 个全答对得满分)

50. 答：封闭式浇注系统，$A_{直}>A_{横}>A_{内}$(1分)，阻流截面积为内浇道(1分)；开放式浇注系统，$A_{直}<A_{横}<A_{内}$(1分)，阻流截面在直浇道下端或者在它附近的横浇道上，以期直浇道充满(2分)。

51. 答：碳钢铸件热处理的目的是细化晶粒(1.5分)，改善组织(1分)，消除铸造应力(1.5分)，提高力学性能(1分)。

52. 答：有完全退火(1.5分)、正火(1.5分)、正火加回火(1分)三种热处理方法。(3 种以上得满分)

53. 答:超声波探伤适用广泛,灵敏度高,设备小巧,运用灵活(2分);缺点是只能检验形状简单的铸件及探测缺陷的位置和大小,难以探知缺陷的性质(2分)。此外,铸件表面要经过加工(1分)。

54. 答:因铸件壁厚局部肥厚,型芯尺寸太小或铸件转角尺寸不合理等铸件结构不合理引起的缩孔(1.5分)。因工艺设计中的加工余量、补贴量、浇冒口、冷铁等的设置不当导致铸件缩孔(1.5分)。有因型芯质量、金属液质量和浇注因素引起铸件缩孔或缩松(2分)。

55. 答:防止析出性气孔产生的主要措施有:对炉料进行处理(1分);避免金属液与炉气接触(1分);对浇注工具进行烘烤预热(1分);进行脱气处理(1分);将金属液进行镇静处理(1分);真空脱氧(1分);防止气体析出(1分)等。(答对5个或5个以上得满分)

56. 答:热裂的裂口外形常是弯曲状而不规则,穿透或不穿透,连续或间断,断面因氧化而呈暗兰色(2.5分)。冷裂常是连续直线状,断面未氧化,有时有轻微的氧化色彩(2.5分)。

57. 答:铸件常用的修补方法有:金属液熔补(1分)、焊接修补(1分)、堵塞(1分)和浸渍法(1分)及压入塞子法(1分)等。(答对5个或5个以上的满分)

58. 答:干砂型的缺点是成本高(1分),生产周期长(1分),落砂困难(1分),劳动生产率低(1分)。

59. 答:在热处理方面的作用是选择退火、正火、淬火、回火温度(5分,少一点扣一分)。

60. 答:将铸钢件加热到奥氏体区的温度并保温一段时间,然后随炉冷却的热处理方法(2分)。工艺过程包括:加热到临界温度 Ac3 温度以上 30 ℃～50 ℃(1分);保温,保温时间由铸件材质和壁厚确定(1分);随炉冷却(1分)。

61. 答:三相电弧炉由炉体(0.5分)、炉盖(0.5分)、电极升降与夹持机构(1分)、炉体开出或炉盖旋转机构(0.5分)、倾炉机构(0.5分)、电器装置(1分)和水冷装置(1分)组成。

62. 答:用间歇式、脉动式或连续式的铸型输送装置(2分),将铸造生产中各种设备连接起来,并采用适当的控制系统或方法(2分)组成的机械化或自动造型系统(1分)叫造型生产线。

63. 答:工作前要检查造型机空运转状况(1分),要求震击或压实机构、起模机构工作平稳(0.5分),活塞运行速度均匀(0.5分),限位器所限位置合适(0.5分)。顶箱机构等不卡住、不歪斜(0.5分)。各种翻转、升降机构动作到位(1分)。试运行后造型机停止在初始位置(1分)。

64. 答:压力铸造的两大基本特征是高压(2.5分)和高速(2.5分)充填压铸型。

65. 答:压力铸造有如下优点:(1)可以获得尺寸精度等级达 IT13～IT11 和表面粗糙度达 Ra5.6 μm～3.2 μm 的铸件(1.5分);(2)能获得晶粒细、组织致密的铸件(1.5分);(3)生产率高(1分);(4)有利于实现机械化、自动化生产,能改善劳动条件(1分)。

66. 答:压力铸造有如下缺点:(1)铸件易产生细小的气孔(2分);(2)只适用于定型产品的大量生产(1分);(3)不适宜压铸厚壁铸件(2分)。

67. 答:离心铸造不用砂芯即能获得圆柱内孔(1分)。离心力有助于金属液中气体和夹杂物的排除,使金属的组织较密,晶粒细化,从而提高了铸件的力学性能和使用性能(3分)。省去了浇冒口,提高了铸件的工艺出品率(1分)。

68. 答:离心铸造容易产生偏析(2分),铸件内孔直径不准确(1分),内表面质量差(1分),加工余量大(1分)。

69. 答:危险源的根源来自于三个方面:(1)物的不安全状态(1.5分);(2)人的不安全行为(2分);(3)管理及环境缺陷(1.5分)。

70. 答:经济建设、城乡建设、环境建设同步规划、同步实施,同步发展(3分),使社会效益、经济效益和环境效益相统一(2分)。

71. 答:(1)对人体造成危害(2分);(2)对建筑物造成破坏(1分);(3)造成劳动生产率下降(1分);(4)对仪器设备造成损坏(1分)。

72. 答:电弧炉是靠石墨电极和金属材料之间产生的强烈电弧供热产生高温使金属、炉渣熔化,并可适当控制炉内温度及氧化还原的气氛达到冶炼目的(5分)。

73. 答:(1)高温作用及温度的急变(1分);(2)炉渣的碱度(1分);(3)机械冲击与震动(1分);(4)炉衬材质的选择及冶炼品种(1分);(5)使用过程中对炉体的维护和冶炼操作水平(1分)。

74. 答:轻薄料要装在炉顶,以利于穿井(2分)。重料、大料要放在底部成放射状,以防止炉料搭桥造成塌料(1分)。生铁应离炉门稍远一点以便吹氧助熔,防止碳的烧损过大(1分),贴近炉底处应放小块料,以降低装料时对炉底的冲击和振动(1分)。

75. 答:造成钢液沸腾,可清除钢液中的气体和夹杂物,起净化钢液的作用(3分)。而且,沸腾所起的搅拌作用,可使熔池中钢液的温度和成分均匀(2分)。

76. 答:在氧化顺序上,先磷后碳(2分);在温度控制上,先慢后快(2分);在造渣上,先进行大渣量去磷,脱磷的过程中适量的造渣,然后进行薄渣脱碳操作(1分)。

77. 答:炉料全熔经搅拌后,根据冶炼钢种的成分控制要求,取样分析碳、锰、硫、磷(2分)。然后进行脱碳、脱磷的操作和升温,待成分温度合适以后,扒渣进入还原期(3分)。

78. 答:$[FeS]+(CaO)=(CaS)+(FeO)$(5分)。

79. 答:(1)氧化期去硫(1分)。(2)还原期去硫(2分)。(3)出钢过程去硫(2分)。

80. 答:铝收得率与初炼炉出钢时钢中的碳含量(1分)、预脱氧情况(1分)以及钢中的铝含量有关(1分),也与喂线速度(1分)、渣量和炉渣氧化性有关(1分)。

81. 答:真空脱氧是指利用真空作用降低与钢液平衡的一氧化碳分压,从而降低钢液中氧质量分数的一种脱氧方法(5分)。

六、综 合 题

1. 答:封闭式浇注系统有较好的挡渣能力,可防止金属液卷入气体消耗金属少,清理方便(2.5分)。主要缺点是:进入型腔的金属液流速度高,易产生喷溅和冲砂,使金属氧化,使型内金属液发生扰动、涡流和不平静(2.5分)。

2. 答:型砂强度是指型砂试样抵抗外力破坏的能力(4分)。影响型砂强度的主要因素是:(1)原砂的粒度和形状(1.5分);(2)黏土与含水量(1.5分);(3)混砂工艺(1.5分);(4)紧实度(1.5分)。

3. 答:铸造收缩率(1分)、机械加工余量(1分)、起模斜度(1分)、最小铸出孔尺寸(1分)、工艺补正量(1分)、分型负数(1分)、反变形量(1分)、非加工壁厚的负余量(1分)、砂型负数(砂芯减量)(1分)及分芯负数(1分)等。

4. 答:三角柱体:$V=\frac{1}{2}abh$ (2.5分)

球体：$V=\dfrac{1}{6}\times\pi d^3$（2.5分）

中空圆柱体：$V=\dfrac{1}{4}\times\pi(D^2-d^2)h$（2.5分）

圆锥体：$V=\dfrac{1}{12}\pi D^2h$（2.5分）

5. 解：$V=\dfrac{1}{4}\times\pi(D^2-d^2)h$（2分）

$V_1=3.14/4\times0.3\times(3.6^2-2.4^2)=1.70(\mathrm{dm^3})=1.70\times10^{-3}(\mathrm{m^3})$（1分）

$V_2=3.14/4\times0.2\times(3.6^2-0.8^2)=1.93(\mathrm{dm^3})=1.93\times10^{-3}(\mathrm{m^3})$（1分）

$V_3=3.14/4\times0.4\times(1.7^2-0.8^2)=0.71(\mathrm{dm^3})=0.71\times10^{-3}(\mathrm{m^3})$（1分）

$V=V_1+V_2+V_3$（2分）

$\quad=1.7+1.93+0.71$

$\quad=4.34(\mathrm{dm^3})=4.34\times10^{-3}(\mathrm{m^3})$（1分）

$m=V\rho=4.34\times10^{-3}\times7.8\times10^3=33.85(\mathrm{kg})$（2分）

答：该铸钢件质量为 33.85 kg。

6. 解：密度比值 $K=7.8/2.8=2.79$（3分）

铸钢件质量 $m_{件}=Km_{模}$（3分）$=2.79\times35=97.65(\mathrm{kg})$（4分）

答：铸钢件质量是 97.65 kg。

7. 解：铸铁件质量与模样质量的比值 $K=46/21=2.19$（3分）

浇出的铸铁件质量 $m_1=Km_2$（3分）$=2.19\times65=142.35(\mathrm{kg})$（4分）

答：浇出的铸铁件质量 142.35 kg。

8. 解：

$V=\dfrac{1}{4}\times\pi(D^2-d^2)h$（3分）

$V_1=3.14/4\times2\times(7^2-6^2)=20.41(\mathrm{dm^3})=20.41\times10^{-3}(\mathrm{m^3})$（1分）

$V_2=3.14/4\times0.4\times(6^2-2.5^2)-3.14/4\times12\times0.4\times4=8.08(\mathrm{dm^3})=8.08\times10^{-3}(\mathrm{m^3})$
（1分）

$V_3=3.14/4\times2\times(2.5^2-1^2)=8.24(\mathrm{dm^3})=8.24\times10^{-3}(\mathrm{m^3})$（1分）

$V_4=3.14/4\times0.4\times12\times4=5.02(\mathrm{dm^3})=5.02\times10^{-3}(\mathrm{m^3})$（1分）

$V=V_1+V_2+V_3-V_4=20.41+8.08+8.24-5.02=31.71(\mathrm{dm^3})=31.71\times10^{-3}(\mathrm{m^3})$（2分）

$m=V\rho=31.71\times10^{-3}\times7\times10^3=222(\mathrm{kg})$（1分）

答：铸铁带轮质量为 222 kg。

9. 解：

$M=\dfrac{\mathrm{SiO_2}\%}{\mathrm{Na_2O}\%}\times1.033$（公式3分）

$\quad=33\%/13\%\times1.033=2.6$（计算式3分,结果3分）

答：水玻璃模数为 2.6。（1分）

10. 答:涂料的主要作用是增加砂型(芯)表面强度,提高铸件表面质量,便于铸件落砂和表面清理(3分)。对于加有金属粉末的涂料,能使铸件表面合金化,改善铸件材料质量(3分)。涂料用于金属型铸造,能有效地隔断金属液与金属型的热量传递和化学作用,提高金属型使用寿命,控制铸件冷却速度,获得所需金相组织(4分)。

11. 答:干砂型、表面烘干砂型以及尺寸较大的湿型的分型面由于修型和烘烤等原因,一般都不很平整,合型时上下接触面不会很严密(3分),在合型时需要在分型面之间垫以石棉绳,这就使垂直分型面方向的铸型尺寸增大(3分)。在制订工艺时,应在模样上相应地减去这个尺寸,故需设分型负数(4分)。

12. 答:为了保证合金成分均匀,符合成分的允许范围,要求所用的中间合金化学成分必须均匀,无偏析,在空气介质中其成分不应起变化(3分)。为了降低组元的熔点,防止合金熔化时间过长而造成某些组元过热、烧损等,要求配制的中间合金熔点低(3分)。为配料方便,要求配制的中间合金有脆性,易于破碎。为使合金质量好,要求配制的中间合金锭断面应清洁、无氧化夹杂、气孔量少(4分)。

13. 答:合型时应注意:检查铸型质量,如发现砂型偏移、芯撑漏放、型内有散沙时,应采取措施解决(3分);合型时应检查砂芯的位置,以保证铸件壁厚(2分);干型合型时,温度不得大于60 ℃(1分);合箱时应以导向销为准,对正平稳操作(1分);应按工艺要求放置浇口杯和冒口圈等(2分);合箱后的铸型按工艺规定的地点放置等待浇注(1分)。

14. 答:要求是:砂箱内框尺寸应保证有合理的吃砂量,箱挡不能妨碍浇冒口的设置和阻碍铸件收缩,箱壁不能阻碍砂型排气等(2分);砂箱应有足够的强度和刚度;(3)箱壁和箱挡既要有利于粘附砂型,又要便于落砂和脱出铸件(2分);砂箱的定位装置要正确,锁紧装置要简便,起吊装置要安全(2分);在满足工艺要求的前提下,砂箱的结构要便于加工和制造(2分);砂箱材料应价格低廉,来源广泛,紧固耐用(2分);砂箱规格尽可能标准化,系列化,通用化(2分)。(答对任意5条或5条以上得满分)

15. 解:因经验因数为1.7(3分),计算公式为

$t_3=s_2\sqrt{m}$。(4分)

$t_3=s_2\sqrt{m}=1.7\times\sqrt{2\,500}=85\,(s)$ (3分)

答:浇注时间为85 s。

16. 解:顶注时,$h_p=h_0$,因铸件位于下型,则$h_0=400$ mm$=40$ cm (3分)

$h_p=h_0=40$ cm;

中注时,$h_p=h_0-h_c/8$,因铸件上、下型对称分布,则$h_0=40$ cm (3分)

$h_p=h_0-h_c/8=40-30/8=36.25\,(cm)$;

底注时,$h_p=h_0-h_c/2$,因铸件位于下型,故$h_0=40+30=70\,(cm)$ (3分)

$h_p=h_0-h_c/2=70-30/2=55\,(cm)$。

答:顶注、中注、底注时的平均有效静压头高度分别为40 cm、36.25 cm、55 cm。(1分)

17. 解:铸件浇注时间为:$t=s\sqrt{m}=1.6\times\sqrt{81}=14.4\,(s)$ (公式3分,结果2分)

内浇道总截面积为:

$$A_内=\frac{m}{0.31ut\sqrt{h_p}}=\frac{81}{0.31\times0.41\times14.4\sqrt{20}}$$

$=9.9(cm^2)$（公式 3 分,结果 2 分）

答:内浇道总截面积为 9.9 cm²。

18. 解:因为铸件无砂芯,可按下式计算其压重

卧浇时 $F_卧=s\rho Vg=9.8\times12\times10\times2\times7\times1.3=21\,403.2(N)$（公式 3 分,结果 2 分）

答:卧浇时上型的压重为 21 403.2 N。

19. 解:已知铸钢件质量为 300 kg,浇注系统质量为 $300\times6\%=18(kg)$,冒口总质量为 150 kg,则

$$工艺出品率=\frac{铸件质量}{铸件质量+浇冒口质量}\times100\%=\frac{300}{300+18+150}$$

$$=64.1\%$$

（公式 5 分,结果 5 分）

答:该铸件的工艺出品率为 64.1%。

20. 解:已知 $m=125$ kg,$\mu=0.45$,$h_0=36$ cm,因为浇注系统是顶注式,所以 $h_p=h_0=36$ cm,铸件为薄壁复杂件,浇注时间计算公式为经验因数故取小值,取 $s=2.5$,最小阻流面积为 $A_直$。

$$t=(2.5\sim3.5)\sqrt[3]{m}=2.5\sqrt[3]{125}=12.5(s)$$（公式 3 分,结果 1 分）

$$A_阻=A_直=\frac{m}{0.31ut\sqrt{h_p}}=\frac{125}{0.31\times0.45\times125\sqrt{36}}$$

$$=12\ cm^2$$（公式 3 分,结果 1 分）

$A_横=A_直\times2.5=12\times2.5=30(cm^2)$,$A_内=A_直\times3=12\times3=36(cm^2)$　（1 分）

$A_横=A_直\times2.5=12\times2.5=30(cm^2)$,$A_内=A_直\times3=12\times3=36(cm^2)$　（1 分）

答:$A_内$ 为 36 cm²,$A_横$ 为 30 cm²,$A_直$ 为 12 cm²。

21. 解:(1)轴线缩松长度为

$1600-(D\times2+4.5d\times2+4d)=1600-(150\times2+4.5\times7.5\times2+4\times75)=325(mm)$
（过程 3 分）

铸件中约有 325 mm 的轴线缩松区,故只用两个冒口不能保证铸件质量。（2 分）

(2)如两个冒口之间增设冷铁,则可增加冒口的补缩距离。

补缩距离=$2.5d\times2+100=2.5\times75\times2+100=475(mm)$（过程 3 分）

则 475>325,所以两冒口之间设置冷铁,该铸件不会产生轴线缩松。（2 分）

22. 答:起模前先将模样四周砂型稍作修整(2 分);干砂型要压出披缝(2 分);为便于起模,需要松模,松模量要适当。松动不要过分(2 分);松模后找出模样重心位置安放起模针,大件的起模,吊具的合力要通过重心(2 分);起模方向保持垂直向上,边向上起边敲打模样,起模动作是先缓慢上起,当模样快全部起出时,应快速上升,以防模样撞坏砂型(2 分)。

23. 答:硬砂床的制备的主要过程是:先挖一个比模样尺寸略大的地坑,使模样周围型砂便于舂实(2 分);为了使底部产生的气体便于排出,坑底要先铺一层炭块,焦炭块上盖一层草袋,并用几根排气管从焦炭层中引出地面(2 分);分层舂实背砂(2 分);在舂实的型砂上扎通气孔(2 分);填一层面砂将通气孔盖住,以免浇注时金属液钻入通气孔(2 分)。

24. 答:各砂芯安放的位置是否正确,固定是否稳当可靠,通气道是否畅通,引气是否正确(2 分);按照工艺图样检查砂型的主要尺寸和铸件壁厚尺寸,如不正确,应及时进行调整

(2分);检查型(芯)有无损坏,如有损坏,应仔细修补并烘干(2分);检查芯撑,内冷铁表面是否干净,放置是否稳固,是否均匀合理(2分);检查型腔,浇注系统有无浮砂及其他杂物落入,如有,则应仔细清除(2分)。

25. 答:将底座安放在地坑中或固定在专用底板上,校正底座,使之水平(2.5分);将直轴插入底座的锥形孔中,并校验直轴的垂直度,然后将底座周围的型砂春紧,防止底座在工作时移动(2.5分);在直轴上套上定位环,用螺钉固定在需要的高度上,套上转动臂,使之转动360°(2.5分);在转动臂上装上车板,用木尺将车板调至要求的位置,然后用水平尺校正车板,最后用螺钉将车板固定(2.5分)。

26. 答:(1)活砂造型要多次开箱、翻箱,活砂块也可能要移出移进。因此,活砂造型一定要非常细心谨慎,以防损坏砂型里的活砂块(2.5分);(2)活砂块要移出移进,要求有较高的强度,必要时要放入芯骨,砂块的表面要修整光滑(2.5分);(3)活砂制好后,要在砂块上撒上分型砂,以便能同砂型分离,在春砂时要特别小心,以防春坏活砂块(2.5分);(4)开箱取模后,活砂块要用铁钉或其他加固在砂型上(2.5分)。

27. 答:铸钢件的浇注系统与铸铁件浇注系统相比有以下特点:一般按顺序凝固方式设置浇注系统,尽量使钢水通过冒口再进入型腔(2.5分);浇注系统应结构简单,紧固耐冲击,中大型件可用耐火砖管做浇注系统(2.5分);采用柱塞浇包底注,挡渣作用好,并采用开放式浇注系统等(2.5分)。

28. 答:高压造型机一般采用液压传动,配有多触头式压头。这种多触头压头的每一个触头上面都连接着一个活塞,各个活塞油腔连通(3.5分);活塞可以上下浮动,在压实过程中各压头施加给砂型的比压相同(3.5分);同时,在压实过程中各个触头能按照模样外型自动补偿,所以砂型各部分能较均匀地被紧实,且紧实度较高(3分)。

29. 答:用焊接修补铸件缺陷,是目前应用最广的修补方法(2.5分),常用的有电焊和气焊两种(2.5分)。焊接前必须将铸件缺陷处的粘砂、氧化皮等杂物清除干净(2.5分),再开出焊补坡口,使其露出新的金属光泽,根据具体情况选用电焊或气焊进行修补(2.5分)。

30. 答:对大中型铸件上缺损较大的缺陷,可采用金属液来熔补(2.5分)。熔补前,将铸件缺陷处清理干净,并在铸件的修补部位做好铸型,熔补时向铸型内浇入与铸件同材质的金属液,为了避免被熔补铸件产生过大的铸造应力,要注意保温并使铸件缓慢冷却(5分)。熔补后的铸件还应及时进行退火处理(2.5分)。

31. 答:(1)喷丸机未起动时,禁止打开供丸控制阀(2.5分)。

(2)每起动一次喷丸机后,必须进行运动检查。喷丸室在工作中必须经常检查供丸系统,防止堵塞(2.5分)。

(3)禁止在台车上翻转铸件(2.5分)。

(4)平车运行前,须检查平车供电线是否在轨道上。严禁使用有破皮的电线供电(2.5分)。

(5)散落在设备周围的铁丸,必须经常清理。加入到喷丸室中的铁丸必须过筛(2.5分)。

32. 答:除全面执行一级保养的内容外,根据设备的使用情况,对部分或全部零件进行拆卸、检查和保养工作(2分);对已磨损降低精度的零件,应按照设备的精度要求或根据生产工艺要求进行修复(2分);根据实际情况,更换或修复所有磨损零件,并为下次二级保养或大修做好备件的准备工作(2分);对油箱、水箱进行彻底的清洗,换油或换水(2分);对于电气箱、配电线路以及操作控制部位,要全面检查、清洗和整理,达到整洁灵敏,安全好用(2分)。

33. 答:对造型机械要经常进行维护和保养,其维护和保养工作简述如下:必须根据机器说明书中的润滑方法和规定进行润滑(2分);机器的各主要部分在操作前应进行检查(1分);安装和检修后的压缩空气管路,要吹干净管内灰尘(1分);压缩空气管路上应安装气水分离表,以保证压缩空气不含水分(1分);各部分机构每年检查2~4次,应清洗摩擦面和油液管路等(2分);每日操作结束,应将机器擦拭干净(2分);严禁违反操作规程和安全规程,要坚持安全文明生产(1分)。

34. 答:碾轮式混砂机是一种兼有搅拌、碾压和揉搓作用的混砂机(4分)。机内的一对碾轮可绕主轴回转,而下面的底盘不动(1分)。混砂机的两个碾轮都做成光的,与底盘离开一定的距离,使在混砂时不致把砂粒碾碎(1分)。加入造型材料后,主轴带着碾轮与刮板沿逆时针方向旋转(1分)。刮板在回转过程中,不断把造型材料刮到碾轮下面,使造型材料更为均匀(1分)。装有碾轮和曲柄机构与主轴连接,在砂层高低不平时,碾轮能自动升降,这样不仅保护了机器,而且对混合也有好处(1分)。混合后的型砂,可控制气动拉杆打开卸料门卸料(1分)。

35. 答:(1)熟悉安全技术规程,并在生产中严格遵守,避免事故的发生(2分)。

(2)从事每项新的工作之前,应周密考虑在操作中可能发生的问题,做到防患于未然(2分)。

(3)集体操作时,要讲究配合,互相督促,共同遵守安全操作规程(2分)。

(4)随时保持工作场地的清洁整齐,做好交接班的安全记录(2分)。

(5)按规定穿戴好劳动保护用品(2分)。

36. 答:还原期将炉子封闭好,目的是要使炉外空气不进入或少进入炉内,保持炉内有足够的还原气氛(5分)。如果炉外空气随意进入炉内,炉内气体氧化性增加,使钢渣进一步氧化,从而使加入的还原剂作用降低,还原渣不易造好,也不易保持。因此,在还原期应注意将炉子封闭好(5分)。

37. 答:(1)炉门口一般只宜有两人,在左、右两边分别加料(1分)。(2)人应尽量站在侧面,避免站在炉门口,防止加料时钢渣溅出烫伤人(1分)。(3)料块不宜过大、过重,防止扭伤脚(1分)。(4)要防止碰断电极(1分)。(5)不准向炉内加入潮湿的炉料(2分)。(6)还原期加扩散脱氧剂时,火焰会从炉门喷出,操作时不要太靠近炉门(2分)。(7)加矿石不能过多过快,防止发生大沸腾(1分)。(8)加料时不得开动操作台车(1分)。

38. 答:(1)掌握好配料加入量,搭配好废钢的料型结构,减少压料的几率(2分)。(2)把握好二批料的入炉时间。二批料加料越早,炉体旋开炉盖后的热辐射越少,有利于节省电耗,缩短冶炼周期(2分)。(3)把握好入炉废钢的配碳量(1分)。(4)采用合理的留钢留渣量(1分)。(5)调整好合理的渣料,确保冶炼过程的脱碳和脱磷的顺利完成(1分)。(6)采用成分控制的一次命中。在冶炼过程中争取脱碳和脱磷一次性达到目标要求(1分)。(7)掌握好冶炼过程的放渣操作(1分)。

总之,缩短冶炼周期是一个综合性的工作,全面考虑,加强操作的优化,是缩短冶炼周期的核心,单纯强调一个因素,是不能达到目标的(1分)。

39. 答:主要是避免以上两处积灰在出钢倾炉时落在钢包中,增加外来夹杂,影响钢的质量。特别对夹杂含量要求严格的钢种更为重要(5分)。另外,做好吹灰工作可以改善散热条件,从而提高炉盖寿命,也可以避免电极夹头冒火打弧现象,提高夹头使用寿命(5分)。

40. 答:(1)测温取样前,将断路器断开,停止吹氧喷碳和送电的操作(2分)。(2)测温取样前,测温取样时不允许放渣(1分)。(3)测温取样工必须穿戴好防护服装(1分)。(4)测温取样时,操作工必须站在与炉门成30°的方向进行操作(2分)。(5)测温取样操作应严格按照相应的岗位作业标准进行(2分)。(6)炉内脱碳反应没有平静时严禁测温取样的操作(1分)。(7)炉门区有漏水或者炉内有漏水现象时,严禁测温取样操作(1分)。

15. 答：(1)测温范围广;(2)能 ……显示器配用;(3) ……显示灵敏
度……温度计相比;(5)测温……准确,容易产生误差;(7)测量温度
时,探……被测介质;……对……被测……(6)……响应速度较慢,惰性……
（8）……

铸造工(高级工)习题

一、填 空 题

1. 铸造工艺文件中( )是指导铸造生产的重要文件,模样工要依据它制作模样,造型工要按照它造型和造芯。

2. 铸造工艺设计的内容包括:(1)铸造工艺图;(2)( );(3)模样、模板图;(4)芯盒图;(5)砂箱图;(6)铸型装配图;(7)铸造工艺卡片。

3. 铸件的最小壁厚为最大的是( ),而铸件的最小壁厚为最小的是灰铸铁。

4. 铸件的加工余量等级有( )级。

5. 设计起模斜度时,可采用( )、增加一减少铸件壁厚、减少铸件壁厚三种形式。

6. 进行铸件结构设计时,应尽量避免铸件侧壁上有( )部分。

7. 砂芯负数只适用于大型( )砂芯。

8. 为抵消铸件在分型面部位的增厚,在模样上减去相应的尺寸,称为( )。

9. 合金的流动性不仅与其( )、温度、杂质含量及物理性质等有关,而且还受外界条件的影响。

10. 铸件凝固原则选择的依据是金属的铸造性质、铸件的( )和铸件的工作条件。

11. 顺序凝固的凝固方向通常是向着( )方向凝固。

12. 铸造合金收缩的三个阶段是液态收缩、凝固收缩和( )。

13. 碳钢的固态收缩分为珠光体转变前收缩、共析转变前的膨胀和( )的收缩等三个阶段。

14. 铸件凝固过程中的( )是铸件产生缩孔、缩松、裂纹、应力、变形等铸造缺陷的根本原因。

15. 铸造应力按其产生的原因可分为热应力、( )和机械阻碍应力三种。

16. 铸造应力中( )多为临时应力。

17. 铸件产生变形和冷裂的主要原因,是由于铸件在铸造过程中产生了( )。

18. 防止铸件产生变形的措施有增大加工余量、( )、改进铸件结构等。

19. 由热应力引起的铸件弯曲变形,其凹面总是在铸件( )的一边。

20. 热裂是( )、可锻铸铁件和某些轻合金铸件生产中最常见的铸造缺陷。

21. 辗轮式混砂机在混砂过程中,具有搅拌、辗压和( )等综合作用。

22. 水玻璃砂的性能包括:强度和透气性、工艺性能、高温性能、残留强度与( )等。

23. 原砂测定含泥量的方法有标准法或( )以及比重计速测法。

24. 用标准法测定含泥量的洗砂机有快速搅拌洗砂机和( )。

25. 通常用( )来代表黏土受高温而不熔化的性能。

26. 膨润土在水溶液中吸附亚甲基蓝的能力称为( )。

27. 型砂透气性测定是利用一定数量的空气在一定的压力下通过（　　）形试样的方法进行的。

28. 原砂的硅石含量高,杂质含量低,颗粒粗而均匀,则耐火度（　　）。

29. 硅砂受热时产生的（　　）对铸件质量影响较大。

30. 天然硅砂是由（　　）风化形成的。

31. 大型碳钢铸件和合金钢铸件生产中,必要时可采用（　　）来配制型(芯)砂或涂料。

32. 钙膨润土砂在含水量高时强度下降幅度很大,而（　　）砂的强度下降则比较缓慢。

33. 钠膨润土的（　　）高于钙膨润土。

34. 硅酸钠是强酸弱碱盐,外观为（　　）黏稠液体。

35. 树脂加入量增加、树脂黏度过大、温度过高、固化剂量多等都会使树脂砂的（　　）降低。

36. 呋喃Ⅰ型树脂或固化剂水溶液中水分含量过高,会导致热芯盒砂的（　　）显著降低。

37. 原砂粒度大,混制出的型砂透气性好,透气率高,可避免铸件产生（　　）。

38. 湿型铸造法的基本特点是（　　）无需烘干,不存在硬化过程。

39. 铸铁中所含的五大元素:碳、硅、锰是（　　）元素,磷是控制使用元素,硫是限制元素。

40. 由于高牌号灰铸铁碳、硅含量低,石墨化不完全,故在铸件热节处仍需（　　）。

41. 通常石墨的数量愈多,石墨片愈粗大,分布愈不均匀,对金属基体的割裂作用就愈严重,灰铸铁的（　　）也就愈低。

42. 石墨本身也是一种良好的固体润滑剂,剥落在摩擦表面上的石墨起润滑作用,所以,灰铸铁有良好的（　　）。

43. 孕育处理是向碳、硅含量低,白口倾向大的铁水中加入一定数量的（　　）,使凝固过程发生改变。

44. 在孕育铸铁的熔化中,通常采用三角试块进行炉前鉴别。孕育后,如果浇注的三角试块白口宽度过大,应（　　）。

45. 可锻铸铁按其金属基体不同,分为白心可锻铸铁和（　　）。

46. 黑心可锻铸铁是由白口铸铁件经长时间高温（　　）而制得的。

47. 球墨铸铁具有良好的抗拉强度、疲劳强度、塑性和韧性、（　　）和耐蚀性。

48. 生产球墨铸铁时,要求原铁水化学成分具有高碳、高硅、中锰、低硫的特点,其碳当量通常为（　　）。

49. 球铁的炉前检验方法有:火苗判断法、三角试块法、（　　）等。

50. 在生产球铁的过程中,稀土硅铁镁合金的加入量一般为铁水的（　　）。

51. 冲天炉熔化过程中,铁的烧损小于 3%,硅的烧损为 15%～20%,锰的烧损为（　　）。

52. 冲天炉造渣所用的熔剂主要是石灰石和萤石,石灰石的成分中氧化钙含量不应低于 50%,萤石的主要作用是稀释（　　）。

53. 炼钢炉渣的化学性质主要是指氧化性(或还原性)和碱度,物理性质主要是指（　　）。

54. 炼钢生产中,脱氧通常有沉淀脱氧法和（　　）两种方法。

55. 碳素铸钢中的硫使钢产生（　　）,降低机械性能。

56. 炼钢过程中要控制好氧化脱碳开始温度,氧化末期的出渣温度和（　　）。

57. 在炼钢过程中应掌握好炉渣的成分和（　　）。

58. 灰铸铁中的（　　）对振动起缓冲作用,阻止晶粒间振动能的传递,并将振动能转变为热能。

59. 碳素铸钢的铸造性能与铸铁相比,流动性差,收缩性大,容易产生（　　）。

60. 低合金铸钢具有良好的（　　）,通常有较高的强度,良好的韧性和淬透性能。

61. 炼钢常用的造渣材料有石灰和萤石。石灰的主要成分是氧化钙,萤石的主要成分是（　　）。

62. 三相电弧炉主要由炉体、炉盖、装料机构、电极升降机构、炉盖旋转机构、电气装置和（　　）组成。

63. 碱性电弧炉炼钢的工艺过程包括补炉、装炉、熔化期、氧化期、（　　）和出钢。

64. 酸性感应电炉炼钢的炼钢过程包括打结坩埚、装料、（　　）脱氧和出钢。

65. 流动性最好的是（　　）成分的铸铁。

66. 常用于制造木模的材料有（　　）、白松、杉木、银杏和柚木等。

67. 模板按制造方法不同可分为（　　）和整铸式模板两类。

68. 模板按结构不同可分为双面模板和（　　）两种。

69. 芯盒的种类有整体式、拆开式和（　　）三大类。

70. 合理的铸造工艺装备对（　　）提高生产效率、改善劳动条件等都起着重要的作用。

71. 单件小批量生产外形简单的回转体铸件常采用（　　）。

72. 分型面少,铸件精度容易保证,且（　　）数目少。

73. 铸件的重要加工面,不应放在浇注位置的（　　）。

74. 定位芯头的作用是防止砂芯转动和（　　）。

75. 对于易倾斜或转动的砂芯,设计水平芯头时常采用联合砂芯,加大或加长芯头,（　　）,增设工艺孔等稳固措施。

76. 芯头的作用,一是定位作用,二是（　　）作用。

77. 水平芯头的长度是指砂芯支撑在（　　）上的长度。

78. 细而长的垂直砂芯,上下都应留有芯头,且下芯头比上芯头（　　）。

79. 典型芯头结构不仅包括芯头长度、斜度和间隙,而且还带有压环、防压环和（　　）。

80. 芯盒中阻碍出砂或难以出芯的腔壁部分,通常做成（　　）。

81. 形态复杂的砂芯、大多采用（　　）芯盒制造。

82. 在芯盒外壁上设加强筋的目的是为了提高（　　）,防止变形。

83. 芯盒常采用（　　）和双螺母铰链等锁紧。

84. 造型生产线的选择和布置,主要取决于生产纲领、（　　）和厂房条件等。

85. 目前应用最广泛的一种铸型输送机,是（　　）铸型输送机。

86. 连续式铸型输送机,是利用（　　）,将运载小车联系起来,组成封闭式连续运行的铸型输送机。

87. 活砂造型工序繁琐,生产率低,它只适合（　　）生产。

88. 为造型、制芯提供各种合格的混合料是（　　）的主要任务。

89. 树脂砂机械化造型主要由（　　）、震实台、机动辊道和翻转起模机等组成。

90. 树脂砂的旧砂再生可以分为热法、（　　）、湿法和联合法等。

91. 树脂砂旧砂再生的工艺流程分为预处理阶段、（　　）阶段和后处理阶段。

92. 树脂砂旧砂再生的后处理阶段包括分级处理和（　　　）两大类。

93. 为了节约树脂用量，一般采用经水洗或擦洗处理过的纯净（　　　）砂粒的原砂。

94. 造型生产线按造型机的布置形式分为串联式和（　　　）两大类。

95. 震压造型生产线是由（　　　）造型机组成的生产线。

96. 高压造型线是由（　　　）及其辅机组成的，自动化程度高，但设备复杂，投资大。

97. 抛砂造型线是以（　　　）为主体，配以刮砂机、起模机和运输设备等组成的。

98. 对于简单的小型铸件，可将浇口盆简化成（　　　）形浇口杯。

99. 为了避免浇注时直浇道中形成真空而吸入气体，通常把直浇道做成（　　　）形。

100. 横浇道起挡渣作用的条件之一是横浇道必须呈（　　　）状态。

101. 为了加强挡渣作用，可采用稳流式、阻流式、带滤网式和（　　　）横浇道。

102. 横浇道的主要作用是（　　　）。

103. 金属液在浇口盆中除形成水平涡流外，还可能形成（　　　）方向的涡流。

104. 能控制金属液流充型速度和方向的浇道是（　　　）。

105. 对薄小的可锻铸铁件，可用（　　　）作为冒口进行补缩。

106. 铸件形状结构越复杂，液态合金的充型能力（　　　）。

107. 一般干型浇注时，只要铸型刚度大，灰铸铁冒口的有效补缩距离可达冒口直径的（　　　）倍。

108. 一般湿型浇注时，灰铸铁件冒口的有效补缩距离一般为铸件壁厚的（　　　）倍。

109. 板状球墨铸铁件，不设冷铁时，两个冒口之间的有效补缩距离为铸件厚度的（　　　）倍。

110. 采用模数法确定冒口尺寸时，必须满足（　　　）的条件，冒口才能对铸件进行补缩。

111. 制作保温冒口的材料有膨胀珍珠岩、（　　　）或电厂灰，铝矾土、矾土水泥等。

112. 外冷铁安放位置不能影响冒口的（　　　）。

113. 冷铁厚度大，激冷作用强。但当厚度达到一定值后，钢的（　　　）将不再增加。

114. 计算平均静压力头 H_p 的公式是 $H_p = H_0 - \dfrac{P^2}{2C}$，中注时，$H_p$ 的公式是（　　　）。

115. 根据浇注系统各组元之断面比例关系的不同，浇注系统可分为封闭式、（　　　）和开放式三类。

116. 开放式浇注系统主要用于（　　　）、球铁件、有色合金铸件、高大铸铁件的浇注。

117. 常用（　　　）、查图表法、查表法、经验法等方法，确定内浇道的总截面积。

118. 铸件球化不良属于铸件的性能、成分、（　　　）不合格。

119. 按照气孔中气体形成的原因，气孔分为侵入性气孔、析出性气孔和（　　　）等三种。

120. 防止铸钢件产生皮下气孔的方法是保证钢液的质量，严格控制型砂的（　　　）及透气性等。

121. 当浇注温度（　　　）时，球墨铸铁件容易产生皮下气孔。

122. 机械粘砂多发生在砂型表面受（　　　）作用强烈的部位。

123. 改善铸件结构，尽可能使铸件壁厚均匀，形成铸件（　　　）凝固条件，减少热应力，可以防止铸件的热裂。

124. 化学成分和铸件本体不一致，接近共晶成分的豆粒状金属渗出物是（　　　）。

125. 偏析指的是铸件或铸锭各部分（　　），金相组织不一致的现象。

126. 铸件（　　）多集中在铸件上部和最后凝固的部位。

127. 限制合金中（　　）的含量，有利于防止铸件产生裂纹。

128. 渣气孔孔壁不光滑，轮廓不规则，内有（　　）状熔渣。

129. 熔炼钢时加（　　）沸腾，可以防止产生渣气孔。

130. 铸件的偏析一般可分为（　　）偏析、区域偏析和比重偏析三类。

131. 铸铁件局部断面以至全部断面出现亮白色组织，称为（　　）。

132. 铸件质量包括内在质量、外观质量和（　　）。

133. 力学性能检验是通过专门制作的试块，对铸件进行（　　）、硬度、塑性和韧性方面的检验，确定其是否符合规定的技术要求。

134. 荧光探伤可检验铸件（　　）极细的裂纹。

135. 射线探伤能探测到的铸件厚度与（　　）有关。

136. 渗漏试验是用来检验铸件（　　）的一种方法。

137. 化学成分的分析一般有（　　）分析和实验室的试验分析。

138. MT 是（　　）探伤的代号。

139. 废砂采用（　　）措施，不但可节约资源，降低生产成本，并且极大地避免了环境污染。

140. 铸件尺寸公差等级是根据铸造工艺方法，铸造合金种类和（　　）来定。

141. 铸件实际尺寸指的是铸件基本尺寸加上铸件（　　）。

142. 所有铸件都必须经过质量检验才能进行下道工序，其检验内容和方法决定于铸件的（　　）和有关技术条件。

143. 铸件表面粗糙度主要与型砂颗粒大小、型砂导热性能、（　　）和砂型紧实度等因素有关。

144. 用超声波探伤的一个重要原理，就是声波从一种介质传播到另一种介质时，在界面上会产生（　　）现象。

145. 水力清砂是利用（　　）喷射铸件，清除粘附在铸件表面的砂子的方法；水力清砂设备由高压水泵、水轮、清理室等组成。

146. 抛丸清理是利用抛丸器高速旋转的叶轮，将铁丸连续抛向铸件表面，借助铁丸（　　）的作用，去除铸件表面的粘砂和氧化皮。

147. 喷丸清理设备是利用（　　）为动力，将铁丸以高速喷射到需要清理的铸件上，借助铁丸的冲击作用，清除铸件表面的粘砂和氧化皮的装置。

148. 焊补前的清理包括：去除铸件表面粘砂、（　　）、油污等，同时还要进行缺陷部位的开坡口工作。

149. 螺纹牙顶圆的投影用粗实线表示。牙底圆的投影用（　　）表示。

150. 3 个直径为 4 深 5 的孔的注写方法是（　　）。

151. 圆锥基准线应与圆锥的轴线（　　），图形符号的方向应与圆锥方向相一致。

152. 一对相配合的孔与轴，孔的尺寸减去轴的尺寸所得的代数差，此差值为负时叫作（　　）。

153. 装配图的标题栏一般由更改区、（　　）、其他区、名称及代号区组成，也可按实际需要增加或减少。

154. 加工表面上具有的较小间距和微小峰谷组成的微观几何特性称为（　　）。

155. 当零件所有表面具有相同的表面粗糙度要求时,可在图样的（　　）统一标注粗糙度代号。

156. ZG310-570 中硅的上限值为（　　）。

157. ZG310-450 碳的上限值为（　　）。

158. ZG1Cr19Mo2 不锈耐酸铸钢的抗拉强度的最小值为（　　）。

159. 试样压至破坏前承受的最大标称压应力,叫作（　　）。

160. 水玻璃又称泡花碱,是（　　）的水解液。

161. 耐火涂料通常是由耐火材料和（　　）以及其他添加物组成。

162. 图 1 中阴影部分的面积为（　　）。（图中尺寸单位：cm）

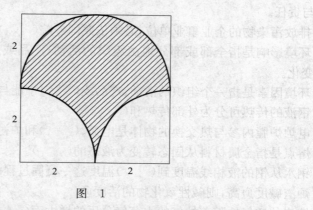

图　1

163. 由一系列相互啮合的齿轮或传动的带轮等组成的传动系统称为（　　）。

164. 将两个或两个以上的负载电阻一个接一个地依次连接起来的电路称（　　）。

165. 把交流电变成直流电的过程叫（　　）。

166. 电流的大小和方向都随着时间作有规律的周期性变化的电流称为（　　）。

167. 把两种或两种以上物质生成另一种物质的反应叫（　　）。

168. 质量管理是指在（　　）方面指挥和控制组织的协调的活动。

169. ZL101 是铸造（　　）合金的代号。

170. 非铁金属及其合金具有密度小、导电和（　　）性好,减磨性好、抗蚀性好等特性。

171. 混砂机按其工作方式,可分为（　　）混砂机和连续式混砂机两大类。

172. Z2310 型造型机的震击结构采用（　　）操纵。

173. 铸件清理按清理设备的结构可分为（　　）、转盘类、室式类。

174. 热处理炉一般属非标准设备,炉子的容积和（　　）视具体情况而定。

175. 振动、噪声、冲击、爬行、污染、气穴、泄漏等是（　　）产生故障前的预兆。

176. 按规定 7.5 kW 以上的电动机均应采用（　　）起动。

177. 用由耐火浆料浇灌成形后,再喷烧和焙烧而成的实体铸型或薄壳铸型浇注铸件的精密铸造方法称为（　　）。

178. 陶瓷型铸造中,为了防止铸钢件（　　）,可在铸型表面熏一层乙炔炭黑。

179. 采用陶瓷型铸造工艺时,对于( )好的合金,可在 100 ℃型温下浇注。

180. 陶瓷型的底套一般采用( )砂制作。

181. 陶瓷型的铸型材料由( )、黏结剂、硬化剂、透气剂等组成。

182. 整体陶瓷铸型全部是由( )灌注而成的。

183. 低压铸造时,坩埚中液面至型腔顶部的高度为 600 mm,铝合金密度为 2.5 kg/dm³,阻力因素 μ 取 1.5,则充型时所需压力为( )。

184. 低压铸造时,液态金属( )进入型腔,充型平稳。

185. 造型场地必须有足够的照明,使用手持灯具照明时,其电压不准超过( )。

186. 重大危险源的控制途径是建立职业安全健康目标和管理方案、运行( )、应急准备与响应程序。

187. 18001 认证:展示企业确保生产过程少无事故、职业病,追求( )目标,对员工负责的形象与责任。

188. 排放污染物的企业事业单位,必须依照国务院( )部门的规定申报登记。

189. 环境影响是指全部或部分地由组织的活动、产品或服务给环境造成的任何有害或( )的变化。

190. 环境因素是指一个组织的活动、产品或( )中能与环境相互作用的要素。

191. 钢液的传热可分为外部传热和( )。

192. 电炉炉膛内参与热交换的物体是电弧、( )和炉衬。

193. 熔点是指金属材料从固态转变为液态的( )。

194. 钢水从钢的液相线温度到( )温度这一凝固过程的收缩叫凝固收缩。

195. 炉渣碱度愈高,则碱性氧化物的活度愈( )。

196. 熔渣的透气性随着炉气的水蒸气分压的增大而( )。

197. 电炉炼钢过程中杂质的氧化有两种方式:直接氧化和( )。

198. 合金元素在钢中所起的作用与其在钢中存在的( )有直接关系。

199. 现代电炉炼钢的能源有三种,除传统的能源外,还有化学能和( )。

200. 电炉炼钢常用的铁矿石有赤铁矿和( )。

201. 磁铁矿主要成分是( )。

202. 炉底有坑时,钢液难于倒净,如不处理及修补会造成( )。

203. 电炉炼钢目前的发展趋势是加大电炉( ),从而有利于炉料的熔化,因此一些高功率、超高功率电炉相继投入生产。

204. 氧化期均匀激烈的碳氧反应,充分搅动熔池,促进钢渣界面反应,促进温度和( )均匀。

205. 吹氧时,炉内冒出的烟尘黑黄,表明熔池中的碳在( )以上。

206. 加矿石脱碳时,矿石中的氧化铁与钢液中的铁反应生成的 FeO 按一定比例分配于( )中。

207. 在温度一定条件下,钢液中氧和( )乘积是一个常数。

208. 脱碳速度在( )时钢液沸腾活跃,净化效果良好。

209. 萤石既能调整炉渣流动性,又不降低炉渣( )。

210. 电炉炼钢中,用锰沉淀脱氧的反应式为:( )。

211. 电炉炼钢中,用铝沉淀脱氧的反应式为:(   )。

212. 在还原初期往钢液中加入锰铁,主要是进行初步的(   )。

213. 脱硫的必要条件是高温、(   )、低氧化性。

214. 还原渣颜色对控制钢液成分有很大影响,如灰渣容易(   )。

215. 钢渣分出即是先(   ),然后再倾倒出钢液的出钢方法。

216. 熔氧结合快速炼钢的原则是吹氧开始时(   )。

217. 对于高级优质钢,出钢时应采用(   )的方法。

二、单项选择题

1. 以下选项中,(   )是指导生产的技术文件。
(A)生产应用文件　　(B)铸造参考文件　　(C)铸造控制文件　　(D)生产控制文件

2. 以下选项中,(   )可以协助按顾客要求制造出优质产品。
(A)控制计划　　(B)参考文件　　(C)操作计划　　(D)控制文件

3. 以下选项中,(   )是规定了为避免生产不合格产品或操作失控所需要的纠正措施。
(A)特殊特性　　(B)控制方法　　(C)过程范围　　(D)反应计划

4. 以下选项中,(   )是指导铸造生产的重要文件,模样工要依据它制作模样,造型工要按照它进行造型和造芯。
(A)铸造工艺图　　(B)铸造工艺卡片　　(C)铸型装配图　　(D)零件图

5. 对铸件的壁厚描述错误的是(   )。
(A)铸件的壁不能太薄　　　　(B)铸件的壁不宜太厚
(C)铸件壁厚应尽可能均匀　　(D)铸件外壁应比内壁薄

6. 铸件的重要加工面不应放在浇注位置的(   )。
(A)上面　　(B)侧面　　(C)下面　　(D)上面或侧面

7. 铸钢件的厚大部分应放在浇注位置的(   )。
(A)上面　　(B)侧面　　(C)下面　　(D)上面或侧面

8. 对于薄壁铸件,应将薄壁的大平面放在浇注位置的(   )。
(A)上面　　(B)下面　　(C)侧面　　(D)同一面

9. 铸件上平行于起模方向的壁厚设计出结构斜度有利于减少起模时的松动量,提高铸件的尺寸精度并且在一定条件下(   )。
(A)减少型芯的数量　　(B)增加型芯的数量
(C)减少分型面　　　　(D)增加分型面

10. 对某些厚大断面的球墨铸铁件可采用(   )。
(A)曲臂结构　　(B)球形结构　　(C)弧形结构　　(D)空心结构

11. 铸钢大齿轮的铸件线收缩率应取(   )。
(A)0.8%　　(B)1.0%　　(C)2%　　(D)1.5%

12. 铸件某一部位加工余量的大小与该部位在(   )时所处的位置有关。
(A)造型　　(B)合型　　(C)浇注　　(D)清理

13. 编写铸造作业指导书的依据是产品图样、(   )、设备操作规程等。
(A)生产工序　　(B)控制计划　　(C)生产效率　　(D)工艺措施

14. 以下选项中,(　　)生产的铸件,铸造工艺规程要编得完备些。
(A)大量　　　　(B)成批　　　　(C)单件　　　　(D)小批量

15. 对每一个铸件都适用的通用性工艺文件是(　　)。
(A)铸造工艺图　(B)铸造工艺卡片　(C)铸造工艺守则　(D)铸件粗加工图

16. 最常用的工艺文件是(　　)。
(A)铸造工艺图　(B)铸件粗加工图　(C)铸型装配图　(D)铸造工装图

17. 特殊重要铸件所使用的工艺文件是(　　)。
(A)铸造工艺图　(B)铸造工艺卡片　(C)铸件粗加工图　(D)铸型装配图

18. 铸件内壁、外壁和肋的相互厚度关系应该是(　　)。
(A)外壁>内壁>肋　　　　　　　(B)肋>内壁>外壁
(C)内壁>外壁>肋　　　　　　　(D)外壁>内壁=肋

19. 为了(　　),铸件设计中,要改进铸件内腔结构,减少砂芯数量。
(A)简化操作过程　(B)防止缺陷　(C)提高铸件强度　(D)减少分型面

20. 铸件在固态收缩时,因受到铸型、型芯、浇冒口、箱带外力阻碍而产生的应力称为(　　)。
(A)热应力　(B)相变应力　(C)收缩应力　(D)热处理应力

21. 铸件的铸造应力,主要是由(　　)引起。
(A)液态收缩　(B)凝固收缩　(C)固态收缩　(D)热处理后收缩

22. 不属于机械化流水生产中湿型砂经常检验的项目是(　　)。
(A)有效黏土量　(B)紧实率　(C)含泥量　(D)透气性

23. 测试含泥量时将试样放入洗砂杯,加入蒸馏水后,应加入(　　)溶液。
(A)碳酸钠　(B)碳酸氢钠　(C)焦磷酸钾　(D)焦磷酸钠

24. 激热试验仪由(　　)及激热炉两部分组成。
(A)电气控制箱　(B)电动机　(C)制氧机　(D)电磁感应箱

25. 型砂高温激热试验中当温度指针指示到(　　)时,应将"手—自"动开关拨至自动位置。
(A)500 ℃　(B)600 ℃　(C)700 ℃　(D)800 ℃

26. 以下选项中,(　　)试验仪是模拟砂型受热时水分迁移的机理而设计的。
(A)热湿拉强度　(B)常温湿拉强度　(C)高温激热性能　(D)常温激热性能

27. 如果记录仪记录的最大值为 A,试样筒及筒中型砂的质量为 B,那么型砂的实际测量值 C 应为(　　)。
(A)$C=A+B$　(B)$C=A-B$　(C)$C=B-A$　(D)$C=A/B$

28. 为使试验的结果有较好的代表性,应把一天内做水分试验烘干后的试样混匀,并用(　　)选取所需试样。
(A)二分法　(B)三分法　(C)随机法　(D)四分法

29. 对于机械化流水生产湿型砂的检验,小批或成批生产时应(　　)取样一次。
(A)每隔 1 车~5 车　(B)每隔 0.5 h~1 h　(C)每车　(D)每隔 2 车

30. 在干型砂、干芯砂中加入(　　)可以提高型砂芯砂的透气性。
(A)氧化铁粉　(B)煤粉　(C)水　(D)锯木屑

31. 型砂的(　　)是引起夹砂的根本原因。
(A)热湿拉强度过高　　　　　　　(B)热湿拉强度过低
(C)湿态强度过高　　　　　　　　(D)湿态强度过低

32. 型砂中水分稍低,型砂的强度较高,但型砂的起模性(　　)。
(A)较低　　　(B)较好　　　(C)较差　　　(D)较高

33. 在干型砂和表面干型砂中加入(　　)可显著提高型砂的溃散性。
(A)木屑　　　(B)煤粉　　　(C)氧化铁粉　　　(D)水

34. 黏土砂中水分过低时,会产生缺陷的是(　　)。
(A)白口组织　　　(B)毛刺　　　(C)侵入性气孔　　　(D)砂眼

35. 以下选项中,(　　)日常检验项目有水分、湿压强度、湿透气性和干压强度。
(A)水玻璃砂　　　(B)黏土砂　　　(C)油砂　　　(D)水泥自硬砂

36. 配制水玻璃砂的加料顺序是(　　)。
(A)砂子→黏土→NaOH 溶液→水玻璃和水→重油
(B)砂子→NaOH 溶液→水玻璃和水→黏土→重油
(C)砂子→重油→黏土→NaOH 溶液→水玻璃和水
(D)砂子→黏土→重油→NaOH 溶液→水玻璃和水

37. 在呋喃树脂自硬砂中加入氧化铁粉的作用是(　　)。
(A)提高强度,降低树脂加入量　　　(B)防止冲砂和气孔
(C)提高型(芯)砂韧性　　　　　　(D)提高铸件强度

38. 配制树脂砂时,原砂的颗粒形状最好为(　　)。
(A)尖角形　　　(B)多角形　　　(C)圆形　　　(D)椭圆形

39. 树脂砂在现场控制中,每天应对型砂做强度测试(　　)次。
(A)1～2　　　(B)2～3　　　(C)3～4　　　(D)4～5

40. 水玻璃模数的计算方法是(　　)。
(A)$\frac{SiO_2\%}{Na_2O\%}$　　(B)$\frac{Na_2O\%}{SiO_2\%}$　　(C)$\frac{SiO_2\%}{Na_2O\%}\times1.033$　(D)$\frac{Na_2O\%}{SiO_2\%}\times1.033$

41. 型砂水分的测定通常是称取(　　)试料进行烘干的。
(A)25 g　　　(B)50 g　　　(C)75 g　　　(D)100 g

42. 树脂自硬砂混砂造型时的温度应保持在(　　)。
(A)25 ℃～30 ℃　　(B)＞30 ℃　　(C)15 ℃～25 ℃　　(D)30 ℃～40 ℃

43. 以下选项中,(　　)能减小形成白口的倾向。
(A)碳　　　(B)硅　　　(C)镁　　　(D)铈

44. 在球墨铸铁中,在选择碳硅含量时,应按照(　　)的原则。
(A)低碳高硅　　(B)低碳低硅　　(C)高碳高硅　　(D)高碳低硅

45. 对于热处理状态铁素体球墨铸铁,Mn 含量宜控制在(　　)。
(A)0.8%～1.0%　　(B)1.0%～1.4%　　(C)0～0.4%　　(D)0.4%～0.8%

46. 在蠕墨铸铁中,在选择碳硅含量时,应以(　　)为原则。
(A)低碳高硅　　(B)低碳低硅　　(C)高碳高硅　　(D)高碳低硅

47. 对于可锻铸铁,低的碳硅含量能(　　),但不利于固态石墨化过程。

(A)生成白口组织　　　(B)减少白口组织　　　(C)生成灰口组织　　　(D)减少灰口组织

48. 对于可锻铸铁,锰特别对( )石墨化起显著的阻碍作用。

(A)第一阶段　　　　(B)第二阶段　　　　(C)第三阶段　　　　(D)第四阶段

49. 当含锰量在规格范围内时,增加( ),高锰钢的抗磨性能增加,其韧性降低。

(A)含铁量　　　　　(B)含硫量　　　　　(C)含磷量　　　　　(D)含碳量

50. 灰铸铁中碳硅含量为( )时,其流动性最好。

(A)5.9%　　　　　　(B)5.2%　　　　　　(C)4.2%　　　　　　(D)2.2%

51. 测定铸造合金流动性最常用的试样是( )。

(A)U形试样　　　　(B)楔形试样　　　　(C)螺旋形试样　　　　(D)三角试样

52. 球墨铸铁具有( )的特性。

(A)逐层凝固　　　　(B)中间凝固　　　　(C)糊状凝固　　　　(D)混合凝固

53. 中碳钢、高锰钢、白口铸铁等,都属于( )的合金。

(A)逐层凝固　　　　(B)中间凝固　　　　(C)糊状凝固　　　　(D)混合凝固

54. 以下选项中,( )方法不存在衰退或衰退很小。

(A)推迟孕育　　　　(B)迟后孕育　　　　(C)滞后孕育　　　　(D)延迟孕育

55. 适用于高温浇注薄壁铸件的孕育方法是( )。

(A)浇口杯孕育　　　(B)硅铁棒孕育　　　(C)大块浮硅孕育　　　(D)随流孕育

56. 使用随流孕育法,铸件壁厚 30 mm～100 mm 时,孕育剂粒度为( )。

(A)20 目～40 目　　(B)40 目～80 目　　(C)20 目～80 目　　(D)40 目～200 目

57. 冲天炉熔炼过程中,常在金属炉料中,加入一定量的( ),以调节其含碳量。

(A)焦炭　　　　　　(B)硅铁　　　　　　(C)废钢　　　　　　(D)废铁

58. 氧化法电弧炼钢常用的( )有锰铁、硅铁、铝及焦炭等。

(A)氧化剂　　　　　(B)还原剂　　　　　(C)增硫剂　　　　　(D)造渣剂

59. 铸铁在熔炼过程中,其含磷量一般是( )。

(A)增加　　　　　　(B)降低　　　　　　(C)变化不定　　　　(D)不发生变化

60. 变频电炉装料时,一般来说,大块的炉料应该装在( )。

(A)坩埚壁处炉温高处　　　　　　　　　　(B)坩埚中间部分

(C)变频电炉炉底　　　　　　　　　　　　(D)坩埚壁的附近

61. 在变频电炉熔炼时,当大部分炉料熔化以后,加入( )。

(A)孕育剂　　　　　(B)造渣材料　　　　(C)催化剂　　　　　(D)增碳剂

62. 变频电炉熔炼完毕以后循环水路开关应调整到自动挡保证( )的循环冷却后自动停止。

(A)1 h　　　　　　　(B)2 h　　　　　　　(C)3 h　　　　　　　(D)4 h

63. 元素烧损率和炉料加入方法、熔炉种类及( )等因素有关。

(A)熔炼工艺　　　　(B)熔炼速度　　　　(C)炉料的种类　　　(D)铁合金的加入量

64. 一般要求用来吹气精炼的工业氮气的纯度为( )。

(A)$WN_2 > 99.4\%$　(B)$WN_2 > 99.5\%$　(C)$WN_2 > 99.6\%$　(D)$WN_2 > 99.7\%$

65. 中频炉所使用的工作电流频率为( )。

(A)50 Hz～10 000 Hz　　　　　　　　　　(B)1 000 Hz～10 000 Hz

(C)10 000 Hz～12 000 Hz

(D)60 Hz～12 000 Hz

66. 大量、成批生产的小型铸件宜采用( )。

(A)劈箱造型　　　　(B)脱箱造型　　　　(C)刮板造型　　　　(D)地坑造型

67. 形态复杂的砂芯,常采用( )芯盒制芯。

(A)整体式　　　　(B)对分式　　　　(C)可拆式　　　　(D)刮板

68. 制造精度要求高的小型木模最好使用( )。

(A)红松　　　　(B)白松　　　　(C)杉木　　　　(D)柚木

69. 以下选项中,( )菱苦土制作的模样质量最好。

(A)白色　　　　(B)米黄色　　　　(C)灰白色　　　　(D)黄色

70. 减少分型面不仅可以减少砂芯数量,减少造型和合箱工时,更重要的是提高了( )。

(A)砂型利用率　　　　(B)铸件尺寸精度　　　(C)铸件强度　　　　(D)工艺出品率

71. 起模斜度的大小与模样材质有关,( )应取较大的斜度。

(A)木模　　　　(B)塑料模　　　　(C)金属模　　　　(D)消失模

72. 批量生产的大型铸件,常采用( )造型。

(A)压实式造型机　　　(B)震压式造型机　　(C)抛砂机　　　　(D)手工

73. 在( )运动中,下落冲程撞击使型砂因惯性获得紧实的过程称为震实。

(A)低频率和高振幅　　　　　　　　(B)高频率和高振幅

(C)低频率和低振幅　　　　　　　　(D)高频率和低振幅

74. 结构复杂、技术要求高的大型、重型铸件,应采用( )铸造。

(A)湿砂型　　　　(B)表面烘干型　　　(C)干砂型　　　　(D)金属型

75. 已知某铸件零件尺寸为 200 mm,材料的线收缩率为 1.2%,零件毛坯的加工余量每边各 4 mm,则金属母模的尺寸为( )。

(A)202.4 mm　　　(B)204 mm　　　(C)208 mm　　　(D)210.5 mm

76. 在芯盒设计中优先选用( )定位销(套)。

(A)楔合式　　　　(B)螺母紧固式　　　(C)压配式　　　　(D)多向开合式

77. 外形尺寸较大或长度较长的芯盒定位销采用( )形式。

(A)对角线布置　　　(B)中心线布置　　　(C)对称式布置　　　(D)侧面布置

78. 使用( )造型时,模样可以不放起模斜度,也不需分型面和分模面。

(A)木模　　　　(B)金属模　　　　(C)树脂模　　　　(D)泡沫塑料模

79. 高压造型时,常采用( )做模底板。

(A)铸铁　　　　(B)铸钢　　　　(C)铝合金　　　　(D)木材

80. 下列砂箱中,( )砂箱不宜作浇注用砂箱。

(A)铝合金　　　　(B)铸铁　　　　(C)球墨铸铁　　　(D)铸钢

81. 箱带上开窗孔的目的是为了( )。

(A)适应热膨胀　　　　　　　　　(B)减轻重量

(C)增大与砂型的接触面积　　　　(D)避免应力集中

82. 小型砂箱的吊运装置一般设置( )。

(A)手把　　　　(B)吊轴　　　　(C)吊环　　　　(D)箱耳

83. 批量较大,品种较多的大铸件宜采用(   )输送机。

(A)连续式 　　　　(B)脉冲式 　　　　(C)间歇式 　　　　(D)移动式

84. 模样上的肋条,滑块及镶片等,常采用(   )来制造。

(A)铜合金 　　　　(B)灰铸铁 　　　　(C)铝合金 　　　　(D)木板

85. 高压造型用砂箱的材料一般采用(   )。

(A)铝合金 　　　　(B)灰铸铁 　　　　(C)木材 　　　　(D)铸钢

86. 由于树脂砂发气量大,箱壁上的出气孔宜(   ),便于迅速排气。

(A)大而少 　　　　(B)大而多 　　　　(C)小而多 　　　　(D)小而少

87. 绳轮的分模面必须设在绳轮的(   )。

(A)最大平面上 　　　　　　　　　　(B)最大的圆截面上

(C)对称中心平面上 　　　　　　　　(D)中心线所在平面上

88. 制备硬砂床时,坑的深度应比模样高出(   )。

(A)100 mm～300 mm 　　　　　　　(B)300 mm～500 mm

(C)500 mm～700 mm 　　　　　　　(D)700 mm～900 mm

89. 制备肩胛骨硬砂床时,坑的长宽尺寸每边要比铸件大(   )以上。

(A)400 mm 　　　　(B)600 mm 　　　　(C)700 mm 　　　　(D)800 mm

90. 比压在 0.4 MPa～0.7 MPa 的为(   )。

(A)低压 　　　　(B)中压 　　　　(C)高压 　　　　(D)超高压

91. 多触头的压头按驱动方式可分为浮动式和(   )触头两种。

(A)移动式 　　　　(B)电压式 　　　　(C)电磁式 　　　　(D)立动式

92. 为防止升降台在升降时转动,在工作台的两边装(   )。

(A)方向杆 　　　　(B)传动杆 　　　　(C)导向杆 　　　　(D)固定杆

93. 在射压造型中,射砂既是填砂也是(   )过程。

(A)舂砂 　　　　(B)预紧实 　　　　(C)紧实 　　　　(D)压实

94. 垂直分型无箱射压造型的生产效率,每小时可达(   )。

(A)100 型～200 型 　　　　　　　　(B)240 型～300 型

(C)300 型～400 型 　　　　　　　　(D)400 型～500 型

95. 开放式造型生产线,采用(   )铸型输送机组成直线型流水线。

(A)液压式 　　　　(B)间歇式 　　　　(C)脉动式 　　　　(D)连续式

96. 具体铸件的浇注时间是根据铸件质量和(   ),以及结构特点所确定的快浇和慢浇原则来选择的。

(A)冒口位置 　　　　(B)体积 　　　　(C)材料 　　　　(D)壁厚

97. 型腔中金属液面的上升速度 v 的升值主要取决于(   )。

(A)铸件结构 　　　　(B)铸件材料 　　　　(C)铸件厚度 　　　　(D)铸件质量

98. 球墨铸铁浇注系统一般是按(   )原则设计的。

(A)糊状凝固 　　　　(B)完全封闭 　　　　(C)最小冒口尺寸 　　　　(D)定向凝固

99. 铸钢件浇注系统截面比一般取(   )。

(A)$A_内 : A_横 : A_直 = 1 : 1.2 : 1$ 　　　　(B)$A_内 : A_横 : A_直 = 1.1 : 1.2 : 1$

(C)$A_内 : A_横 : A_直 = 1.2 : 1.1 : 1$ 　　　　(D)$A_内 : A_横 : A_直 = 1 : 1.1 : 1$

100. 小型铸铁件和铸钢件,多采用( )浇口杯。
(A)拔塞式 (B)隔板式 (C)漏斗形 (D)雨淋式

101. 通过改变液流方向,以增大局部阻力,降低流动速度的浇注系统是( )。
(A)稳流式 (B)阻流式 (C)集渣式 (D)开放式

102. 当圆柱体的高度大于直径 d 的 2.5 倍,圆杆的模数是( )。
(A)$d/2$ (B)$2d$ (C)$d/4$ (D)$d/6$

103. 为了实现冒口对铸件的补缩,暗边冒口 $M_件 : M_颈 : M_冒$ 为( )。
(A)1.1:1.2:1 (B)1:1.1:1.2 (C)1.2:1.1:1 (D)1:1.2:1.1

104. 铸钢件设置冒口的主要作用是( )。
(A)排气 (B)集渣 (C)补缩 (D)调节温度

105. 通常情况下,板状铸钢件两冒口之间的补缩距离为( )。
(A)铸件厚度的 2.5 倍 (B)铸件厚度的 4 倍
(C)铸件厚度的 4.5 倍 (D)铸件厚度的 6 倍

106. 为了实现补缩,冒口的模数应当( )铸件的模数。
(A)大于 (B)小于 (C)等于 (D)不等于

107. 湿型放置内冷铁,应在( )时放置。
(A)造型 (B)合型 (C)浇注 (D)造型或合型

108. 铸型浇注时,内浇道至外浇口液面的高度,与内浇道以上铸件高度之差,称为( )。
(A)剩余压力头 (B)抬型压力头 (C)平均静压头 (D)动力压头

109. 有一铸铁件的浇注系统各组元的比例式为 $A_内 : A_横 : A_直 = 1:1.1:1.2$,它是采用了( )浇注系统。
(A)封闭-开放式 (B)半封闭式 (C)封闭式 (D)开放式

110. 铸型浇注时,确定金属液由型腔底部注入时的平均静压力头 H_p,可用简化式( )进行计算。
(A)$H_p=H_0-\frac{C}{2}$ (B)$H_p=H_0-\frac{C}{8}$ (C)$H_p=H_0$ (D)$H_p=\frac{H_0}{2}$

111. 从直浇道至内浇道的断面积,是逐渐扩大的浇注系统,称为( )浇注系统。
(A)封闭式 (B)开放式 (C)封闭开放式 (D)半封闭式

112. 有一铸铁件浇注时的高度为 300 mm,浇注时间为 20 s,则浇注时型腔内金属液面的上升速度为( )。
(A)9 mm/s (B)15 mm/s (C)21 mm/s (D)30 mm/s

113. 冒口根部总长度与被补缩铸件同方向长度的比值百分率叫( )。
(A)工艺出品率 (B)铸件收缩率 (C)冒口当量厚度 (D)冒口的延续度

114. 铸钢件上加设补贴的作用是( )。
(A)增加冒口的补缩距离 (B)增加铸钢的强度
(C)防止铸件变形 (D)防止铸件产生裂纹

115. 当铸件局部热节点的节圆直径小于 150 mm,时,采用( )来激冷。
(A)铸钢件外冷铁 (B)厚实内冷铁 (C)加工孔内冷铁 (D)螺旋内冷铁

116. 夹渣断口无光泽,呈(　　)。

(A)黑色　　　(B)暗灰色　　　(C)灰色　　　(D)亮白色

117. 毛刺常出现在(　　)。

(A)机械加工面上　　(B)芯头部位　　(C)铸件分型面上　　(D)型芯的裂缝处

118. 鼠尾是铸件表面出现长度(　　)的带有锐角的凹痕。

(A)<6 mm　　　(B)>6 mm　　　(C)<5 mm　　　(D)>5 mm

119. 白点是钢中主要因(　　)的析出而引起的缺陷。

(A)氧　　　(B)氢　　　(C)氮　　　(D)碳

120. 超重指的是铸件实际重量相对于公称重量的偏差值超过铸件(　　)。

(A)重量　　　(B)重量公差　　　(C)公差　　　(D)公差值

121. 按照气孔中气体形成的原因进行分析,因金属液内含有气体形成的气孔叫(　　)。

(A)侵入性气孔　　(B)析出性气孔　　(C)反应性气孔　　(D)皮下气孔

122. 外形呈连续直线状,裂口常穿过晶粒,是(　　)的特征。

(A)冷裂　　　(B)热裂　　　(C)热处理裂纹　　　(D)宏观裂纹

123. 形状极不规则,孔壁粗糙并带有枝状晶,常出现在铸件最后凝固部位的孔洞是(　　)。

(A)气孔　　　(B)针孔　　　(C)缩孔　　　(D)砂眼

124. 垂直于铸件表面上厚薄不均匀的薄片状金属突起物称为(　　)。

(A)夹砂结疤　　(B)飞翅　　(C)毛刺　　(D)冷隔

125. 铸件表面产生的疤片状金属突起物称为(　　)。

(A)夹砂结疤　　(B)毛刺　　(C)飞翅　　(D)冷隔

126. 表面一般比较光滑,主要为梨形、圆形、椭圆形的孔洞是(　　)。

(A)气孔　　　(B)缩孔　　　(C)针孔　　　(D)砂眼

127. 铸件上部产生缺肉,其边角略呈圆形,浇冒口顶面与铸件平齐是(　　)的特征。

(A)浇不到　　(B)未浇满　　(C)跑火　　(D)浇注断流

128. 铸件分型面以上的部分产生严重凹陷,有时会沿未充满的型腔表面留下类似飞翅的残片,这种缺陷是(　　)。

(A)未浇满　　(B)跑火　　(C)型漏　　(D)浇不到

129. 铸件或铸锭各部分化学成分、金相组织不一致的现象称为(　　)。

(A)偏析　　　(B)脱碳　　　(C)内渗物　　　(D)外渗物

130. 利用数理统计方法将铸造过程中系统误差和随机误差区分开来的方法称(　　)。

(A)统计质量控制　　　　　　　(B)全过程质量控制

(C)统计过程控制　　　　　　　(D)工艺过程控制

131. 因果图是表示质量特性与原因关系的图,作因果图时,主干线指向右端,标明质量问题,把(　　)用箭头排列在主干线的两侧。

(A)大原因　　(B)小原因　　(C)原因　　(D)结果

132. 产品生产制造过程中,用以指导检验人员正确实施产品和工序检查、测量、试验的技术文件叫作(　　)。

(A)检测手册　　(B)检验规程　　(C)检验说明书　　(D)操作指导

133. 国家标准规定,铸件力学性能检验项目中,抗拉强度的单位是( )。
(A)MPa　　　　　(B)kg　　　　　(C)N　　　　　(D)kg/cm²

134. 炉前用直读光谱仪进行检验,化验时间一般为( )左右。
(A)3 分钟　　　　(B)10 分钟　　　(C)15 分钟　　　(D)20 分钟

135. 铸铁中石墨的结晶过程叫作( )。
(A)共晶过程　　　(B)结晶化过程　　(C)碳化过程　　　(D)石墨化过程

136. 铸铁的一次结晶过程决定( )。
(A)化学成分　　　(B)机体组织　　　(C)石墨的形态　　(D)力学性能

137. 相应的降低铸铁中 C、Si 的含量,容易得到以( )为基的灰铸铁。
(A)铁素体　　　　(B)珠光体　　　　(C)索氏体　　　　(D)莱氏体

138. 铸铁基体中( )相越多,铸铁塑性越好。
(A)铁素体　　　　(B)珠光体　　　　(C)索氏体　　　　(D)莱氏体

139. 以下选项中,( )大多采用去应力退火进行处理。
(A)铸钢件　　　　(B)铸铁件　　　　(C)铸铝件　　　　(D)铸铜件

140. 无损检验中,探测深度最大的方法是( )。
(A)磁粉探伤　　　(B)射线探伤　　　(C)超声波探伤　　(D)荧粉探伤

141. 对铸钢件来说,超声波探伤的探测厚度可超过( )。
(A)10 mm　　　　(B)100 mm　　　(C)1 000 mm　　(D)500 mm

142. X 射线探测的厚度与 γ 射线相比,( )。
(A)比 γ 射线大　　　　　　　　　　(B)比 γ 射线小
(C)和 γ 射线相同　　　　　　　　　(D)和 γ 射线无法比较

143. 射线探伤的代号是( )。
(A)MT　　　　　(B)PT　　　　　(C)UT　　　　　(D)RT

144. 铸件进行渗漏试验时,试验的压力要超过铸件工作压力的( )。
(A)30%～50%　　(B)50%以上　　(C)80%以上　　(D)20%～30%

145. 除尘器用于分离、搜集( )。
(A)粉尘、烟尘　　(B)气态污染　　　(C)废渣　　　　　(D)废砂

146. 能清理复杂铸件表面及深坑、内腔等部位的清理方法是( )。
(A)抛丸清理　　　(B)滚筒清理　　　(C)喷丸清理　　　(D)离心清理

147. 生产效率高,动能消耗少,清理质量好的清理方法是( )。
(A)抛丸清理　　　(B)滚筒清理　　　(C)喷丸清理　　　(D)水爆清理

148. 目前应用最多的落砂机械是( )振动落砂机。
(A)气动　　　　　(B)机械　　　　　(C)电磁　　　　　(D)水力

149. 技术制图中汉字应写成( )字,并应采用国家正式公布推行的《汉字简化方案》中规定的简化字。
(A)仿宋体　　　　(B)长仿宋体　　　(C)宽仿宋体　　　(D)宋体

150. 角度的数字一律写成水平方向,一般注写在尺寸线的( )。
(A)上方　　　　　(B)中断处　　　　(C)下方　　　　　(D)旁边

151. 公差是允许尺寸的变动量,即允许工人在加工零件时,实际尺寸有一个合理的变化

范围,所以公差是一个( ),不可能为正、负或零。

(A)相对数 (B)绝对数 (C)相对值 (D)绝对值

152. 极限偏差是指极限尺寸减去( )所得的代数差。

(A)偏差尺寸 (B)基本尺寸 (C)代数尺寸 (D)基本偏差

153. 装配图中标题栏的更改区一般由更改标记、( )、分区、更改文件号、签名和日期等组成。

(A)处数 (B)项目 (C)数量 (D)处所

154. 明细表一般配置在装配图中标题栏的( ),按由下而上的顺序填写。

(A)上方 (B)下方 (C)左方 (D)右方

155. $\sqrt{\overline{}}^{Ra3.2}$ 表示用( )方法获得的表面结构,Ra 向上限值为 $3.2\ \mu m$。

(A)任何 (B)去除材料 (C)不去除材料 (D)都不是

156. 通常 $C \leqslant 0.45\%$,合金元素总量不超过( )的铸钢称为低合金铸钢。

(A)1% (B)5% (C)8% (D)2.11%

157. 金属材料随温度变化而热胀冷缩的特性称为( )。

(A)热膨胀性 (B)导热性 (C)热胀冷缩 (D)比热容

158. 以下材料导热性最好的是( )。

(A)铜 (B)银 (C)铝 (D)铁

159. 耐火黏土的化学性质呈酸性,它的分子式为( )。

(A)$Al_2O_3 \cdot 2SiO_2 \cdot 2H_2O$ (B)$Al_2O_3 \cdot 2SiO_2$

(C)$Al_2O_3 \cdot 2SiO_2 \cdot 5H_2O$ (D)$Al_2O_3 \cdot 5SiO_2 \cdot 2H_2O$

160. 合金中的镍能提高钢的(淬透性)和抗氧化能力,有利于钢的强化和使钢的( )。

(A)常温塑性上升、韧性下降 (B)常温塑性上升、韧性上升

(C)常温塑性下降、韧性上升 (D)常温塑性下降、韧性下降

161. 铸造铝合金熔炼常用金属材料有原金属锭、( )以及回炉料。

(A)中间合金 (B)铸铝合金 (C)铝合金 (D)锌合金

162. 熔炼碳钢用中碳锰铁,其含锰量一般要求不小于( )。

(A)65% (B)70% (C)75% (D)80%

163. 毫克是千克的分数单位,其单位符号为( )。

(A)kg (B)g (C)mg (D)t

164. 纳米的单位符号为 nm,1 nm=( )m。

(A)10^{-6} (B)10^{-9} (C)10^{-12} (D)10^{-3}

165. 图 2 的周长为( )。(图中尺寸单位:cm)

(A)13.42 cm (B)14.32 cm (C)12.34 cm (D)13.24 cm

166. 工件的底面半径为 2 cm,高为 6 cm 的圆锥体铸铜件,其密度为 $8.9\ g/cm^3$,其物体质量为( )。

(A)447.136 g (B)223.568 g (C)335.352 g (D)670.704 g

167. 在开式齿轮传动中,齿轮一般都是外露的,支承系统刚性较差,若齿轮润滑不良,保养不妥时易使齿轮( )。

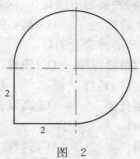

图　2

(A)折断　　　　　　(B)磨损　　　　　　(C)胶合　　　　　　(D)不变

168. 油液在截面积相同的直管路中流动时,油液分子之间、油液与管壁之间摩擦所引起的损失是(　　)。

(A)沿程损失　　　　(B)局部损失　　　　(C)容积损失　　　　(D)流量损失

169. 以下元素可以提高液态金属流动性的是(　　)。

(A)锰　　　　　　　(B)镍　　　　　　　(C)硫　　　　　　　(D)硅

170. ZCuAl9Mn2 是铸造(　　)的合金牌号。

(A)锡青铜　　　　　(B)铅青铜　　　　　(C)铝青铜　　　　　(D)铝黄铜

171. 塞杆底注式自动浇注装置,其自动化控制信号是由(　　)发生,并实现自动化浇注。

(A)电磁阀　　　　　(B)时间继电器　　　(C)行程开关　　　　(D)红外线检测装置

172. 振幅不随载荷变化的落砂机是(　　)。

(A)惯性振动落砂机　　　　　　　　　　(B)偏心振动落砂机

(C)电磁振动落砂机　　　　　　　　　　(D)清理滚筒

173. 中频炉运行时,其线圈中通入交流电的频率为(　　)。

(A)50 Hz　　　　　　　　　　　　　　(B)150 Hz～450 Hz

(C)500 Hz　　　　　　　　　　　　　(D)1 500 Hz～4 500 Hz

174. 铸造设备常用的润滑油是(　　)。

(A)植物油　　　　　(B)豆油　　　　　　(C)原油　　　　　　(D)矿物油

175. 一般规定设备每运转(　　)要进行一次一级保养。

(A)500 h　　　　　(B)600 h　　　　　(C)700 h　　　　　(D)1 000 h

176. 指针式万用表的欧姆调零装置是一个(　　)。

(A)可调电感器　　　(B)可调电容器　　　(C)电位器　　　　　(D)编码器

177. 模具和精密铸件,宜采用(　　)进行生产。

(A)陶瓷型铸造　　　(B)金属型铸造　　　(C)压力铸造　　　　(D)离心铸造

178. 最适宜生产合金钢的特种铸造方法是(　　)。

(A)压铸　　　　　　(B)真空吸铸　　　　(C)陶瓷型铸造　　　(D)挤压铸造

179. 下列选项中,需投产的最小批量为最小的特种铸造方法是(　　)。

(A)熔模铸造　　　　(B)金属型铸造　　　(C)陶瓷型铸造　　　(D)低压铸造

180. 制造壁厚较大的精密铸件宜选用(　　)。

(A)金属型铸造　　　(B)熔模铸造　　　　(C)陶瓷型铸造　　　(D)压力铸造

181. 仅适用于铸造非铁合金的特种铸造方法是( )。

(A)熔模铸造　　　　(B)低压铸造　　　　(C)离心铸造　　　　(D)磁型铸造

182. 陶瓷型铸造特别适用于生产各种合金的( )。

(A)小型精密铸件　　(B)大型粗糙铸件　　(C)模具　　　　　　(D)管类铸件

183. 陶瓷型铸造可用来生产( )铸件。

(A)低温合金　　　　(B)中温合金　　　　(C)高温合金　　　　(D)各种合金

184. 低压铸造适用于( )铸件。

(A)合金钢　　　　　(B)碳钢　　　　　　(C)铸铁　　　　　　(D)非铁合金

185. 粉尘中的重金属元素对人体健康有影响,如接触氧化锌烟气会引起( )。

(A)铸造热　　　　　(B)记忆减退　　　　(C)食欲不振　　　　(D)睡眠障碍

186. 我国职业安全健康标准分为基础标准、操作安全标准、产品安全标准、( )标准和评测方法标准五类。

(A)健康卫生　　　　(B)健康保健　　　　(C)健康保护　　　　(D)健康安全

187. 环境方针是指组织对其全部环境表现的意图与( )的声明,它为组织的行为及环境目标和指标的建立提供了一个框架。

(A)方向　　　　　　(B)原则　　　　　　(C)趋势　　　　　　(D)政策

188. 铸造车间影响环境及职业卫生的污染分为空气污染、固体废弃物和( )污染,因此需要加强对这些污染的治理,以期达到有关标准,从而遵守国家有关法律法规。

(A)废水　　　　　　(B)废渣　　　　　　(C)粉尘　　　　　　(D)噪声

189. 因环境污染损害赔偿提起诉讼的时效期间为( )年,从当事人知道或者应当知道受到污染损害时起计算。

(A)一　　　　　　　(B)二　　　　　　　(C)三　　　　　　　(D)四

190. 环境保护的目的是保障( ),促进经济与环境协调发展。

(A)人民卫生　　　　(B)人民生活　　　　(C)人民健康　　　　(D)人民安全

191. 在熔化期随着炉料熔化,电弧暴露在熔池面上,炉衬参加热交换,熔池非高温区主要依靠( )辐射而加热。

(A)电弧　　　　　　(B)炉衬　　　　　　(C)钢液　　　　　　(D)液态炉渣

192. 在电弧炉内,热量主要是由( )转化而来的。

(A)化学反应能　　　(B)电能　　　　　　(C)燃料燃烧能　　　(D)氧气燃烧能

193. 铸钢中产生热裂倾向是有害元素( )引起的。

(A)磷　　　　　　　(B)硫　　　　　　　(C)铝　　　　　　　(D)铜

194. 硫在钢中的有害作用表现在使用的( )。

(A)强度降低,脆性增加　　　　　　　　(B)气孔形成倾向增大

(C)合金元素的损耗　　　　　　　　　　(D)冷裂倾向增大

195. 钢液中的氧主要以( )的形式存在。

(A)FeO　　　　　(B)Fe_2O_3　　　　(C)Fe_3O_4　　　　(D)O_2

196. 在钢液中( )几乎不溶解。

(A)MnS　　　　　(B)FeS　　　　　　(C)MgS　　　　　(D)CaS

197. 脱氧前钢液中含氧量的决定因素是( )。

(A)钢液温度　　　　(B)钢液中含碳量　　(C)钢液中含锰量　　(D)钢液中含硅量

198. 炼钢过程是一个高温(　　)过程。

(A)物理　　　　　　(B)化学　　　　　　(C)物理化学　　　　(D)熔化

199. 感应炉的最大缺点是(　　)。

(A)热效率低,熔化慢　　　　　　　　　(B)冶炼钢种受限制

(C)炉渣的冶金反应能力差　　　　　　　(D)冶炼炉料受限制

200. 中频炉其频率一般是(　　)。

(A)50 Hz～100 Hz　　　　　　　　　(B)100 Hz～500 Hz

(C)500 Hz～3 000 Hz　　　　　　　　(D)3 000 Hz～10 000 Hz

201. 大部分铸造碳钢件浇注温度在(　　)之间。

(A)1 300 ℃～1 400 ℃　　　　　　　(B)1 350 ℃～1 450 ℃

(C)1 400 ℃～1 500 ℃　　　　　　　(D)1 450 ℃～1 550 ℃

202. 适当加快浇注速度,有利于防止铸件产生(　　)缺陷。

(A)气孔　　　　　　(B)粘砂　　　　　　(C)夹砂结疤　　　　(D)缩孔

203. 石灰石 $CaCO_3$ 须经(　　)的温度,才能烧成 CaO。

(A)500 ℃　　　　　　　　　　　　　(B)800 ℃～1 000 ℃

(C)1 200 ℃　　　　　　　　　　　　(D)1 500 ℃

204. 普通电弧炉炼钢中使用的硅铁的粒度级别一般选用(　　)。

(A)大粒度　　　　　(B)中粒度　　　　　(C)小粒度　　　　　(D)自然块度

205. 赤铁矿的主要成分为(　　)。

(A)FeO　　　　　　(B)Fe_2O　　　　　(C)Fe_2O_3　　　　(D)Fe_3O_4

206. 石墨电极抗压强度应≥(　　)。

(A)6.5 MPa　　　　　(B)10 MPa　　　　　(C)15 MPa　　　　　(D)18 MPa

207. 钢包吹氩的目的是(　　)。

(A)调整钢液温度　　　　　　　　　　　(B)防止炉渣结壳

(C)均匀钢水温度和成分促进夹杂上浮　　(D)为获得良好的表面质量创造条件

208. 卤水镁砂炉衬的烘烤应(　　)。

(A)保持中温　　　　(B)由低温到高温　　(C)由高温到低温　　(D)保持低温

209. 炉顶装料的形式可分为(　　)。

(A)活动工作台式、料罐式、炉盖旋转式

(B)炉盖开出式、活动立柱式、固定立柱式

(C)炉盖开出式、炉体开出式、炉盖旋转式

(D)炉盖开出式、料罐式、炉体开出式

210. 熔化期金属的挥发损失约为炉料重的(　　)。

(A)0～1%　　　　　(B)2%～3%　　　　(C)3%～5%　　　　(D)5%以上

211. 氧化期吹氧时热效率比不吹氧提高(　　)。

(A)0.1 倍　　　　　(B)0.6 倍　　　　　(C)1 倍　　　　　　(D)3 倍

212. 当脱碳速度每小时(　　)时,钢水翻滚,大沸腾,易造成"跑钢"。

(A)<0.3%　　　　　(B)0.3%～0.6%　　(C)0.6%～1.8%　　(D)>5.0%

213. 吹氧脱碳时吹氧管对水平线的倾斜角度大约为(　　)。
(A)30° (B)45° (C)60° (D)90°

214. 吹氧脱碳法的优点是(　　),节约电力。
(A)生产效率高 (B)脱碳平稳 (C)脱碳过程长 (D)费用低

215. 脱硫速度与钢渣接触面积(　　)。
(A)无关 (B)成正比 (C)成反比 (D)不成比例

216. 熔渣的碱度在(　　)时,对脱硫最有利。
(A)1～1.5 (B)1.5～2.5 (C)2.5～3.5 (D)3.5～4

217. 熔渣中 FeO 含量在(　　)时,脱硫能力强。
(A)1.5%～2% (B)1%～1.5% (C)0.5%～1% (D)0.5%以下

218. 合金元素钒应在(　　)加入。
(A)炉料中 (B)熔化后期 (C)氧化期 (D)出钢前

219. 稀土合金在出钢前插铝后加入时收得率为(　　)。
(A)30%～40% (B)40%～50% (C)50%～60% (D)60%～70%

220. 还原期基本上保持冶炼过程在钢液(　　)条件下进行。
(A)浇注温度 (B)出钢温度 (C)出钢温度以下 (D)出钢温度以上

221. 钢种的出钢温度一般比熔点高(　　)即可。
(A)10 ℃～30 ℃ (B)30 ℃～50 ℃ (C)80 ℃～100 ℃ (D)100 ℃～120 ℃

222. 光学高温计测得的温度值比真实温度(　　)左右。
(A)高 100 ℃ (B)高 50 ℃ (C)低 50 ℃ (D)低 100 ℃

三、多项选择题

1. 编制控制文件的基本要求是(　　)。
(A)熟悉图样要求 (B)了解铸件质量要求
(C)了解生产条件 (D)确定控制文件的形式

2. 控制计划内容中特性包括(　　)。
(A)编号 (B)产品 (C)容量 (D)过程

3. 在使用一测量系统之前应事先分析测量系统的(　　)。
(A)准确性 (B)线性 (C)再现性
(D)重复性 (E)稳定性 (F)精度

4. 铸造成形方法的优点有(　　)。
(A)制造成本低 (B)制造成本高
(C)工艺灵活性大 (D)可获得复杂形状和大型的铸件

5. 砂型铸造与其他铸造方法相比,具有(　　)优点。
(A)成本低 (B)生产工艺简单 (C)生产周期短 (D)污染小

6. 铸件的结构应满足(　　)。
(A)使用性能 (B)机械加工要求
(C)铸造工艺的基本要求 (D)质量要求

7. 最小允许壁厚与(　　)有关。

(A)合金种类　　　　(B)合金流动性　　　(C)浇注温度

(D)铸件轮廓尺寸　　(E)复杂程度　　　　(F)铸型性质

8. 为了保证铸件强度并减轻质量,在设计铸件时应(　　　)。

(A)选择合适的铸件材料　　　　　　　(B)选择合理的截面形状

(C)采用较薄的断面　　　　　　　　　(D)带有加强肋的薄壁铸件

9. 铸件上平行于起模方向的壁要设计出结构斜度,这有利于(　　　)。

(A)减少起模时的松动量　　　　　　　(B)提高铸件的尺寸精度

(C)减少型芯的数量　　　　　　　　　(D)减少形成气孔和夹杂物的可能性

10. 设计铸件结构必须做到(　　　)。

(A)使分型面尽量少　　　　　　　　　(B)提高尺寸精度

(C)便于起模　　　　　　　　　　　　(D)有利于型芯固定和排气

11. 关于灰铸铁件的结构特点描述正确的是(　　　)。

(A)流动性好　　　　　　　　　　　　(B)抗压强度比抗拉强度约高 3～4 倍

(C)缺口敏感性大　　　　　　　　　　(D)吸振性比钢约大 2 倍

12. 对含泥量测试方法的描述正确的是(　　　)。

(A)将试样、蒸馏水及浓度为 5% 的焦磷酸钠溶液煮沸 3～5 min

(B)冷却后安放在涡洗式洗砂机上搅拌 15 min

(C)向洗砂杯中加入清水至标准高度 100 mm 处,用玻璃棒搅拌后静置

(D)烘干后置于干燥器中,冷却至 16 ℃称重

13. 用专用制样机测试高温激热性能的试样时,应注意(　　　)。

(A)套圈内径应对准制样机上的压块

(B)压实后型砂试样高度应控制在(40±1) mm

(C)试验高压造型用型砂时,制试样所施加的压力可与高压造型时所选用的比压一致

(D)制备一般机器造型用的型砂试样时,试样下表面的硬度应尽量与现场型砂硬度一致

14. 对型砂热湿拉强度试验注意事项描述正确的是(　　　)。

(A)保持原有的含水量

(B)加热板上表面与试样的加热面应保持一定的距离

(C)不要随意拉动加载部分的吊架

(D)定期校验和维护记录仪、传感器、温度控制仪及热电偶等

15. 机械化流水生产中型砂的检验项目和频率检验最为频繁的是(　　　)。

(A)型砂水分　　　　(B)紧实率　　　　(C)湿透气率　　　(D)湿压强度

16. 一般情况下,对于旧砂定期每周 2 次检验的是(　　　)。

(A)总含泥量　　　　(B)有效膨润土量　　(C)颗粒组成　　　(D)有效煤粉含量

17. 原砂的(　　　)对透气性产生影响。

(A)颗粒大小　　　　(B)颗粒种类　　　　(C)颗粒的组成　　(D)颗粒的均匀度

18. 对强度有影响的是(　　　)。

(A)原砂　　　　　　(B)其他附加物　　　(C)黏结剂　　　　(D)水分

19. 原砂耐火度的高低主要决定于砂的(　　　)。

(A)紧实度　　　　　(B)化学成分　　　　(C)颗粒特性　　　(D)透气性

20. 下列黏结材料中,不属无机黏结剂的是(　　)。
(A)黏土　　　　(B)树脂　　　　(C)淀粉　　　　(D)干性油

21. 下列黏结材料中,不属有机黏结剂的是(　　)。
(A)黏土　　　　(B)水玻璃　　　　(C)纸浆废液　　　　(D)水泥

22. 在水玻璃砂中加入(　　)等多种有机物,可显著改善水玻璃砂 600 ℃以下的出砂性。
(A)糖类　　　　(B)树脂类　　　　(C)油类　　　　(D)纤维类

23. 在水玻璃砂中加入(　　)等无机物能降低水玻璃砂在 800 ℃～1 100 ℃的残留强度。
(A)氧化铝　　　　(B)高铝矾土　　　　(C)膨润土　　　　(D)石灰石

24. 下列选项中,(　　)是水玻璃砂的优点。
(A)生产周期短　　　　(B)溃散性好　　　　(C)硬化强度高　　　　(D)操作简便

25. 呋喃Ⅰ型树脂是由(　　)三种组分缩聚而成的脲醛一糠醇呋喃树脂。
(A)苯酚　　　　(B)尿素　　　　(C)甲醛　　　　(D)糠醇

26. 用制皂工业的石蜡经(　　)合成脂肪酸的残液稀释后制成的黏结剂称为合脂黏结剂。
(A)氧化　　　　(B)还原　　　　(C)蒸馏　　　　(D)提取

27. 流水线生产中的型(芯)砂,其(　　)可低些。
(A)流动性　　　　(B)起模性　　　　(C)透气性　　　　(D)强度

28. 下列选项中,(　　)对型砂流动性有影响。
(A)黏结剂　　　　(B)砂粒形状　　　　(C)砂粒大小　　　　(D)砂粒均匀度

29. 干强度过低时,会产生的缺陷是(　　)。
(A)变形　　　　(B)砂眼　　　　(C)毛刺　　　　(D)夹砂

30. 型砂芯砂的发气性体现为(　　)。
(A)发气途径　　　　(B)发气量　　　　(C)发气速度　　　　(D)发气时间

31. 关于流动性对铸件质量的描述正确的是(　　)。
(A)流动性较高时,紧实度和硬度均较高
(B)流动性较高时,铸件比较光洁
(C)流动性过高时,易产生夹砂缺陷
(D)流动性较差时,易产生粘砂、胀砂的现象

32. 关于硅对球墨铸铁的力学性能影响描述正确的是(　　)。
(A)提高铸铁的韧性　　　　(B)减小形成白口的倾向
(C)细化石墨　　　　(D)提高石墨球的圆整度

33. 对可锻铸铁中磷对合金性能所起作用的描述正确的是(　　)。
(A)磷促使发生缓冷脆性　　　　(B)微弱的促进石墨化的过程
(C)降低可锻铸铁的韧性　　　　(D)含硅量较高的可锻铸铁中磷的危害更大

34. 在铸钢中属于有害元素的是(　　)。
(A)硅　　　　(B)硫　　　　(C)锰　　　　(D)磷

35. 灰铸铁的组织是由(　　)组成的。
(A)金属基体　　　　(B)球状石墨　　　　(C)片状石墨　　　　(D)蠕虫状石墨

36. 灰铸铁具有良好的(　　)。

(A)减震性　　　　(B)耐磨性　　　　(C)切削加工性　　　(D)抗拉强度

37. 下列各组元素中,促进石墨化的元素是(　　)。
(A)锰　　　　(B)硅　　　　(C)碳　　　　(D)硫

38. 下列各组元素中,阻碍石墨化的元素是(　　)。
(A)锰　　　　(B)硅　　　　(C)磷　　　　(D)硫

39. 球墨铸铁原铁液化学成分的特点是(　　)。
(A)高碳　　　　(B)高硅　　　　(C)中锰　　　　(D)低硫、磷

40. 锰在碳钢中所起的作用有(　　)。
(A)提高钢的力学性能　　　　　　(B)提高钢的韧性
(C)减少钢中的含氧量　　　　　　(D)减弱硫的有害作用

41. 对硅铁棒孕育特点的描述正确的是(　　)。
(A)孕育衰退少　　　　　　　　(B)孕育剂用量不易控制
(C)对浇注工艺要求低　　　　　　(D)适用于长时间浇注的大型浇包

42. 变频电炉装料时,应注意(　　)。
(A)小块炉料装在坩埚炉的附近
(B)大块炉料的空隙中间必须用小块炉料充填
(C)炉料应装的紧密
(D)所有加入炉中的材料都必须是干燥的

43. 关于铸铁熔炼加炉料描述正确的是(　　)。
(A)合金铁应最后加入　　　　　　(B)熔点较低的炉料先加
(C)元素烧损较小的炉料后加　　　(D)镀锌炉料要加在其他炉料下边

44. 常用的炉料配置方法有(　　)。
(A)成分核对法　　(B)表格核算法　　(C)解联立方程式法　(D)图解法

45. 元素烧损率和(　　)有关。
(A)铸铁牌号炉料加入方法　　　　(B)熔炉种类
(C)熔炼工艺　　　　　　　　　　(D)熔炼速度

46. 覆盖精炼剂精炼时,覆盖精炼剂具有(　　)作用。
(A)保护铝液　　(B)脱氢　　(C)防氧化　　(D)精炼

47. 熔炼设备的使用选择与(　　)有关。
(A)生产条件　　(B)经济状况　　(C)技术发展水平　　(D)产品结构

48. 常用的冲天炉由(　　)组成。
(A)炉底部分　　(B)炉身部分　　(C)前炉部分　　(D)顶炉部分

49. 冲天炉内金属的化学成分发生的一系列变化需要在(　　)的作用下进行。
(A)二氧化碳　　(B)炉气　　(C)焦炭　　(D)炉渣

50. 碱性电弧炉具有较强的(　　)能力。
(A)脱碳　　(B)脱磷　　(C)脱氧　　(D)脱硫

51. 电弧炉倾斜机构的类型有(　　)。
(A)电流传动式　　(B)电磁感应式　　(C)液压传动式　　(D)机械传动式

52. 电器装置中高压供电线路供给的电压一般是(　　)。

(A)6 300 V　　　　　(B)8 100 V　　　　　(C)9 600 V　　　　　(D)10 000 V

53. 电弧炉氧化脱碳方法有（　　）。

(A)沸腾脱碳法　　　　　　　　　　　(B)矿石脱碳法

(C)吹氧脱碳法　　　　　　　　　　　(D)矿石-氧气结合脱碳法

54. 碱性电弧炉熔炼还原期的任务是（　　）和调整钢液温度及化学成分。

(A)脱碳　　　　　(B)脱磷　　　　　(C)脱氧　　　　　(D)脱硫

55. 冲天炉进行工作时,炉内同时进行着（　　）过程。

(A)焦炭燃烧　　　　　(B)热量传递　　　　　(C)冶金反应　　　　　(D)还原造渣

56. 碱性电弧炉熔炼氧化期的任务是（　　）。

(A)去除钢液中的气体和夹渣物　　　　　(B)脱磷

(C)脱氧　　　　　　　　　　　　　　　(D)提高钢液的温度

57. 电弧炉还原渣分为（　　）。

(A)碳粉渣　　　　　(B)白渣　　　　　(C)石灰渣　　　　　(D)电石渣

58. 电弧炉造渣材料中包括（　　）。

(A)石灰　　　　　(B)萤石　　　　　(C)硅铁粉　　　　　(D)碳粉

59. 用铝脱氧的方法有（　　）。

(A)插铝法　　　　　(B)冲铝法　　　　　(C)浸铝法　　　　　(D)过铝法

60. 中频感应炉熔炼时电磁的搅拌作用是（　　）。

(A)帮助炉料和合金元素熔化　　　　　(B)有助于功率的传递

(C)使化学成分和温度均匀　　　　　　(D)有利于脱氧、脱气、除去杂质

61. 调试可控硅中频装置必须遵循的原则是（　　）。

(A)先调单元后调系统

(B)先调整流后调逆变

(C)先检查继电操作回路、仪表及信号显示系统、保护系统和冷却系统,后调主回路

(D)最后进行整机运行试验,和整机性能指标校验。

62. 属于可控硅中频设备初期运行时应注意的事项是（　　）。

(A)注意各电抗器铁芯有无松动

(B)注意观察记录装置上各仪表的指示值

(C)注意观察装置的抗干扰能力和各可控硅发热后的关断情况

(D)经常用万用表检查个单元中的电源电压以及各环节工作点电压是否有变化

63. 一般铸造设备的故障类型有（　　）。

(A)机械故障　　　　　(B)液压故障　　　　　(C)电气故障　　　　　(D)人为故障

64. 设备维修方式分为（　　）。

(A)检查维修　　　　　(B)预防维修　　　　　(C)改善维修　　　　　(D)事后维修

65. 烘芯板可采用（　　）焊制并经机械加工而成。

(A)型钢　　　　　(B)铸铝合金　　　　　(C)铸铁　　　　　(D)钢板

66. 随形烘芯板一般用（　　）制成。

(A)铸铝合金　　　　　(B)铸钢合金　　　　　(C)球墨铸铁　　　　　(D)灰铸铁

67. 烘芯器按其使用技术条件可分为（　　）类型。

(A)带定位销孔　　　(B)带芯盒活块　　　(C)芯盒底板代用　　　(D)带芯盒齿轮

68. 对( )的型芯,采用专用的组芯模具及下芯夹具进行型芯组装和下芯操作。

(A)精度要求高　　　(B)尺寸较大　　　(C)形状复杂　　　(D)分块较大

69. 定位销(套)结构形式有( )。

(A)契合式　　　(B)螺母紧固式　　　(C)压配式　　　(D)多向开盒式

70. 常用的定位销(套)有( )规格。

(A)$\phi 8$ mm　　　(B)8 mm　　　(C)$\phi 10$ mm　　　(D)$\phi 12$ mm

71. 用( )材质的单面模底板不能应用于手工树脂砂造型。

(A)木材　　　(B)铸铁　　　(C)铸钢　　　(D)塑料

72. 属于热芯盒法用芯盒的结构特点的是( )。

(A)芯盒本体一般用整体材料

(B)芯盒内腔部分起模斜度为 $2°\sim 5°$

(C)芯盒应有的定位装置

(D)芯盒可采用煤气或电热元件加热

73. 木模样具有( )的优点。

(A)强度高　　　　　　　　　(B)质轻价廉

(C)耐磨耐用　　　　　　　　(D)生产周期短、易加工

74. 金属模样具有( )的优点。

(A)强度高　　　(B)尺寸精确　　　(C)表面光洁　　　(D)耐磨耐用

75. 箱壁的断面形状和尺寸是( )的决定因素。

(A)砂箱韧性　　　(B)砂箱强度　　　(C)砂箱耐磨性　　　(D)砂箱刚度

76. 射砂板常采用中空箱体结构,有( )类型。

(A)分铸式　　　(B)整铸式　　　(C)两半装配式　　　(D)焊接式

77. 关于绳轮的形状结构分析正确的是( )。

(A)各处壁厚较薄　　　　　　(B)是左右对称并具有中心对称的环形铸件

(C)铸件的整体高度很小　　　(D)槽边缘两个凸点位置是最大的圆截面

78. 由于活砂造型过程中翻箱次数多,最好是( )。

(A)放入芯骨　　　　　　　　(B)采用定位销定位

(C)分模面有一定斜度　　　　(D)增加砂型高度

79. 在( )的情况下,须采用劈模造型。

(A)模样表面有凸台结构　　　(B)模样高大,型腔深

(C)模样的起模方向向上　　　(D)铸件无起模斜度

80. 关于机座铸件的组芯造型方法及过程的正确的是( )。

(A)先舂至底箱

(B)用粉笔画出机座正视轮廓线

(C)在所画轮廓线上摆上箱

(D)几只小型芯安装固定在几块主要的型芯上

81. 硬砂床一般适合铸造( )的铸件。

(A)形状复杂　　　(B)尺寸较大　　　(C)重量较大　　　(D)气体产生较多

82. 为了有足够大的承载能力,要制作加固层,在填充砂层上放一层(　　)。

(A)钢轨　　　　　(B)砂箱　　　　　(C)铸铁层　　　　　(D)红砖

83. 硬砂床有盖地坑造型方法有(　　)。

(A)复印法　　　　(B)加固法　　　　(C)强化法　　　　(D)覆盖法

84. 高压造型机所采用的压头一般有(　　)形式。

(A)平压头　　　　(B)斜压头　　　　(C)成型压头　　　(D)多触头压头

85. 机械造型制芯得到的砂型、型芯有(　　)等特点。

(A)强度高　　　　(B)紧实度均匀　　(C)型腔尺寸精确　(D)型腔表面粗糙度低

86. 高压造型机的压实机构是由(　　)所组成。

(A)气压管路　　　(B)压实油缸　　　(C)工作台　　　　(D)模板小车

87. 在射压造型中,射砂是(　　)的过程。

(A)填砂　　　　　(B)预紧实　　　　(C)紧实　　　　　(D)压实

88. 目前应用的射压造型有(　　)。

(A)水平射压造型　(B)垂直射压造型　(C)有箱射压造型　(D)无箱射压造型

89. 垂直分型无箱射压造型的优点有(　　)。

(A)节省制作砂箱的材料和工时　　　(B)提高生产效率

(C)砂型紧实度大　　　　　　　　　(D)自动化程度高

(E)铸型尺寸精确　　　　　　　　　(F)维修方便

90. 造型生产线是用(　　)的铸型输送装置。

(A)液压式　　　　(B)间歇式　　　　(C)脉动式　　　　(D)连接式

91. 封闭式的造型生产线是采用(　　)输送机组成的环状流水线。

(A)液压式　　　　(B)间歇式　　　　(C)脉动式　　　　(D)连接式

92. 为了防止浇注时铁水压头过低,可通过(　　)来弥补。

(A)加浇口杯　　　(B)加冒口圈　　　(C)加大冒口尺寸　(D)加出气圈

93. 若上升速度小于最小上升速度值,(　　)可以提高金属液面上升速度。

(A)调整铸件结构　　　　　　　　　(B)调整浇注时间

(C)更换铸件的浇注位置　　　　　　(D)改变冒口位置

94. 实际生产中常用(　　)确定内浇道的最小截面积。

(A)公式法　　　　(B)线图法　　　　(C)表格法　　　　(D)调整法

95. 球墨铸铁多采用(　　)浇注系统。

(A)封闭式　　　　(B)开放式　　　　(C)半封闭式　　　(D)半开放式

96. 对铸钢件浇注系统设计描述正确的是(　　)。

(A)按定向凝固原则设计　　　　　　(B)浇注时间要求短

(C)采用底注式浇包浇注　　　　　　(D)采用圆截面的耐火砖砌出浇注系统

97. 底注式浇注系统具有(　　)优点。

(A)充型平稳　　　(B)冲击力大　　　(C)易于排出气体　(D)不会产生飞溅

98. 顶注式浇注系统具有(　　)特点。

(A)有利于冒口补缩(B)充型性好　　　(C)结构简单　　　(D)操作方便

99. 关于设置冒口的原则正确的是(　　)。

(A)冒口应尽量放在铸件被补缩部位的上部或最后凝固的热节点旁边

(B)冒口不应放在铸件应力集中处

(C)冒口最好安放在铸件需要机械加工的表面上

(D)冒口应尽量放在铸件最高最厚的地方

100. 冒口的有效补缩距离与( )等有关。

(A)铸件结构　　　　(B)合金成分　　　　(C)合金冷却条件　　(D)合金凝固特性

101. 铸件补贴的作用有( )。

(A)消除铸件下部热节处的缩孔　　　　　　(B)延长补缩距离,减少冒口数量

(C)增大铸件质量,提高铸件性能　　　　　　(D)改善铸件结构,提高铸件性能

102. 常用的冒口计算方法有( )。

(A)模数法　　　　(B)三次方程法　　　　(C)补缩液量法　　　(D)比例法

103. 铸件的凝固时间主要取决于( )。

(A)铸件本身所含热量的大小　　　　　　　　(B)铸件的比热

(C)铸件的材料特性　　　　　　　　　　　　(D)冷却时散热的快慢

104. 钢的体收缩率与它的( )有关。

(A)冷却速度　　　　(B)浇注温度　　　　(C)表面积大小　　　(D)化学成分

105. 影响灰铸铁收缩值的主要因素是( )。

(A)冷却速度　　　　(B)浇注温度　　　　(C)表面积大小　　　(D)化学成分

106. 当相邻铸壁的厚度相差悬殊时,用来均衡控制凝固过程的冷铁放在( )。

(A)厚壁处　　　　　　　　　　　　　　　　(B)薄壁处

(C)厚薄壁的过度转角处　　　　　　　　　　(D)厚薄壁交接处

107. 大型球墨铸铁件外冷铁的( )决定了它的激冷能力。

(A)材质　　　　　　(B)重量　　　　　　(C)厚度　　　　　　(D)与铸件接触面积

108. 关于对铝合金的外冷铁描述正确的是( )。

(A)冷铁不应设在冒口中部　　　　　　　　　(B)冷铁应放在内浇道下面

(C)过大的冷铁应分成小块拼用　　　　　　　(D)冷铁的边缘应尽量倒角

109. 在石英砂铸型中,下列选项中,( )等可作为激冷物使用。

(A)镁砂　　　　　　(B)锆砂　　　　　　(C)铬铁矿砂　　　　(D)铬砂

110. 如果铸型中金属液上升速度太快,会引起( )等缺陷。

(A)冲砂　　　　　　(B)夹砂　　　　　　(C)氧化　　　　　　(D)浇不足

111. 夹渣一般分布在( )。

(A)机械加工表面　　(B)铸件顶面和上部　(C)型芯下表面　　　(D)铸件死角处

112. 脉纹一般是呈( )分布的毛刺。

(A)网状　　　　　　(B)层片状　　　　　(C)条状　　　　　　(D)脉状

113. 出现掉砂缺陷时,往往在铸件其他部位出现( )缺陷。

(A)少肉　　　　　　(B)气孔　　　　　　(C)砂眼　　　　　　(D)残缺

114. 化学粘砂是一种低熔点化合物,它是由( )相互作用而生成的。

(A)金属氧化物　　　(B)型砂　　　　　　(C)黏土　　　　　　(D)砂粒

115. 下列对缩孔描述正确的是( )。

(A)形状极不规则　　　(B)形状规则　　　　　(C)孔壁光滑　　　　(D)孔壁带有枝状晶

116. 铸件壁厚设计过薄,容易产生(　　)等铸件缺陷。

(A)浇不到　　　　　　(B)冷隔　　　　　　　(C)缩松　　　　　　(D)气孔

117. 气缩孔是(　　)合并而成的孔洞类铸造缺陷。

(A)分散性气孔　　　　(B)弥散性气孔　　　　(C)缩孔　　　　　　(D)缩松

118. 影响球铁产生皮下气孔的因素是(　　)。

(A)铁水的流动性　　　　　　　　　　　　　　(B)铁水的冷却速度

(C)铸型浇注条件　　　　　　　　　　　　　　(D)铁水的化学成分

119. 收缩裂纹形成的原因是(　　)。

(A)补缩不当　　　　　(B)补缩时间过长　　　(C)收缩受阻　　　　(D)收缩不均匀

120. 挠曲是由于(　　)造成的弯曲和扭曲变形。

(A)残余应力　　　　　(B)模样和铸型变形　　(C)铸件未放平整　　(D)外力作用下

121. 气孔形状主要有(　　)。

(A)梨形　　　　　　　(B)圆形　　　　　　　(C)蝌蚪形　　　　　(D)椭圆

122. 疏松是(　　)的混合缺陷。

(A)弥散性气体　　　　(B)显微缩松　　　　　(C)表面缩孔　　　　(D)组织粗大

123. 灰铸铁出现反白口缺陷时,其断面的中心部位出现(　　)。

(A)白口组织　　　　　(B)灰口组织　　　　　(C)麻口组织　　　　(D)显微组织

124. 球化不良的球墨铸铁件,其金相组织有较多的(　　)。

(A)层片状石墨　　　　(B)厚片状石墨　　　　(C)枝晶间石墨　　　(D)团絮状石墨

125. 属于宏观偏析的是(　　)。

(A)正偏析　　　　　　(B)V形偏析　　　　　(C)带状偏析　　　　(D)重力偏析

126. 夹砂结疤主要是由(　　)造成的。

(A)配砂　　　　　　　(B)浇注　　　　　　　(C)落砂清理　　　　(D)造型

127. 铸钢件生产过程中工艺措施不当时,主要容易造成(　　)缺陷。

(A)渣气孔　　　　　　(B)缩孔、缩松　　　　(C)变形　　　　　　(D)热裂

128. 检验规程又称(　　)。

(A)检验指导书　　　　(B)检验手册　　　　　(C)检验卡片　　　　(D)技术性文件

129. 由于生产过程中工序和作业特点、性质的不同,检验规程可分为(　　)。

(A)进货检验用检验规程　　　　　　　　　　　(B)工序检验用检验规程

(C)核对检验用指导书　　　　　　　　　　　　(D)成品检验用指导书

130. 对铸件的(　　)等进行检查应通过力学性能检查方法进行。

(A)尺寸　　　　　　　(B)硬度　　　　　　　(C)强度　　　　　　(D)塑性

131. 下列项目中不属于铸件外观质量的是(　　)。

(A)铸件尺寸公差　　　(B)铸件力学性能　　　(C)铸件化学成分　　(D)铸件金相组织

132. 根据碳在铸铁中存在的形式,铸铁可分为(　　)。

(A)白口铸铁　　　　　(B)灰铸铁　　　　　　(C)麻口铸铁　　　　(D)球墨铸铁

133. 铸铁中的基体主要有(　　)。

(A)奥氏体　　　　　　(B)铁素体　　　　　　(C)珠光体　　　　　(D)铁素体加珠光体

134. 既促进共晶时的石墨化又能阻碍共析时的石墨化的元素是(   )。

(A)铜　　　　　　　(B)锰　　　　　　(C)镍　　　　　　(D)铝

135. 能够调节组织的元素是(   )。

(A)碳　　　　　　　(B)锰　　　　　　(C)镍　　　　　　(D)硅

136. 对铸铁性能描述正确的是(   )。

(A)韧性较低　　　　　　　　　　(B)良好的消振性

(C)优良的铸造性能　　　　　　　(D)很高的减摩和耐磨性

137. 关于力学性能、金相组织、化学成分之间的关系描述正确的是(   )。

(A)化学成分影响金相组织　　　　(B)金相组织影响化学成分

(C)金相组织影响力学性能　　　　(D)化学成分影响力学性能

138. 铸铁石墨化过程的两个阶段是(   )。

(A)从液相到固相　　　　　　　　(B)从液相到共晶结晶阶段

(C)从共晶结晶阶段至共析结晶阶段　　(D)从固相到共晶相

139. 铸铁的性能取决于(   )。

(A)其过冷程度　　　　　　　　　(B)金属基体的性能

(C)石墨性质　　　　　　　　　　(D)石墨的大小、形状和分布

140. 当石墨为(   )时,改变金属基体组织才能显示出对性能的影响。

(A)团絮状　　　　(B)蠕虫状　　　　(C)菊花状　　　　(D)球状

141. 用于潜在故障部位分析的方法有(   )。

(A)光学显微分析　　(B)X 射线透视分析　(C)气体光谱分析　(D)激光光谱分析

142. 属于结构成分分析、理化分析方法的是(   )。

(A)电子显微分析　　(B)光学显微分析　　(C)气体光谱分析　(D)X 线荧光分析

143. 关于技术制图中字母和数字类型,以下说法正确的是:(   )

(A)技术制图中字母和数字分 A 型和 B 型

(B)A 型字体的笔画宽度 d 为字高 h 的十四分之一

(C)B 型字体的笔画宽度 d 为字高 h 为十分之一

(D)B 型字体的笔画宽度 d 为字高 h 为十二分之一

144. 以下选项中,(   )不是轴的公差代号。

(A)f9　　　　　　　(B)N7　　　　　　(C)is6　　　　　　(D)K6

145. 在基孔制中,基准孔 H 与基本偏差为(   )的轴配合属于过盈配合。

(A)f　　　　　　　(B)h　　　　　　　(C)p　　　　　　　(D)s

146. 以下形状公差与其符号对应正确的是:(   )。

(A)直线度——|　　　　　　　　　(B)平面度——▱

(C)圆度—— ○　　　　　　　　　(D)圆柱度——◎

147. 以下对于公差的说法正确的是:(   )。

(A)平行度、垂直度和倾斜度三项公差都是定向公差

(B)同轴度、对称度都是定位公差

(C)圆跳动和全跳动都是跳动公差

(D)位置度不属于跳动公差

148. 以下画法中,(   )为装配图部件的特殊表示方法。

(A)拆卸画法   (B)假想画法   (C)展开画法   (D)夸大画法

149. 下列对于尺寸精度与表面粗糙度的关系说法正确的是(   )。

(A)尺寸精度越高,粗糙度越低   (B)粗糙度低的,尺寸精度不一定高

(C)尺寸精度越高,粗糙度越高   (D)粗糙度低的,尺寸精度一定低

150. 下列关于铸钢中合金元素的作用的说法,正确的是:(   )。

(A)锰:提高钢的淬透性,从而通过热处理使钢获得良好的强度,硬度及耐磨性

(B)硅:对铁素体有固溶强化作用,能提高钢的屈服强度

(C)钼:可以提高钢的淬透性,减小回火脆性

(D)钒:在低含量时可以细化晶粒,降低韧性

151. 以下选项中属于马氏体不锈钢的是(   )。

(A)2Cr13   (B)GX-8   (C)9Cr18   (D)3Cr13

152. 以下属于轻金属的是(   )。

(A)铝   (B)铜   (C)铅   (D)镁

153. 以下材料导电性优于铁合金的是(   )。

(A)银   (B)铜   (C)铝   (D)铁

154. 以下选项中为国内主要应用的铝一硅系耐火材料的是(   )。

(A)电熔刚玉   (B)高岭土   (C)石英   (D)高铝矾土

155. 以下体积计算公式正确的是:(   )。

(A)三角柱体:$V=\dfrac{1}{2}abh$ (B)中空圆柱体:$V=\dfrac{1}{4}\times\pi(D^2-d^2)h$

(C)球体:$V=\dfrac{1}{6}\times\pi d^3$ (D)圆锥体: $V=\dfrac{1}{12}\pi D^2 h$

156. 下列关于链传动特点说法正确的是:(   )。

(A)结构紧凑,能在低速、重载和高温条件及尘土飞扬等不良环境中工作

(B)链传动传递效率高,一般可达 0.95~0.97

(C)链传动的安装和维护要求较高

(D)链条的铰链磨损后,因节距变大易发生脱落现象

157. 以下选项中可以使用电器进行控制的是:(   )。

(A)造型机程序控制   (B)信号指示或照明

(C)液压泵驱动   (D)工艺监控或检测

158. 以下选项中能够影响液态金属的黏度的是(   )。

(A)温度   (B)化学成分   (C)非金属夹杂物   (D)体积

159. 液态金属的流动性会受到以下(   )因素的影响。

(A)金属的成分   (B)温度   (C)杂质含量   (D)物理性质

160. 以下选项中能够影响合金流动性的因素是:(   )。

(A)金属的性质   (B)铸型特点   (C)浇注条件   (D)铸件结构

161. 铸件在铸型中收缩时,主要受到的阻力有(   )。

(A)铸件表面的摩擦力 (B)热阻力   (C)机械阻力   (D)凝固收缩力

162. 以下选项中关于合金流动性对铸件质量的影响说法正确的是:(　　)。
(A)流动性好的铸造合金,容易获得尺寸准确的铸件
(B)流动性好的铸造合金,其铸件内部质量相对较好
(C)流动性好的铸造合金,可使铸件在凝固期间内产生的缩孔得到液态金属的补缩
(D)流动性好的铸造合金,在凝固末期因收缩受阻而出现的热裂更为严重

163. 以下选项中能够控制铸件凝固质量的是:(　　)。
(A)正确布置浇注系统的引入位置,控制浇注温度、浇注速度和铸件浇注位置
(B)采用冒口及冷铁
(C)改变铸件结构
(D)采用具有不同蓄热系数的造型材料

164. 质量管理体系要求组织通过(　　)途径处置不合格品。
(A)采取措施,消除已发现的不合格品
(B)经有关授权人员批准,适用时经顾客批准,让步使用、放行或接收不合格品
(C)采取措施,防止其原预期的使用或应用
(D)在客户不知道的情况下,可以混入合格品放出

165. 下列关于铸造非铁合金的说法正确的是:(　　)。
(A)它是以一种非铁元素为基本元素,再添加一种或几种其他元素所组成的合金
(B)黄铜是以锌为主加合金元素的铜合金
(C)青铜是以锌为主加元素的铜合金
(D)ZCuSn10Pb1 是锡青铜的合金牌号

166. 以下关于铸造锡青铜的主要特点说法正确的是:(　　)。
(A)具有很好的耐磨性　　　　(B)在蒸汽海水中具有很高的耐腐蚀性
(C)具有一定的塑性　　　　(D)在碱溶液中的耐腐蚀性能较差

167. 下列有关电弧炉的说法正确的是:(　　)。
(A)炼钢电弧炉根据炉衬的性质不同,可以分为碱性炉和酸性炉
(B)碱性电弧炉使用碱性耐火材料做炉衬,如硅砖、镁砂、白云石等
(C)酸性电弧炉是使用酸性材料进行修砌炉衬,如硅砂、白泥等
(D)碱性电弧炉主要使用以石灰为主的碱性材料造碱性渣

168. 关于造型机械特点以下说法正确的是:(　　)
(A)造型机械工作环境非常恶劣,经常要和粉尘接触
(B)造型机械设备的密封要求较高
(C)目前的造型机械除了使用机械传动外,亦广泛地使用气动和液压传动
(D)震压式造型机工作时震动较大,因此要求机械各部位的连接要牢固

169. 关于冲天炉的说法以下选项正确的是:(　　)
(A)它主要由炉身、炉底及支撑、烟囱、炉顶、前炉、过桥和炉缸等部分组成
(B)冲天炉是一种以对流原理进行工作的井式熔炉
(C)冲天炉内炉壁附近的温度比炉子中心低得多
(D)冲天炉熔炼有三个基本过程,焦炭燃烧,热量交换及冶金反应

170. 溢流阀和顺序阀的主要区别是(　　)。

(A)作用不同   (B)出口油液去向不同

(C)结构不同   (D)工作介质不同

171. 以下选型中属于压力控制阀的是( )。

(A)顺序阀   (B)节流阀   (C)单向阀   (D)压力继电器

172. 以下关于造型设备液压系统操作注意要点说法正确的是:( )。

(A)保持环境卫生,每天打扫工作场地,以免型砂干燥后粉尘进入液压系统,不密封的地
方要及时密封好

(B)开动换向阀速度不能过快,以免产生液压冲击

(C)要经常检查油箱的油位,以免产生气穴及爬行

(D)经常检查润滑及密封,尽量减少摩擦,导轨要常加油

173. 下列关于特种铸造的说法正确的是:( )。

(A)熔模铸件尺寸精度高、表面粗糙度好

(B)低压铸造金属液充型平稳,充型速度可以进行控制

(C)金属型铸造的同一铸型不可反复使用

(D)压力铸造生产效率较低

174. 陶瓷型铸造可分为( )。

(A)整体陶瓷铸型   (B)分体陶瓷铸型   (C)复合陶瓷铸型   (D)精密陶瓷铸型

175. 以下选项中,( )是陶瓷型铸造常用的催化剂。

(A)MgO   (B)环已胺   (C)CaO   (D)醇胺

176. 以下关于低压铸造说法正确的是:( )。

(A)大批量生产的非铁合金铸件采用低压铸造时,多用陶瓷型

(B)低压铸造时,铸件成形性好,可获得轮廓清晰、表面光洁的铸件

(C)采用低压铸造,铸件的补缩效果好,铸件组织致密

(D)低压铸造采用砂型时,要求型砂透气性好

177. 关于低压铸造工艺以下说法错误的是:( )。

(A)低压铸造时,如果用湿砂型浇注厚壁铸件,保压时间应短些

(B)低压铸造时,用干砂型浇注薄壁复杂件,应尽量提高充型速度

(C)低压铸造时,内浇道开在薄壁处,保压时间可以长些

(D)低压铸造时,结晶压力越大,补缩效果越好,铸件的组织也越致密

178. 下列关于低压铸造特点说法正确的是( )

(A)低压铸造的特点之一是充型平稳

(B)低压铸造适用于合金钢铸件的生产

(C)低压铸造可生产比较复杂的薄壁非铁合金铸件

(D)采用低压铸造,可以提高铸件的成品率

179. 以下产品中,可以使用低压铸造进行生产的是:( )。

(A)摩托车轮毂   (B)汽车轮毂   (C)螺旋桨   (D)气缸体

180. 对有害气体净化处理的基本方法有( )等。

(A)生化法   (B)吸收法   (C)吸附法   (D)燃烧法

181. 以下选项中是职工在劳动安全卫生方面的应执行的义务的是:( )。

(A)在劳动过程中必须严格遵守安全操作规程,遵守用人单位的规章制度

(B)必须按规定正确使用各种防护用品

(C)在劳动过程中,要听从生产指挥,不得随意行动

(D)在劳动过程中发现不安全因素或者危及健康安全的险情时,要及时向管理人员报告

182. 下列关于触电解救的说法正确的是:( )

(A)触电人所在的地方较高时,要防止停电后人从高处摔下来,造成摔伤

(B)在低压设备上,可用干的衣服、绳子等工具进行解救

(C)在高压设备上,应穿戴好绝缘保护用具进行解救

(D)救护触电人员,首先应切断电源,再进行施救

183. 以下选项中属于环境保护法律法规体系的三个层次的是:( )。

(A)法律　　　　(B)法规　　　　(C)标准　　　　(D)程序

184. 环境保护的内容是( )。

(A)保护和改善环境质量　　　　(B)保护居民身心健康

(C)合理开发资源　　　　(D)合理利用资源

185. 铸造车间的噪声污染的防治措施有( )。

(A)消除和减弱噪声源　　　　(B)控制噪声传播

(C)个人防护　　　　(D)控制工作时间

186. 常用造渣材料包括( )。

(A)石灰　　　　(B)萤石　　　　(C)硅石　　　　(D)石灰石

187. 电炉炼钢熔渣的组成主要包括( )。

(A)CaO　　　　(B)SiO_2　　　　(C)FeO　　　　(D)Al_2O_3

188. 影响熔渣导电能力的主要因素包括( )。

(A)熔渣黏度　　　　(B)温度　　　　(C)熔渣成分　　　　(D)熔渣密度

189. 下列物质中不能提高熔渣导电能力的是( )。

(A)FeO　　　　(B)Al_2O_3　　　　(C)CaS　　　　(D)SiO_2

190. 下列关于氮在钢中有益作用的说法中,正确的是( )。

(A)增加强度　　(B)晶粒细化　　(C)增加耐腐蚀性　　(D)脱氧

191. 稀土合金处理钢液的主要作用有( )。

(A)净化钢液　　(B)使夹杂物变性　　(C)合金化　　(D)脱磷

192. 影响氢在钢中主要溶解度的因素包括( )。

(A)铁的晶体结构　　　　(B)温度和气相中氢气分压力

(C)合金元素　　　　(D)熔渣组成及其物理性质

193. 下列说法中,有利于脱磷反应进行的是( )。

(A)降低反应温度　　　　(B)提高钢水、炉渣的氧化性

(C)提高钢中磷的活度,增大渣量　　　　(D)较低的碱度

194. 钢中硫的来源主要有( )。

(A)生铁　　　　(B)矿石　　　　(C)废钢　　　　(D)造渣剂

195. 钢中非金属夹杂物的来源主要包括( )。

(A)原材料带入的杂物　　　　(B)冶炼和浇注过程中的反应产物

(C)耐火材料的侵蚀物　　　　　　　　(D)乳化渣滴夹杂物

196.炼钢的基本任务包括(　　)。

(A)脱碳并去气去夹杂　　　　　　　　(B)脱除硫和磷

(C)脱氧　　　　　　　　　　　　　　(D)合金化及升温

197.直流电炉与交流电炉在冶炼工艺上比较主要的不同点包括(　　)。

(A)脱碳　　　　　(B)脱磷　　　　　(C)脱气　　　　　(D)脱硫

198.炉外精炼常用的搅拌方式有(　　)。

(A)机械搅拌　　　　(B)人工搅拌　　　　(C)气体搅拌　　　　(D)电磁搅拌

199.电弧炉低压配电设备主要由(　　)等组成。

(A)动力柜　　　　(B)配电柜　　　　(C)程序控制柜　　　　(D)主操作台

200.电弧炉高压供电系统主要由(　　)等组成。

(A)高压进线柜　　　　　　　　　　　(B)真空开关柜

(C)过电压保护柜　　　　　　　　　　(D)高压隔离开关

201.关于电炉停、送电时,开关操作顺序正确的是(　　)。

(A)送电时先合上隔离开关,后合上断路器

(B)送电时先合上断路器,后合上隔离开关

(C)停电时先断开断路器,后断开隔离开关

(D)停电时先断开隔离开关,后断开断路器

202.下列四组铁合金中,不能相邻堆放的是(　　)。

(A)高碳锰铁和硅锰铁　　　　　　　　(B)高碳铬铁和低碳铬铁

(C)钼铁和镍铁　　　　　　　　　　　(D)硅铁和锰铁

203.目前,电炉炼钢使用的电极主要有(　　)。

(A)石墨电极　　　　　　　　　　　　(B)碳素电极

(C)抗氧化电极　　　　　　　　　　　(D)高功率-超高功率电极

204.影响石墨电极消耗的主要因素是(　　)。

(A)电流大小　　　　　　　　　　　　(B)通电时间

(C)用氧情况　　　　　　　　　　　　(D)炉渣的硬度和化学成分

205.吹氧助熔的方法主要有(　　)。

(A)吹氧管插到炉底部位吹氧提温　　　(B)切割法

(C)渣面上吹氧　　　　　　　　　　　(D)先吹熔池的冷区废钢

206.下列属于熔化期氧来源的是(　　)。

(A)炉料表面的铁锈　　(B)炉气　　　　(C)矿石　　　　(D)为了助熔引入的氧

207.下列物质对钢液脱磷不利的是(　　)。

(A)FeO　　　　　(B)CaO　　　　　(C)Cr　　　　　(D)Mn

208.下列材料中即可作为脱氧剂,又可作为合金剂的是(　　)。

(A)钼铁　　　　　(B)电解镍　　　　(C)硅铁　　　　(D)锰铁

209.下列说法中,可引起电极折断的是(　　)。

(A)氧化期电流偏大　　　　　　　　　(B)氧化期电压偏大

(C)小炉盖和电极的对中情况不好　　　(D)冶炼过程中的大塌料

210. 从脱磷的角度考虑,熔化渣必须具有一定的(　　　)。
(A)还原性　　　　　　(B)氧化性　　　　　　(C)碱度　　　　　　(D)渣量

211. 脱硫、脱磷对炉渣要求的相同点有(　　　)。
(A)大渣量　　　　　　(B)高碱度　　　　　　(C)良好流动性　　　(D)高温度

212. 脱硫、脱磷对炉渣要求的不同点有(　　　)。
(A)炉渣流动性　　　　(B)温度　　　　　　　(C)氧化性　　　　　(D)碱度

213. 氧化剂法脱碳操作要点有(　　　)。
(A)高温　　　　　　　(B)薄渣　　　　　　　(C)分批加矿　　　　(D)均匀激烈的沸腾

214. 脱硫反应速度与(　　　)等有关。
(A)原始硫含量　　　　(B)渣钢接触面积　　　(C)渣层厚度　　　　(D)反应温度

215. 对熔池中还原渣脱硫的影响因素有(　　　)。
(A)熔渣碱度　　　　　　　　　　　　　　　(B)渣中 FeO 含量
(C)温度　　　　　　　　　　　　　　　　　(D)渣钢界面面积及渣量

四、判 断 题

1. 铸造控制文件既是进行生产技术准备和科学管理的依据,又是工厂工艺技术经验的结晶。(　　　)

2. 在编制铸造工艺之前,首先要了解铸件的性能。(　　　)

3. 铸造控制文件的形式是唯一的。(　　　)

4. 控制计划随着测量系统和控制方法的改进,需要重新制定。(　　　)

5. 过程特性仅能在其发生时才能测量出来。(　　　)

6. 对于每一个产品特性,只能有一个过程特性。(　　　)

7. 一个过程特性可能影响整个产品特性。(　　　)

8. 为了达到过程控制的有效性,应不断评价控制方法。(　　　)

9. 铸件的结构只能满足使用性能和机械加工要求就行。(　　　)

10. 同一平面(或者曲面)上设计有不同壁厚时,应采用逐渐过渡的连接形式。(　　　)

11. 铸件在浇注位置有较大的水平面应设计成倾斜辐板。(　　　)

12. 分型面数量的减少能减少砂箱数量,但不能保证铸件的尺寸精度。(　　　)

13. 灰铸铁可以铸造各种薄壁、形状复杂的铸件。(　　　)

14. 对于既受拉又受压的灰铸铁铸件应使其大截面受压,小截面受拉。(　　　)

15. 球墨铸铁收缩率及形成内应力的倾向较灰铸铁小。(　　　)

16. 铸钢件要尽量避免有薄而长的水平壁结构。(　　　)

17. 不同的造型工艺,型砂常温性能检测项目不同。(　　　)

18. 水温对含泥量测定精度没有影响。(　　　)

19. 将沉淀后的型砂烘干后置于干燥器中,冷却至室温时称重,按公式 $X = (m_1 - m_2)/m_1 \times 100\%$ 计算含泥量。(　　　)

20. 型砂激热试验,由窥视孔中观察到并用秒表记下试样的起皮、脱落的时间,即是型砂激热性能。(　　　)

21. 试验高压造型用型砂时,制试样所施加的压力应高于高压造型时所选用的比压。(　　　)

22. 型砂激热试验,当试样 V 形角端部脱落或开裂下垂 1 mm 时,按停秒表。( )

23. 型砂热湿拉强度试验时量程旋钮旋至小量程刻度范围。( )

24. 型砂热湿拉强度试验时,观察型砂试样断面,如果断面呈凸形,则应适当缩短加热时间。( )

25. 对于大量生产的湿型砂的日常检验,一般是在送砂皮带上或造型工作位置上,每隔 1～5 车取样一次。( )

26. 为了获得最高的透气性,膨润土所需的水分比普通黏土低。( )

27. 原砂砂子越细或越不均匀,湿压强度越低。( )

28. 发气量与浇注温度有关,浇注温度越高,发气量越大。( )

29. 型砂的发气性应尽可能大。( )

30. 水玻璃砂硬化强度主要取决于水玻璃的模数、浓度和加入量等参数。( )

31. 型砂强度的测定可以在摆锤式、杠杆式或液压式等万能强度试验仪上进行。( )

32. 圆形砂的流动性比尖角形或多角形砂的流动性好。( )

33. 膨润土随水分变化时型砂的流动性变化比普通黏土小。( )

34. 型砂强度较低是铸件产生砂眼的主要原因。( )

35. 夹砂缺陷往往产生在下型的情况比上型的多。( )

36. 湿型铸造比干型或表面干型铸造更容易出现夹砂缺陷。( )

37. 当型砂芯砂中水分、煤粉和有机物的含量较少时型砂芯砂的发气量就比较多( )

38. 磷不但严重降低铸铁的韧性,还增大球墨铸铁的缩松倾向。( )

39. 蠕墨铸铁的含锰量一般取 $W_{Mn}=0.4\%～0.6\%$,对铁素体蠕墨铸铁应取低值,对于珠光体蠕墨铸铁可取高值。( )

40. 在冲天炉熔炼条件下,硫含量可比在感应电炉熔炼条件下适当高些。( )

41. 硅在钢中是有益的元素。( )

42. 适宜的含锰量应根据钢的含硫量而定,要求 $W_{Mn}/W_S<1.71$。( )

43. 在一般情况下高锰钢中含磷量比其他钢种低。( )

44. 不同的孕育剂对孕育效果的影响不同,迟后孕育比包内孕育小。( )

45. 大块浮硅孕育使铸件含硅量波动范围较大。( )

46. 随流孕育适用于自动流水线大量生产。( )

47. 炉料的尺寸应该根据坩埚的尺寸来考虑,原则是使炉料能装的紧密。( )

48. 炉料加入后,即可通电使熔体和熔料自上而下地慢慢加热和熔化。( )

49. 碱性电弧炉氧化法炼钢中,锰铁应在良好的白渣下还原 15 min 后加入。( )

50. 因为灰铸铁成分接近共晶成分,故具有良好的流动性。( )

51. 碳钢的体积总收缩,随钢中含碳量的提高而增加。( )

52. 当浇注温度一定时,铸铁的液态收缩率随含碳量的增加而增大。( )

53. 化学成分对灰铸铁组织的影响,主要是化学元素对石墨化的影响。( )

54. 熔炼铁水时,加入硅铁、锰铁等铁合金的主要作用,是调节铸铁的化学成分。( )

55. 白口铸铁的碳当量较灰铸铁高。( )

56. 孕育铸铁的组织是在致密的珠光体基体上,均匀地分布着细小的片状石墨。( )

57. 对加入炉内的铁合金的技术要求是成分合格、干燥洁净、块度合适。( )

58. 冲天炉的炉身、风箱及烟道等用钢板焊成。(　　)

59. 石灰石与焦炭中的灰分和侵蚀的炉衬结合成低熔点的熔渣。(　　)

60. 电弧炉熔炼是利用电弧产生的热量来熔化炉料和提高钢液温度。(　　)

61. 倾斜电炉出渣、出钢,出渣倾斜量小一些,出钢倾斜量大一些。(　　)

62. 电弧炉炉体的作用是容纳炉料并确保熔炼过程在其中正常进行。(　　)

63. 炉渣中的碳起脱硫作用,石灰则起脱氧作用。(　　)

64. 钢液在良好的白渣下还原的时间一般应不少于 25 min～30 min。(　　)

65. 插铝法和冲铝法两种脱氧方法以插铝法效果较好。(　　)

66. 中频炉绝缘层是为了感应器间的隔热。(　　)

67. 小型中频炉一般不用炉盖。(　　)

68. 设备初期运行时应特别注意测量工作中各可控硅的正反向电压。(　　)

69. 故障修理主要是针对发生故障的零部件进行拆卸、检查、调整、更换或修复。(　　)

70. 简单的小型芯可不用芯骨。(　　)

71. 在芯盒设计中,优先选用螺母紧固式定位销。(　　)

72. 定位销定位段的长度可根据型芯起模困难部分的高度进行选择。(　　)

73. 批量生产的热芯盒、壳芯盒及冷芯盒则常用木材来制造。(　　)

74. 由于树脂砂发气量大,箱壁上的出气孔宜小而多,便于迅速排气。(　　)

75. 热芯盒法用芯盒分型面及其他配合面应开排气塞。(　　)

76. 活砂造型只适合单件生产。(　　)

77. 复杂铸件应采用分体铸造,简单小铸件可采用整体铸造。(　　)

78. 单件生产的大型铸件,常采用地坑造型。(　　)

79. 形状简单、高度较低和具有较大斜度的砂芯通常采用脱落式芯盒制造。(　　)

80. 整个芯盒结构可以分为主体结构和外围结构两部分。(　　)

81. 震实砂型时,震击次数越多越好,砂型越紧实。(　　)

82. 串联式造型生产线是将造型机组垂直于铸型输送机布置的。(　　)

83. 高压造型工艺简单,易于实现自动化造型,生产率高。(　　)

84. 造型生产线上的辅机,是完成填砂、紧实和起模主要工序以外的辅助工作所用的设备。(　　)

85. 劈模造型适合于高大铸件的造型。(　　)

86. 组芯造型中型芯只能用来形成铸件的内部空腔。(　　)

87. 为避免砂型塌箱,要求砂型中心紧实度比四周高。(　　)

88. 高压造型主要应用于大批量生产产品单一的制造行业。(　　)

89. 型砂斗向定量斗加砂,空砂箱纵向进,型砂纵向出。(　　)

90. 有箱射压造型,特别适用于批量较大、简单的中小型铸件生产。(　　)

91. 计算出的灰铸铁浇注时间还要用铸型中金属液面的上升速度来检验。(　　)

92. 铸件壁越薄、形状越复杂、流速系数 μ 就越小。(　　)

93. 可锻铸铁浇注系统一般横浇道置于上砂箱,内浇道置于下砂箱。(　　)

94. 球墨铸铁内浇道的最小截面积小于灰铸铁。(　　)

95. 为了防止锡青铜氧化,应尽量采用蛇形浇道。(　　)

96. 冒口应尽量放在铸件最高最厚的地方。（　　）

97. 铸件结构形状不一样,其散热表面积也不一样。（　　）

98. 模数越小,凝固时间就越短。（　　）

99. 补贴的作用是实现铸件定向凝固,增加冒口的补缩距离。（　　）

100. 一般干型浇注时,只要铸型刚度大,灰铸铁冒口的有效补缩距离可达冒口直径的 6～8 倍。（　　）

101. 球墨铸铁件冒口的补缩距离通常要比灰铸铁件冒口的补缩距离大。（　　）

102. 用模数法确定冒口尺寸时,应满足铸件的模数大于冒口的模数,否则冒口不能发挥补缩作用。（　　）

103. 使用发热冒口制造铸钢阀体,可以提高铸件工艺出品率。（　　）

104. 冒口的形状,直接影响它的补缩效果,在相同体积下,冒口的散热表面越小,凝固时间越长,则冒口的补缩效果越好。（　　）

105. 外冷铁主要用于铸件壁厚在 100 mm 以上的部位,如铸件壁太薄,则起不到应有的激冷作用。（　　）

106. 外冷铁通常是在内冷铁激冷效果不够时才用,而且多用于厚大要求不高的铸件。（　　）

107. 内冷铁使用时为砂型的组成部分,不与铸件熔接,可以回收重复使用。（　　）

108. 由于内冷铁要和铸件熔接在一起,故要求其材质应与铸件材质相同或相适应。如铸钢件和铸铁件,一般采用低碳钢材质的内冷铁。（　　）

109. 铸件的凝固方式,主要取决于合金凝固区域温度的宽度。（　　）

110. 铸铁的化学成分、浇注温度相同,缩孔情况则完全相同。（　　）

111. 对表面层要求有一定致密度或硬度的铸件,常采用冷铁进行控制其凝固过程。（　　）

112. 铸钢件一般用铸铁作冷铁。（　　）

113. 热节肥厚部分与周围铸件壁之间的比例必须小于某种程度,才能用外冷铁来加以解决。（　　）

114. 冷豆是化学成分与铸件不同的金属珠。（　　）

115. 渣气孔多在机械加工或表面处理时被发现。（　　）

116. 毛刺常出现在型和芯的裂缝处,形状极不规则。（　　）

117. 出现冲砂时,往往在铸件其他部位形成砂眼。（　　）

118. 外渗物(外渗豆)是铸件表面渗出来的金属物,其化学成分与铸件金属相同。（　　）

119. 缩沉其特征为铸件断面尺寸缩小。（　　）

120. 在砂型和砂芯中加入退让性好的附加材料,如锯木屑等可以防止铸件产生热裂。（　　）

121. 减少铸型的机械阻力,对防止铸件产生冷裂没有影响。（　　）

122. 为防止产生渣气孔,熔炼铜合金时加磷铜脱氧去渣。（　　）

123. 采用底注工艺,也是防止铸件产生渣气孔的有效方法。（　　）

124. 偏芯主要是由于型芯在分型面处错开,铸件孔腔变形。（　　）

125. 表面针孔在机械加工后即可去掉。（　　）

126. 显微气孔是弥散性气孔与缩孔和缩松合并而成的孔洞类铸造缺陷。（　　）

127. 石墨粗大会降低硬度和强度,加工面呈灰黑色。（　　）

128. 巨晶是由于浇注温度高,凝固慢引起的。（　　）

129. 过程中有随机原因产生的随机误差,其频率分布是没有规律的。(　)

130. 铸件质量控制首先在于提高工艺过程精度。(　)

131. 铸件质量计划应从影响铸件形成过程的主要工艺参数进行控制,包括对工艺标准、工装设备、检测方法和检测手段以及操作者的资格提出控制要求。(　)

132. 缩孔和缩松对铸件质量的影响,主要是降低其力学性能和气密性。(　)

133. 外观质量是指铸件表面状态及其达到用户要求的程度。(　)

134. 铸件的尺寸偏差属于铸件的外观质量。(　)

135. 不管工艺过程中的工序和作用特点、性质如何的不同,检验规程都是相同的。(　)

136. 力学性能、金相组织、化学成分之间的关系是成分影响组织,而组织又直接影响到力学性能。(　)

137. 石墨是碳的一种结晶形态,其本身的强度和塑性非常低。(　)

138. 铸铁石墨化第一阶段,即从共晶结晶至共析结晶,又称第一次结晶阶段。(　)

139. 当铸件壁较薄时,为防止出现白口或麻口,必须降低灰铸铁中 C、Si 的含量。(　)

140. 要得到珠光体基灰铸铁,必须相应地降低铸铁中 C、Si 的含量。(　)

141. 共晶度是指铸铁的共晶 W_c 与实际 W_c 之比值。(　)

142. 铸铁的组织由金属基体和石墨组成。(　)

143. 增加共晶团数会增加白口倾向。(　)

144. 当石墨形成封闭的网络时则铸铁的力学性能最低。(　)

145. 抛丸清理与普通清理滚筒清理相比较,具有生产率高、动力消耗少、劳动强度低、清理质量好的优点。(　)

146. 清理滚筒转速越大,清理效率越好。(　)

147. 铸钢热处理炉内的温度应能达到 950 ℃,铸铁件热处理炉内的温度应能达到 1 100 ℃ 左右。(　)

148. 用空气进行渗漏试验,容易发现缺陷,也比较安全,故应当比较普遍。(　)

149. 超声波探伤能确定缺陷的真实形状和体积。(　)

150. 机件的尺寸,一般只标注一次,并应标注在反映该结构最清晰的图形上。(　)

151. 线性尺寸的数字一般应注写在尺寸线的上方,也允许注写在尺寸线的中断处。(　)

152. 判断标注球面的直径或半径时,应在符号 ϕ 或 R 前再加注符号 B。(　)

153. 对于非配合尺寸,只标基本尺寸,不标注极限偏差。(　)

154. 装配图中序号应按水平或垂直、顺时针或逆时针方向顺次排列整齐。(　)

155. $\sqrt{}^{Ra\,3.2}$ 表示用去除材料方法获得的表面结构,Ra 的上限值为 3.2 μm。(　)

156. 用比较样块的对比方法评定铸造表面结构时,样块应与铸件的合金和工艺方法相同,凭视觉或触觉对比被检的铸造表面。(　)

157. ZG230-450 锰的上限值最高可至 1.00%。(　)

158. 半径为 2 cm 的球体,其表面积为 50.24 cm^2。(　)

159. 渐开线齿轮传动具有中心距可分离的优越性。(　)

160. 气压传动具有反应灵敏、动作迅速的特点,适用于驱动振动机构,是液压系统不能替代的。(   )

161. 半导体即是导电性能介于导体和绝缘体之间的物质。(   )

162. 随着电力电子、计算机以及自动控制技术的飞速发展,直流调速大有取代传统的交流调速的趋势。(   )

163. 液态金属的黏滞性虽然影响金属中气体的排除,但对铸件质量没有影响。(   )

164. 原子间结合力大的物质,熔点高,表面张力也大。(   )

165. 铸铁中磷量增加,可以提高流动性,因此工业生产中常常添加磷来提高液态金属流动性。(   )

166. 质量改进是质量管理的一部分,致力于增强满足质量要求的能力。(   )

167. 最高管理者应按策划的时间间隔评审质量管理体系,以确保其持续的适宜性、充分性和有效性。(   )

168. QC 小组必须坚持一切为用户服务;一切以预防为主;一切用数据说话;一切按 PDCA 循环办事。(   )

169. 企业质量目标和质量方针具有一致性,企业质量目标是质量方针的具体体现。(   )

170. 牌号 ZAlCu4 和代号 ZL203 表示的是同一种铸造铝合金。(   )

171. ZL301 是铸造铝铜合金的代号。(   )

172. 碱性电炉炼钢过程中造碱性炉渣,不能脱硫和脱磷。(   )

173. 混砂机是砂处理系统中的核心设备,型砂混制质量的好坏与混砂机有很大关系。(   )

174. 冲天炉的炉壁效应使炉壁附近的炉气流量小、流速低。(   )

175. 溢流阀是控制流量的部件,可将多余油溢回油箱,保证系统流量稳定。(   )

176. 运转中密封容积不断变化的液压泵都是变量泵。(   )

177. 造型设备有机械传动的,有气动的,还有液压传动的,对机械传动的着重要注意润滑,气动和液压传动的着重要注意密封。(   )

178. 全部是由陶瓷型浆料灌注而成的铸型是复合陶瓷铸型。(   )

179. 陶瓷型铸型主要用于铸造中、大型厚壁精密铸件,如热锻模、冲模、金属型和热芯盒等。(   )

180. 为防止陶瓷型收缩变形,形成大裂纹,起模后要立即点火喷烧陶瓷型,使酒精燃烧,均匀地挥发。(   )

181. 低压铸造浇注过程中,金属液面到浇道口的高度将随坩埚中金属液面的下降而减小。(   )

182. 低压铸造时,如果保压时间不够,铸件未完全凝固就卸压,则型腔中的金属液就会全部或部分回流到坩埚中,造成铸件报废。(   )

183. 低压铸造时,如果用湿砂型浇注厚壁铸件,充型速度应快些。(   )

184. 低压铸造的浇注温度,在保证铸件成形的前提下,应尽量高些。(   )

185. 低压铸造设备中的升液管的出口面积应小于铸件热节面积。(   )

186. 发生电气故障失火时,应先切断电源,使用四氯化碳或二氧化碳灭火器灭

火。（　　）

187. 手电钻、电风扇等移动式电气设备的金属外壳,都必须有专用的接零导线。（　　）

188. 从业人员有权对本单位安全生产工作中存在的问题提出批评、检举、控告;有权拒绝违章指挥和强令冒险作业。（　　）

189. 危险源是指可能造成人员伤害或疾病、财产损失、工作环境破坏或这些情况的组合的根源或状态。（　　）

190. 违反环境保护法规定,造成重大环境污染事故,导致公私财产重大损失或者人身伤亡的严重后果的,对所有责任人员依法追究刑事责任。（　　）

191. 人口、粮食、能源、土地和环境是当今世界人类面临的五大问题。（　　）

192. 炉渣的几个定性定量指标有氧化性、流动性、碱度。（　　）

193. 炉渣过稠或过稀均可能造成钢水增碳。（　　）

194. 炉渣对钢中各种元素的氧化能力主要取决于渣中 FeO 的活度。（　　）

195. 渣中的含氧量必须比钢中的含氧量更高,才能保证炉渣的强氧化性。（　　）

196. 一般情况下,熔渣的电导率随着黏度的增大而增大。（　　）

197. 炉渣的硫容量是随着炉渣的碱度提高而减小。（　　）

198. 在炼钢过程中,如果炉渣氧化性强则能加速氧化过程。（　　）

199. 直流电弧炉炼钢工艺与交流电弧炉相同。（　　）

200. 直流电弧炉也采用三相电极。（　　）

201. 直流电弧炉不需要附加电磁搅拌装置。（　　）

202. 直接还原铁的金属化率在 90% 左右。（　　）

203. 普通电弧炉使用的石灰块度要求为 20 mm～80 mm。（　　）

204. 钢液中加入铁合金的目的是为了脱碳。（　　）

205. 入炉合金烘烤与否关系不大。（　　）

206. 在电炉炼钢过程中,可以利用氧化剂的氧化作用搅动熔池和去除钢中的气体以及磷等有害杂质。（　　）

207. 氩气是惰性气体,故不溶于钢液。（　　）

208. 水冷炉壁的基本特征是将特制的水冷块或蛇形管或耐火材料和金属的复合构件放入炉壁中,使炉壁持久耐用。（　　）

209. 炼钢原材料硅含量超标会提前熔池的沸腾时间。（　　）

210. 电炉配碳高会使钢铁料的吹损增加,金属收得率降低。（　　）

211. 由于铁合金中含有磷,故低合金钢炉料磷量控制应更严格。（　　）

212. 所有合金都不能随炉料装炉。（　　）

213. 炉料差,相应脱碳量应大些。（　　）

214. 在熔化期锰的氧化比硅少。（　　）

215. 一般情况下,氧化期中 Al、Ti、Si 三种元素都能全部氧化。（　　）

216. 在一般情况下,气体在钢液中的溶解度随温度的升高而减小,被高温电弧分解出的氢和氮会因温度的升高而在钢液中溶解量减小。（　　）

217. 钢液中含有硅锰等元素,对钢液脱磷有利。（　　）

218. 钢液温度增高,所有脱氧元素的脱氧能力均提高。（　　　）

219. 钢液中原始硫含量增加,脱硫速度减小。（　　　）

220. 脱硫反应是一个不大的吸热反应,因此提高熔池温度有利于脱硫。（　　　）

221. 提高扒渣温度有利于脱硫反应的进行。（　　　）

222. 在湿型砂铸造条件下,终脱氧加铝量应略多一些。（　　　）

223. 钢渣分出出钢时间较长,扒渣操作的劳动条件较差。（　　　）

224. 钢渣混出出钢时间较短,免去了扒渣操作,劳动条件较好。（　　　）

225. 电炉炼钢取样的目的就是帮助工人掌握某一时刻钢液的温度和化学成分,以便对操作起指导作用。（　　　）

五、简答题

1. 控制铸件凝固的方法有哪些?

2. 铸件在铸型中收缩时,受到哪几种阻力?

3. 影响冷裂形成的因素有哪些?

4. 防止铸件产生热裂的措施有哪些?

5. 铸件结构的工艺性分析对铸件质量起何作用?

6. 什么叫灰铸铁的碳当量?

7. 灰铸铁冷凝时,为什么有"自实"作用?

8. 球墨铸铁的硫含量为什么越低越好?

9. 锰在铸造碳钢中起到什么有益作用?

10. 冲天炉熔炼过程中为什么要造渣?

11. 炼钢过程中,炉渣的作用是什么?

12. 钢液的脱磷条件是什么?

13. 铸造生产中应用较广的是哪几种树脂砂?

14. 浇注温度对铸件的质量有哪些影响?

15. 热处理炉主要由哪些部分组成?

16. 什么是水玻璃的模数,如何提高水玻璃的模数?

17. 铸造工艺装备是指什么?

18. 树脂砂的工艺性能有哪些?

19. 影响合金流动性的因素有哪些?

20. 根据石墨的形态对铸铁进行分类。

21. 砂芯设计的主要内容有哪些?

22. 砂型铸造按黏结剂不同可分为哪几类?

23. 什么是型砂的强度? 它包括哪几种?

24. 编制控制文件有哪些基本要求?

25. 铸件为什么要避免水平位置有较大平面?

26. 模板造型有什么优越性?

27. 热芯盒的设计内容主要包括哪些?

28. 多箱造型有何优缺点?

29. 什么叫组芯造型？
30. 高压造型有何优点？
31. 射压造型有何优点？
32. 热芯盒制芯法主要优点是什么？
33. 什么叫造型生产线？
34. 造型生产线上常用哪些辅机？
35. 铸型输送机是如何分类的？
36. 提高冒口补缩效率的途径有哪些？
37. 砂处理所需要的主要工艺设备有哪些？
38. 确定砂芯形状及个数的基本原则是什么？
39. 顶注式浇注系统的特点是什么？
40. 设计阶梯式浇注系统要掌握的原则是什么？
41. 大平板铸件的浇注系统如何布置？
42. 决定冒口数量的因素有哪些？
43. 用模数法计算冒口的步骤有哪些？
44. 冒口设计计算的一般步骤是什么？
45. 计算冒口尺寸的原则是什么？
46. 灰铁铸件冒口的特点是什么？
47. 发热冒口为什么采用直筒形的形状最好？
48. 保温冒口的作用是什么？
49. 保温冒口常用的制作材料有哪些？
50. 影响均匀壁铸件垂直补贴厚度的因素有哪些？
51. 两箱车板造型时，如何用出气冒口定位合型？
52. 根据部颁标准规定，铸件缺陷分哪几大类？
53. 侵入性气孔的形成条件是什么？
54. 质量体系的活动模式一般有哪些步骤？
55. 铸件的外观质量包括哪些内容？
56. 铸件缺陷的无损检验方法常用的有哪几种？
57. 定向凝固有什么优缺点？
58. 灰铸铁进行热处理的目的是什么？
59. 碳钢铸件进行热处理的目的是什么？
60. 碳钢铸件的热处理方法有哪些？（至少3种）
61. 气冲造型的主要特点是什么？
62. 普通清理滚筒的工作原理是什么？
63. 按照铸件生产工序，主要的铸造设备分哪几大类？
64. 什么是低压铸造？
65. 简述陶瓷型铸造特点。
66. 简述陶瓷型铸造的工艺过程。
67. 简述低压铸造的特点。

68. 什么是人的不安全行为？

69.《环境保护法》的五项基本原则是什么？

70. 我国《环境保护法》规定的环境保护方针是什么？

71. 为什么电炉炼钢时会发生导电不良的现象？

72. 为什么说石墨电极是炼钢过程中最好的电极材料？

73. 为什么氧化期末应控制钢液含碳量低于成品的含碳量？

74. 为什么综合氧化法需要"先矿后氧"的操作方法？

75. 为什么有时氧化后期的炉渣会变得黏稠？

76. 为什么要控制炉渣的流动性？

77. 对铁矿石有什么要求？

78. 为什么钢包底和迎钢面的工作层要加厚？

79. 钼在钢中有什么作用？

80. 什么叫二次氧化？

81. 一炉钢水质量估计为 40t，钢液含 Mn 量为 0.35%，加锰计算含锰量为 0.6%，实际分析含锰量为 0.55%，求钢液实际质量。

82. 脱氧的任务是什么？

83. 简述钢液的脱氧原理。

84. 什么是综合脱氧法？

六、综合题

1. 横浇道挡渣作用得以实现的条件是什么？

2. 某铸钢厂月生产铸件 125 t，浇冒口占铸件质量的 38%，试计算该月的工艺出品率。

3. 一合金的成分为 C＝3.12%，Si＝1.74%，Mn＝0.87%，P＝0.060%，S＝0.040%，它的碳当量为多少？

4. 有一铸铁件在浇注位置时的高度为 400 mm，它的浇注时间为 40 s，试求浇注时型腔内金属液面的平均上升速度。

5. 根据图 3 所示铸型装配图，计算该铸铁件的平均压力头高度。

6. 一灰铸铁件质量为 81 kg，计算浇注时间的因数取 1.85，试求浇注时间。

7. 一灰铸铁件质量为 900 kg，计算浇注时间的因数取 1.66，铸件主要壁厚为 30 mm，试求浇注时间。

8. 质量为 12.1 t 的重型灰铸铁件，计算浇注时间的因数取 1.89，试求浇注时间。

9. 一铸钢件毛坯质量为 2 600 kg，铸件高度为 520 mm，用一漏包浇注，底注孔直径为 ϕ80 mm，钢液流量值为 150 kg/s，钢液上升速度应大于 25 mm/s，试计算内浇道总截面积和钢液在型腔内的上升速度。（$\sum A_{孔}$ ：$\sum A_{内}$＝1：2）

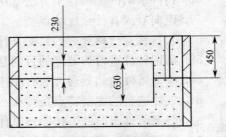

图 3 （图中尺寸单位：mm）

10. 有一铸钢件的热节圆直径 T＝150 mm，如按 D＝(1.3～2.0)T 的比例关系确定冒口直径 D，试问该铸件所设最大和最小冒口的直径。

11. 已知某铸铁件浇注质量为 250 kg，采用顶注式浇注系统，其各组元截面积比为 $A_内$：$A_横$：$A_直$＝1：1.1：1.2，浇注时间为 16 s，阻力系数 μ 为 0.41，上型高度为 250 mm，试求浇注系统各组元截面积总值 $A_内$、$A_横$、$A_直$。

12. 有甲乙两个铸件的体积相等，均为 2 100 cm³，而甲铸件的表面积为 1 050 cm²，乙铸件的模数为 2.1 cm，试比较哪一个铸件冷却较快。

13. 同径三通管如图 4 所示，材料为 KTH300-06，轴向收缩率为 0.9%，径向收缩率为 0.6%，计算确定模样内、外径及长度尺寸。

14. 35#钢珠光体转变前的收缩为 1.47%，共析转变前的膨胀为 0.11%，珠光体转变后的收缩为 1.04%，凝固收缩为 3%，液态收缩为 3.4%，试计算其线收缩率和总收缩率。

15. 有一铸铁件，其浇注质量为 800 kg，平均壁厚为 10 mm，中等复杂程度，若采用干型底注式浇注系统，铸件高度为 40 cm，内浇道至外浇口液面高度为 56 cm，阻力系数 μ 为 0.48，浇注时间因数 S_1 取 2，试求内浇道截面积总值 $A_内$。

16. 图 5 所示双法兰铸钢件，上、下法兰均需设冒口补缩，试计算铸件上、下法兰处模数。

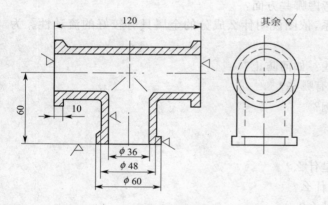
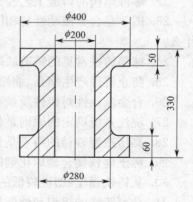

图 4 （图中尺寸单位：mm）　　　　图 5 双法兰铸钢件(图中尺寸单位：mm)

17. 某零件的外径为 φ250 mm，零件材料为 HT250，线收缩率为 1%，现采用铝合金制造金属模，铝合金的线收缩率取 1.3%，试计算铝模样和母模样的尺寸。（加工余量均取 4 mm）

18. 将表 1 中列出的各种冒口形状、体积、表面积和模数算出并填入表内，指出哪一种冒口补缩效果好。

表 1

冒口尺寸(cm)	φ10×20	8.9×8.9×20	15×5.3×20
冒口形状			
表面积(cm²)			
体积(cm³)			
模数(cm)			

19. 图 6 是一 T 字形铸件，试在该图上画出由热应力引起的弯曲变形。

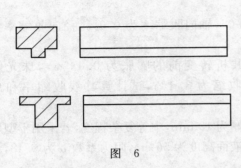

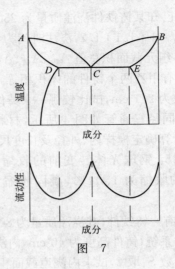

　　　　　　　　　图　6　　　　　　　　　　　　　　　　图　7

20. 阐述铝合金和铝合金浇注系统的特点。

21. 简要回答造型生产线按造型机的布置形式。

22. 零件结构的铸造工艺性分析要考虑哪些方面?

23. 图 7 是合金流动性与相图的关系,依图说明什么成分的金属具有较好的流动性。为什么?

24. 球墨铸铁常见的铸造缺陷有哪些? 如何防止?

25. 防止铸件产生缩孔、缩松的方法有哪些?

26. 合金流动性对铸件质量有何影响?

27. 浇注系统确定的原则是什么?

28. 高压造型砂箱的特点是什么?

29. 稀土硅铁镁合金球化剂的特点是什么?

30. 灰铸铁强度、塑性较低的原因是什么?

31. 孕育铸铁的组织和性能特点是什么?

32. 铸件的化学粘砂是如何形成的?

33. 床身类铸件要求最高的部位是导轨面,可采取哪些措施保证导轨面的质量要求?

34. 在生产铸件的过程中,为什么说冷铁具有激冷作用?

35. 如何实现球墨铸铁的无冒口铸造?

36. 氧化期脱碳为什么可以去除钢中气体?

37. 氧化期脱碳为什么可以去除钢中夹杂物?

38. 扩散脱氧的原理是什么?

39. 氧对钢的质量有何影响?

40. 还原期碳高如何处理,如何预防?

铸造工(高级工)答案

一、填空题

1. 铸造工艺图　　2. 铸件图　　3. 铸钢　　4. 10
5. 增加铸件壁厚　　6. 凹入　　7. 黏土砂　　8. 分型负数
9. 成分　　10. 结构特点　　11. 冒口　　12. 固态收缩
13. 珠光体转变后　　14. 收缩　　15. 相变应力　　16. 收缩应力
17. 铸造应力　　18. 施放预变形量　　19. 冷却较慢　　20. 铸钢件
21. 搓揉　　22. 溃散性　　23. 快速法　　24. 旋转摇晃式洗砂机
25. 耐火度　　26. 吸蓝量　　27. 圆柱　　28. 高
29. 相变膨胀　　30. 火成岩　　31. 特种砂　　32. 钠膨润土
33. 干强度　　34. 无色　　35. 流动性　　36. 固化速度
37. 气孔　　38. 砂型(芯)　　39. 调节组织　　40. 设置冒口补缩
41. 强度和塑性　　42. 耐磨性　　43. 石墨化元素　　44. 补加孕育剂
45. 黑心可锻铸铁　　46. 石墨化退火　　47. 耐磨性　　48. 4.5%～4.7%
49. 炉前快速金相检验法　　50. 0.4%～1.0%　　51. 20%～25%
52. 熔渣　　53. 黏度　　54. 扩散脱氧法　　55. 热脆性
56. 出钢温度　　57. 黏度　　58. 石墨　　59. 裂纹
60. 综合力学性能　　61. 氟化钙　　62. 水冷装置　　63. 还原期
64. 熔化　　65. 共晶　　66. 红松　　67. 装配式模板
68. 单面模板　　69. 脱落式　　70. 保证铸件质量　　71. 刮板造型
72. 砂箱　　73. 上面　　74. 沿轴线移动　　75. 安放芯撑
76. 排气　　77. 铸型部分　　78. 高　　79. 集砂槽
80. 活块　　81. 脱落式　　82. 芯盒刚度　　83. 蝶形螺母铰链
84. 铸造工艺分析　　85. 封闭式　　86. 牵引链条　　87. 单件
88. 砂处理　　89. 混砂机　　90. 干法　　91. 旧砂再生处理
92. 砂温调节　　93. 圆形　　94. 并联式　　95. 震压或震实
96. 高压造型机　　97. 抛砂机　　98. 漏斗　　99. 倒圆锥
100. 充满　　101. 集渣式　　102. 挡渣　　103. 垂直
104. 内浇道　　105. 浇注系统　　106. 越弱　　107. 6～10
108. 8　　109. 7　　110. 冒口模数大于铸件模数
111. 烟道灰　　112. 补缩通道　　113. 凝固速度　　114. $H_p = H_0 - \dfrac{C}{8}$
115. 半封闭式　　116. 铸钢件　　117. 公式计算法　　118. 组织

119. 反应性气孔　120. 水分　121. 过低　122. 热

123. 同时　124. 内渗物　125. 化学成分　126. 缩孔

127. 磷　128. 玻璃　129. 矿石　130. 晶内

131. 白口　132. 使用质量　133. 强度　134. 表面

135. 材料　136. 致密性　137. 炉前快速　138. 磁粉

139. 旧砂再生　140. 生产批量　141. 尺寸公差　142. 质量要求

143. 浇注温度　144. 反射　145. 高压水束　146. 冲击

147. 压缩空气　148. 氧化皮　149. 细实线　150. 3-ϕ4 深 5

151. 平行　152. 过盈　153. 签字区　154. 表面粗糙度

155. 右上角　156. 0.60%　157. 0.30%　158. 392 MPa

159. 抗压强度　160. 硅酸钠　161. 黏结剂　162. 8 cm^2

163. 轮系　164. 串联电路　165. 整流　166. 交流电

167. 化合反应　168. 质量　169. 铝硅　170. 导热

171. 间歇式　172. 司气阀　173. 滚筒类　174. 工艺要求

175. 液压系统　176. 降压　177. 陶瓷型铸造　178. 表面脱碳

179. 流动性　180. 水玻璃　181. 耐火材料　182. 陶瓷浆料

183. 2 250 N/mm^2　184. 自下而上　185. 36 V　186. 控制程序

187. "零事故"　188. 环境保护行政主管　189. 有益

190. 服务　191. 内部传热　192. 炉料　193. 转变温度

194. 固相线　195. 高　196. 增大　197. 间接氧化

198. 形态　199. 物理能　200. 磁铁矿　201. Fe_3O_4

202. 穿炉事故　203. 输入功率　204. 成分　205. 1.0%

206. 炉渣和钢液　207. 碳　208. 0.6%/h～1.8%/h

209. 碱度　210. [Mn]+[O]=(MnO)

211. 2[Al]+3[O]=(Al_2O_3)　212. 脱氧　213. 高碱度

214. 增碳　215. 扒除炉渣　216. 氧化去磷　217. 钢渣分出

二、单项选择题

1. C　2. A　3. D　4. A　5. D　6. A　7. A　8. B　9. A

10. D　11. C　12. C　13. B　14. A　15. C　16. A　17. C　18. A

19. A　20. C　21. C　22. C　23. D　24. A　25. B　26. A　27. B

28. D　29. A　30. D　31. B　32. C　33. A　34. D　35. B　36. A

37. B　38. C　39. B　40. D　41. B　42. A　43. B　44. D　45. C

46. A　47. A　48. B　49. D　50. C　51. C　52. C　53. B　54. B

55. B　56. A　57. C　58. B　59. D　60. D　61. B　62. D　63. A

64. C　65. B　66. B　67. C　68. D　69. A　70. B　71. A　72. C

73. A　74. C　75. D　76. B　77. B　78. D　79. B　80. A　81. B

82. A　83. C　84. A　85. D　86. C　87. C　88. B　89. D　90. B

91. D　92. C　93. B　94. B　95. B　96. D　97. C　98. A　99. C

100. C	101. A	102. C	103. B	104. C	105. B	106. A	107. B	108. A
109. C	110. A	111. B	112. B	113. D	114. A	115. D	116. B	117. D
118. C	119. B	120. B	121. B	122. A	123. C	124. B	125. A	126. A
127. B	128. B	129. A	130. C	131. A	132. B	133. A	134. A	135. D
136. C	137. B	138. A	139. B	140. C	141. C	142. B	143. D	144. A
145. A	146. C	147. A	148. B	149. A	150. B	151. D	152. B	153. C
154. A	155. B	156. C	157. A	158. B	159. A	160. B	161. A	162. C
163. C	164. B	165. A	166. B	167. B	168. A	169. D	170. C	171. D
172. B	173. B	174. D	175. A	176. C	177. A	178. C	179. C	180. C
181. B	182. C	183. D	184. D	185. A	186. A	187. D	188. D	189. C
190. C	191. B	192. B	193. B	194. A	195. A	196. C	197. B	198. C
199. C	200. C	201. D	202. C	203. B	204. B	205. C	206. D	207. C
208. B	209. C	210. B	211. B	212. D	213. A	214. A	215. B	216. C
217. D	218. D	219. A	220. B	221. C	222. D			

三、多选题

1. ABCD	2. ABD	3. BCDEF	4. ACD	5. ABC	6. ABC	
7. ABCDEF	8. ABCD	9. ABC	10. ACD	11. AB	12. AB	13. ABCD
14. ACD	15. ABCD	16. BD	17. AD	18. ACD	19. BC	20. BCD
21. ABD	22. ABCD	23. ABCD	24. AD	25. BCD	26. ACD	27. CD
28. ABCD	29. ABD	30. BC	31. ABCD	32. BCD	33. ABCD	34. BD
35. AC	36. ABC	37. BC	38. AD	39. ABCD	40. ACD	41. AB
42. BCD	43. AB	44. BCD	45. ABC	46. AD	47. ABCD	48. ABCD
49. BCD	50. BD	51. CD	52. AD	53. BCD	54. CD	55. ABC
56. ABD	57. BD	58. AB	59. AB	60. ACD	61. ABCD	62. BCD
63. ABC	64. BCD	65. BCD	66. AD	67. ABC	68. BCD	69. BC
70. ACD	71. CD	72. AD	73. BD	74. ABCD	75. BD	76. BCD
77. ACD	78. AB	79. ABD	80. ACD	81. BCD	82. ABD	83. AD
84. ACD	85. ABCD	86. BC	87. AB	88. CD	89. ABCDE	90. BCD
91. CD	92. ABD	93. BC	94. ABC	95. BC	96. ABCD	97. ACD
98. ABCD	99. ABCD	100. ABCD	101. AB	102. ABCD	103. AD	104. BD
105. ABD	106. AC	107. BCD	108. ACD	109. ABCD	110. AC	111. BCD
112. AD	113. CD	114. ABC	115. AD	116. AB	117. ACD	118. BCD
119. ACD	120. ABCD	121. ABD	122. ABD	123. AC	124. BC	125. ABCD
126. AD	127. BCD	128. AC	129. ABD	130. BCD	131. BCD	132. ABC
133. BCD	134. AC	135. ABD	136. ABCD	137. AC	138. BC	139. BCD
140. ABD	141. ABCD	142. ACD	143. ABC	144. BD	145. CD	146. BC
147. ABCD	148. ABCD	149. AB	150. ABC	151. ABCD	152. AD	153. ABCD
154. ABCD	155. ABCD	156. ABCD	157. ABCD	158. ABC	159. ABCD	160. ABCD

161. ABC	162. ABC	163. ABCD	164. ABC	165. AB	166. ABC	167. ACD
168. ABCD	169. ABD	170. AB	171. AD	172. ABCD	173. AB	174. AC
175. ABCD	176. BCD	177. AC	178. ACD	179. ABCD	180. ABCD	181. ABCD
182. ABCD	183. ABC	184. ABCD	185. ABC	186. ABCD	187. ABCD	188. ABC
189. BCD	190. ABC	191. ABC	192. ABCD	193. ABC	194. ABCD	195. ABCD
196. ABCD	197. ABC	198. ACD	199. ABCD	200. ABCD	201. AC	202. AB
203. ABCD	204. ABCD	205. BCD	206. ABCD	207. CD	208. CD	209. CD
210、BCD	211. ABC	212. BC	213. ABCD	214. ABCD	215. ABCD	

四、判　断　题

1. √	2. ×	3. ×	4. √	5. √	6. ×	7. √	8. √	9. ×
10. √	11. √	12. ×	13. √	14. ×	15. ×	16. √	17. √	18. ×
19. √	20. √	21. ×	22. √	23. √	24. ×	25. ×	26. √	27. ×
28. √	29. ×	30. √	31. √	32. √	33. ×	34. √	35. ×	36. √
37. ×	38. √	39. √	40. √	41. √	42. ×	43. √	44. √	45. √
46. ×	47. √	48. ×	49. ×	50. √	51. √	52. √	53. √	54. √
55. ×	56. √	57. √	58. √	59. √	60. √	61. √	62. √	63. ×
64. √	65. √	66. ×	67. √	68. √	69. √	70. √	71. √	72. √
73. √	74. √	75. ×	76. √	77. √	78. √	79. ×	80. √	81. ×
82. √	83. √	84. √	85. √	86. ×	87. ×	88. √	89. √	90. ×
91. √	92. √	93. √	94. ×	95. ×	96. √	97. √	98. √	99. √
100. √	101. ×	102. ×	103. √	104. √	105. ×	106. √	107. √	108. √
109. √	110. ×	111. √	112. √	113. √	114. ×	115. ×	116. √	117. √
118. ×	119. ×	120. √	121. ×	122. √	123. √	124. ×	125. √	126. ×
127. √	128. √	129. ×	130. √	131. √	132. √	133. √	134. √	135. ×
136. √	137. √	138. ×	139. √	140. √	141. ×	142. √	143. ×	144. √
145. √	146. √	147. √	148. √	149. √	150. √	151. √	152. √	153. √
154. √	155. √	156. √	157. ×	158. √	159. √	160. √	161. √	162. ×
163. ×	164. √	165. ×	166. √	167. √	168. √	169. √	170. √	171. √
172. ×	173. √	174. ×	175. √	176. ×	177. √	178. ×	179. √	180. √
181. √	182. √	183. ×	184. √	185. √	186. √	187. √	188. √	189. √
190. ×	191. √	192. √	193. √	194. √	195. √	196. √	197. √	198. √
199. √	200. ×	201. √	202. √	203. √	204. ×	205. ×	206. √	207. √
208. √	209. ×	210. ×	211. √	212. √	213. √	214. √	215. √	216. ×
217. ×	218. ×	219. ×	220. √	221. √	222. √	223. √	224. √	225. √

五、简答题

1. 答:(1)正确布置浇注系统的引入位置,控制浇注温度、浇注速度和铸件浇注位置(2分);(2)采用冒口及冷铁(1分);(3)改变铸件结构(1分);(4)采用具有不同蓄热系数的造型材料(1分)。

2. 答:铸件在铸型中收缩时受到的阻力有:铸件表面的摩擦力(2分)、热阻力(1分)和机械阻力(2分)。

3. 答:影响冷裂形成的因素有:铸件结构(1分);合金的成分(1分);熔炼质量(1分);合金的组织(1分)和可塑性(1分)等。

4. 答:防止铸件产生热裂的措施是(1):提高铸型的退让性(1分);(2)增加易裂处的抗裂能力(1分);(3)改进铸件结构(1分);(4)编制合理的铸造工艺(2分)等。

5. 答:有两个方面的作用:一是审查零件结构是否能满足铸造生产的工艺要求(2分)。二是在既定的结构条件下,考虑到铸造过程中可能出现的主要缺陷,在工艺设计中采取相应的工艺措施加以防止(3分)。

6. 答:为了综合考虑碳和硅的影响,通常将硅量折合成相当的碳量,它与实际碳量之和称为碳当量(1分)。在共晶成分附近,硅促进石墨化的能力,与碳比较为含硅量的1/3(1分),故碳当量为:$C_E = C + \frac{1}{3}(Si + P)$(2分),式中 C、Si 和 P 分别为碳、硅、磷的百分含量(1分)。

7. 答:灰铸铁碳量足够高时(1分),在凝固后期将发生体积膨胀现象(1分),这种膨胀作用在铸件内部产生很大的压力(1分),使尚未凝固的液体,能对凝固收缩而形成的孔洞进行填充(2分),故灰铸铁有"自实"作用。

8. 答:硫是球墨铸铁中的有害元素(1分)。硫极易与球化剂化合生成硫化物(1分)。因此,原铁水中硫含量越多,球化剂消耗越大,球化效果越差(1分)。硫与球化剂生成的硫化物容易造成铸件夹渣、皮下气孔等缺陷(2分),所以球铁中的含硫量越低越好。

9. 答:锰在铸造碳钢中起到的有益作用有:(1)提高钢的力学性能(1分);(2)减少钢中含氧量(2分);(3)减弱硫的有害作用(2分)。

10. 答:冲天炉内焦炭燃烧,冶金反应,热量交换等(1分),都会带入各种各样的杂质(1分),这些杂质的化学成分比较复杂,熔点较高(1分),残存在铁水中,使铁水黏度增加,流动性变坏,影响铸件质量(2分)。因此,熔化过程中必须进行造渣,以便清除这些杂质。

11. 答:(1)收集和清除钢液中的杂质(1分);(2)去除钢液中的有害元素磷和硫(1分);(3)控制钢液的氧化和还原(1分);(4)保护钢液不被大量氧化(1分);(5)避免钢液大幅度降温(1分)。

12. 答:钢液脱磷的条件是高碱度、强氧化性的炉渣(2分),较大的渣量(1分)和较低的温度(2分)。

13. 答:铸造生产中应用较广的树脂砂有:热法覆膜树脂砂(1分)、热芯盒树脂砂(1分)、冷芯盒树脂砂(1分)、呋喃树脂砂(1分)及呋喃树脂自硬砂(1分)。

14. 答:浇注温度的高低对铸件的质量影响很大(1分)。温度过高,会使铸件的缩孔增大、晶粒变粗等(2分);温度过低,流动性变差,容易产生冷隔、浇不足和气孔等缺陷(2分)。

15. 答:热处理炉主要由炉体(0.5分)、台车(0.5分)、烟囱(1分)、鼓风机(1分)、烧嘴(1分)、测量系统(1分)等部分组成。

16. 答:水玻璃模数是水玻璃(硅酸钠)中二氧化硅与氧化钠的摩尔数之比(2分)。提高水玻璃模数可加入 HCl、NH_4Cl 等,以中和部分 Na_2O,从而相对提高 SiO_2 的含量(3分)。

17. 答:铸造工艺装备是指铸件生产过程中所用的各种模具、工夹量具等的总称(3分)。

主要指:模样、芯盒、浇冒口模、砂箱、芯骨、金属型、烘芯板、定位销套(1分)以及造型、下芯用的夹具、样板、磨具和量具等(1分)。

18. 答:树脂砂的工艺性能有:强度(0.5分)、表面稳定性(1分)、透气性(0.5分)、发气量(0.5分)与灼减量(1分)、高温强度(1分)、溃散性(0.5分)等。

19. 答:影响合金流动性的因素有金属的性质(2分)、铸型特点(1分)、浇注条件(1分)和铸件结构(1分)等四个方面的因素。

20. 答:根据石墨的形态,铸铁可分为灰口铸铁(1分)、白口铸铁(1分)、球墨铸铁(1分)、可锻铸铁(1分)和蠕墨铸铁(1分)。

21. 答:主要包括确定砂芯的形状(1分)和个数(砂芯分块)(1分),芯头结构(1分)、砂芯的通气(1分)和加固(1分)等问题。

22. 答:砂型铸造按黏结剂不同可分为:黏土砂型(2分)、化学黏结剂砂型(2分)和无黏结剂砂型(1分)。

23. 答:型砂强度就是型砂试样抵抗外力破坏的能力(2分)。它包括湿强度(1分)、干强度(1分)和热强度(1分)。

24. 答:编制控制文件的基本要求有:(1)熟悉图样要求(2分);(2)了解生产条件(2分);(3)确定控制文件的形式(1分)。

25. 答:铸件浇注时,如果型内有较大的水平型腔,当液态金属上升到该位置时,由于断面扩大(1分),上升速度减慢(1分),金属液较长时间烘烤顶部型面(1分),易造成夹砂等缺陷(1分)。同时,也不利于非金属夹杂物和气体的排除(1分)。因此,尽可能设计成倾斜壁。

26. 答:采用模板造型,能简化造型操作(2分),提高铸件质量(2分)和劳动生产率(1分)。

27. 答:热芯盒设计的主要内容包括:材料的选择(1分),芯盒结构的确定(1分),射砂口的位置和形式(1分),定位和出芯的结构和方式(1分),加热方式和热源选择等(1分)。

28. 答:多箱造型的优点是:便于春砂,起模,开设浇口等(3分)。缺点是:(1)容易错型,使铸件尺寸精度不够(1分);(2)生产率低,适用于单件小批量生产(1分)。

29. 答:用若干块型芯(2分)组合成铸型(2分)的造型方法(1分)称为组芯造型。

30. 答:高压造型与一般造型工艺相比的优点是:铸件尺寸精度高和表面粗糙度低(2分),生产率高,噪声小,灰尘少(2分),易于实现机械化和自动化等(1分)。

31. 答:射压造型的优点:铸件质量高(1分),无震击噪声(1分),劳动条件好(1分),对厂房建筑及设备基础要求低(1分),易于实现自动化(1分)。

32. 答:热芯盒制芯的主要优点是:用射砂紧实及快速硬化制芯,生产率高(1分),砂芯尺寸精度高(1分),表面光洁(1分),砂芯强度高,不用芯骨(0.5分),溃散性好,便于清理(0.5分),适用于制作形状复杂的砂芯(0.5分),操作方便,劳动强度低(0.5分)。

33. 答:将铸造工艺流程(1分)中的各种设备用铸型输送机或辊道连接起来(1分),并采用适当的控制方法(2分),组成的机械化或自动化造型系统(1分)叫造型生产线。

34. 答:造型生产线上常用的辅机有:翻箱机(1分)、合箱机(1分)、落箱机(1分)、压铁机(1分)、铸型推出机(0.5分)、小车清扫机(0.5分)。

35. 答:铸型输送机分类如下:

按运输特征:连续式、脉冲式、间歇式。(2分)

按安装形式:水平式、垂直式、倾斜式、悬挂式。(2分)

按布置形式:封闭式、开放式。(1分)

36. 答:提高冒口补缩效率的途径:提高冒口内金属液的补缩压力(1分),延缓冒口的凝固时间(1分);合理使用补贴(1分)、冷铁(1分)等控制铸件凝固的各种工艺措施(1分)等。

37. 答:砂处理过程所需的主要工艺设备有:破碎设备(1分)、磁分设备(1分)、过筛设备(1分)、定量设备(0.5分)、松砂设备(0.5分)、新砂烘干设备(1分)等。

38. 答:总的原则是:造型、下芯方便(1分),铸件内腔尺寸准确(1分),能避免铸件产生气孔等缺陷(0.5分),芯盒结构简单,春砂起模方便(1分),砂芯放置平稳,不易变形(1分),浇注后便于清砂等(0.5分)。

39. 答:对铸型底部冲击力大(1分),金属液容易产生紊流、飞溅、氧化(1分);能使铸件自下而上定向凝固,有利于冒口补缩(1分);充型性好,浇注系统结构简单,造型操作方便(1分),能降低金属消耗(1分)。

40. 答:设计阶梯式浇注系统要掌握的原则:浇注时(1分),分配直浇道在最上层内浇道工作以前不应充满(2分),其中金属液的有效压头应小于两层内浇道之间的距离(2分)。

41. 答:大平板铸件的浇注系统是根据低温快浇、减少温差、减轻热应力的原则布置(2分),采用开放式、多内浇道,均布在铸件四周(1分)。直浇道横浇道也应根据浇道浇包容量选取数量(1分)。在各个交叉筋处设置冒口(1分)。

42. 答:冒口数量主要决定于铸件结构特点(1.5分)和技术要求(1.5分),对存在分散缺陷而不影响使用的铸件可只设出气、集渣冒口(1分),对厚壁或致密要求高的铸件,则必须按冒口的补缩距离决定冒口的数量(1分)。

43. 答:计算铸件的模数(1分);根据铸件的模数,求出对应部位的冒口模数(1分);确定铸件金属的体收缩率(1分);确定冒口的具体形状和尺寸(1分);根据冒口的有效补缩范围,校核冒口的数目(0.5分);根据公式校核冒口的最大补缩能力(0.5分)。

44. 答:冒口设计计算的一般步骤:(1)确定冒口的安放位置(1分);(2)初步确定冒口的数目(1分);(3)划分每个冒口的补缩区域(1分),选择冒口的类型(1分);(4)计算冒口的具体尺寸(1分)。

45. 答:计算冒口尺寸的原则是保证冒口比铸件凝固的晚(2分),而且有足够的金属液补缩铸件(2分),在确保铸件质量的前提下,尽量降低金属消耗(1分)。

46. 答:灰铸铁件的冒口主要作用是排气,而不是补缩(3分)。但对于高牌号灰铸铁,因碳硅含量低,石墨化不完全,故在铸件热节处仍需设置冒口补缩(2分)。

47. 答:发热冒口以采用直筒形为宜,因为发热套的外形可做成带斜度的,套壁的厚度上端大于下端(1分),因此,既方便于铸型中固定(1分),又使冒口上端的反应热较高,利于加热冒口上端的钢液(2分),而且直筒形冒口顶面的散热较之常用的普通冒口的散热面积小(1分),这些都有利于延长冒口的凝固时间。

48. 答:保温冒口的作用是在保证冒口具有足够的补缩作用的同时,把不直接发生补缩作用的金属液减小到最低限度(2分)。使用保温冒口能大大提高工艺出品率(1分),节约金属熔化和切割费用(1分),减少能源和材料消耗(1分)。

49. 答:保温冒口常用的制作材料有膨胀珍珠岩(1分)、烟道灰(1分)或电厂灰(1分)、铝钒土(1分)、矾土水泥(1分)等。

50. 答:影响补贴厚度的因素有铸件的厚度(1.5分)和高度(1.5分)。当铸件壁厚一定时,补贴厚度随铸件高度的增加而增加(1分)。当铸件高度一定时,壁厚越小,所需补贴厚度越大(1分)。

51. 答:出气口(冒口)合型,就是在上型轮缘的地方(1分),均匀地做出4个下部宽度等于轮缘厚度的扁出气口(冒口)(2分)。合型时,如果通过4个孔都看不到下型的分型面(1分),即表示上、下型合型正确(1分)。

52. 答:铸件缺陷分为八大类:(1)多肉类(1分);(2)孔洞类(1分);(3)裂纹和冷隔类(0.5分);(4)表面缺陷类(0.5分);(5)残缺类(0.5分);(6)形状及重量差错类(0.5分);(7)夹杂类(0.5分);(8)性能、成分和组织不合格类(0.5分)。

53. 答:铸型浇注后,在金属液未凝固前,聚集在砂型表层孔隙中气体满足下列条件:$P_气 > P_静 + P_阻 + P_型$(3分)。即在砂型型腔表面某点的气体压力大于金属液的静压力,金属液表面张力对气体侵入的阻力,金属液面上的型腔剩余压力之和(2分),就能形成侵入性气孔。

54. 答:质量体系的活动模式的步骤一般分为P(计划)(2分)、D(实施)(1分)、C(检查)(1分)、A(处理)(1分)。

55. 答:铸件的外观质量包括铸件的表面缺陷(1分),形状偏差(1分),尺寸偏差(1分),表面粗糙度(1分),重量偏差(1分)等。

56. 答:目前,用于铸件无损检验的方法很多,最常用的是磁粉探伤(1分),荧光探伤(1分),超声波探伤(1分),射线探伤(1分)和渗漏试验(1分)等。

57. 答:定向凝固的优点是:冒口补缩作用好(1分),铸件内部组织致密(1分)缺点是:铸件各部分温差大(1分),容易在铸件过渡部分产生热裂(0.5分),凝固后也容易产生应力和变形(0.5分),工艺出品率低(0.5分),冒口切除耗费工时(0.5分)。

58. 答:灰铸铁进行热处理的目的:(1)进行时效处理,消除铸造应力(2分);(2)进行退火,消除自由渗碳体或降低硬度改善加工性能(2分);(3)进行淬火和回火,提高铸件硬度和耐磨性。(1分)

59. 答:碳钢铸件进行热处理的目的是细化晶粒(2分)、改善组织(1分)、消除铸造应力(1分)及提高力学性能(1分)。

60. 答:碳钢铸件的热处理方法有完全退火(2分)、正火(1分)及正火加回火(2分)。(3种及3种以上满分)

61. 答:砂型紧实性好,强度分布合理(1分);砂型硬度高,分布均匀(1分);设备机构简单,运动部件少,工作噪声低,运行费用少(2分);对型砂性能要求较高(0.5分);适用性较广,铸钢、铸铁、非铁合金件均可采用(0.5分)。

62. 答:其工作原理是利用装在滚筒中的铸件和星形铁,在与滚筒一起旋转时,相互碰撞和摩擦,从而使铸件表面粘砂或氧化皮去除(3分)。星形铁用白口铁制成,大小约为20~65 mm,其加入量为铸件重量的20%~30%(2分)。

63. 答:铸造设备按照铸件的生产工序可分为:(1)砂处理设备(1分);(2)造型和制芯设备(1分);(3)熔炼设备(1分);(4)落砂及清理设备(0.5分);(5)热处理设备(0.5分);(6)起重运输设备(0.5分)及其他辅助设备(0.5分)。(以上答案未按顺序书写扣1分)

64. 答:所谓低压铸造就是将铸型安放在密封的坩埚上方,坩埚中通入压缩空气(1分),在熔池表面形成低压力(一般为60~150 kPa)(2分),使金属液通过升液管充填铸型和控制凝固的铸造方法(2分)。

65. 答:(1)陶瓷型铸件尺寸精度高,表面光洁(2分)。(2)陶瓷型铸造可以铸出大型精密铸件(1.5分)。(3)陶瓷型铸造投资少,生产准备周期短、投产快(1.5分)。

66. 答:陶瓷型铸造的工艺过程为:准备母模(1分)→制造砂套(1分)→灌浆(1分)→起模和喷烧(1分)→焙烧与浇注(1分)。(答案中顺序错误的项点不得分)

67. 答:(1)低压铸造充型平稳(1分)。(2)铸件成型性好(1分)。(3)铸件组织致密(2分)。(4)提高铸件的成品率(1分)。

68. 答:人的不安全行为可能是:本不应做而做了某件事(2分);本不应该这样做(应该用其他方式做)而这样做的某件事(1.5分);也可以是应该做某件事却没做成(1.5分)。

69. 答:(1)经济发展与环境保护相协调的原则(1分);(2)预防为主,防治结合,综合治理的原则(1分);(3)谁开发谁保护的原则(1分);(4)谁污染谁治理的原则(1分);(5)奖励与惩罚相结合的原则(1分)。

70. 答:全面规划(1分),合理布局(1分),综合利用(0.5分),化害为利(0.5分),依靠群众(0.5分),大家动手(0.5分),保护环境(0.5分),造福人民(0.5分)。

71. 答:(1)有时炉料上混有不易导电的耐火材料、炉渣等(2分)。(2)炉料装的空隙太大,彼此接触不良(2分)。(3)由于电极升降架机械故障电极被卡住,造成电极不能下降(1分)。

72. 答:石墨电极具有高的熔点,良好的导电性(1分);高的强度(1分);氧化生成CO、CO_2气体,不会污染钢液(1分);可调的密度,可将抗热震性调到最佳(1分);价格低,易加工(1分)。

73. 答:由于炼钢的还原期中加入的铁合金含有碳,会使钢液增碳(2分);还原期炉渣中炭粉(碳化硅粉)和电石也会使钢液增碳(2分);电极也会增碳(1分)。

74. 答:先加矿能使钢水沸腾比较均匀且范围较广,有利于去除钢中气体和夹杂物(2分);同时,该过程要吸收大量的热量,有利于去磷(1分);后期吹氧,薄渣脱碳,脱碳和升温均较快(2分)。

75. 答:氧化后期当渣量少时,强电弧侵蚀了炉墙、渣线,使炉渣中氧化镁量增加了,因此炉渣黏稠(2分)。在炉龄后期,在氧化期加矿吹氧造成钢液沸腾有可能将炉底侵蚀,增加炉渣中的氧化镁,也使炉渣变黏稠(3分)。

76. 答:炉渣过粘,易使钢水裸露,吸气多,且电弧不稳定,渣钢反应减慢,对去S、P等杂质不利(3分)。炉渣过稀,电弧光反射很强,钢水加热条件差,炉衬侵蚀厉害(2分)。

77. 答:要求铁矿石中铁的含量高,SiO_2含量低,含磷、硫低(2分)。块度要适当,使它容易穿过钢渣,直接与钢液接触,加速氧化(2分)。使用前烘烤干燥,去除水分(1分)。

78. 答:钢包在使用过程中,耐火材料受到高温钢水的冲刷以及炉渣的侵蚀而损坏,而包底、包壁迎钢面部位出钢时受钢流的直接冲蚀,损坏较其他部位更严重(4分)。为了提高钢包的寿命,减少修、砌的次数,这些部位的工作层要加厚(1分)。

79. 答:(1)强化铁素体,提高钢的强度和硬度(2分)。(2)降低钢的临界冷却速度,提高钢的淬透性(2分)。(3)提高钢的耐热性和高温强度,是热强钢中的重要合金元素(1分)。

80. 答:在出钢和浇注过程中,钢液与空气中氧、氮作用,生成氧化物、氮化物等夹杂,这种现象称为二次氧化(5分)。

81. 答:实际钢液质量$=40\times\dfrac{0.60\%-0.35\%}{0.55\%-0.35\%}=50(t)$

答：实际钢液质量为 50 t（5 分）。

82. 答：（1）按钢种要求降低钢液中溶解的氧（2 分）。（2）排除脱氧过程中产生的大部分脱氧产物（2 分）。（3）控制残留夹杂物的形态和分布（1 分）。

83. 答：选用和氧亲和力大于铁的元素，加入钢液内部或者和钢液接触以后，这些脱氧元素和钢液中的氧化铁发生还原反应，形成氧化物排出钢液的过程（5 分）。

84. 答：沉淀脱氧和扩散脱氧都有各自的优、缺点。为了充分发挥沉淀脱氧反应快和扩散脱氧中脱氧不沾污钢液的优点，往往将两种脱氧方法结合起来使用，即综合脱氧（5 分）。

六、综合题

1. 答：横浇道必须是充满状态（2 分）；液流的流动速度宜低于杂质的上浮速度（2 分）；液流的紊流搅拌作用要尽量小（2 分）；应使杂质有足够的时间上浮到金属液顶面；（2 分）内浇道和横浇道应有正确的相对位置（2 分）。

2. 解：

$$工艺出品率 = \frac{125}{125 \times (1 + 38\%)} \times 100\% = 72.5\%$$

（计算式 5 分，结果 5 分）

答：该月的工艺出品率为 72.5%。

3. 解：

$$C_E = \frac{1}{3}(Si + P) + C = \frac{1}{3}(1.74\% + 0.060\%) + 3.12\% = 3.72\%$$

（公式 4 分，计算式 3 分，结果 3 分）

答：碳当量为 3.72%。

4. 解：已知 $h_c = 400$ mm，$t = 40$ s，则 $v = h_c/t = 400/40 = 10$（mm/s）

（公式 4 分，计算式 3 分，结果 3 分）

答：金属液面在型腔内的平均上升速度为 10 mm/s。

5. 解：已知 $h_0 = 450$ mm，$h_c = 630$ mm，$h_n = 230$ mm，则

$$h_p = h_0 - \frac{h_n^2}{2h_c} = 45 - \frac{23^2}{2 \times 63} = 40.8 \text{(cm)}$$

答：该铸件的平均压力头高度为 40.8 cm。

（公式 4 分，计算式 3 分，结果 3 分）

6. 解：已知 $m = 81$ kg，$S = 1.85$，则

$$t = S\sqrt{m} = 1.85\sqrt{81} = 16.65 \approx 17\text{(s)}$$

答：该铸件的浇注时间约为 17 s。

（公式 4 分，计算式 3 分，结果 3 分）

7. 解：已知 $m = 900$ kg，$d = 30$ mm，$S_1 = 1.66$，则

$$t = S_1\sqrt[3]{dm} = 1.66 \times \sqrt[3]{30 \times 900} = 49.8\text{(s)}$$

（公式 4 分，计算式 3 分，结果 3 分）

答：该铸件的浇注时间为 49.8 s。

8. 解：已知 $m = 12\ 100$ kg，$S_2 = 1.89$，则

$t=S_2\sqrt{m}=1.89\sqrt{12\ 100}\approx208(s)$

（公式 4 分，计算式 3 分，结果 3 分）

答：该重型灰铸铁件的浇注时间约为 208 s。

9. 解：已知：$m=2\ 600\ \text{kg}$，$h=520\ \text{mm}$，$d=80\ \text{mm}$，$q=150\ \text{kg/s}$

（1）计算浇注时间：底注孔数量为一个，则

$t=\dfrac{m}{nq}=\dfrac{2\ 600}{1\times150}=17.35(s)$

（公式 1 分，计算式 1 分，结果 1 分）

（2）计算钢液在型腔内上升速度

$v=h/t=520/17.3=30\ \text{mm/s}$，计算值大于 25 mm/s 的上升速度，故符合要求。（2 分）

（3）计算包孔总截面积

$\sum A_{孔}=\dfrac{\pi}{4}d^2=\dfrac{3.14}{4}\times8^2=50(\text{cm}^2)$

（公式 1 分，计算式 1 分，结果 1 分）

（4）计算内浇道总截面积

$\sum A_{内}=\sum A_{孔}\times2=50\times2=100(\text{cm}^2)$

（计算式 1 分，结果 1 分）

答：内浇道总截面积为 100 cm²，钢水在型腔内的上升速度是 30 mm/s。

10. 解：

$D_{最大}=150\times2=300(\text{mm})$

（计算式 3 分，结果 2 分）

$D_{最小}=150\times1.3=195(\text{mm})$

（计算式 3 分，结果 2 分）

答：最大冒口直径为 300 mm，最小冒口直径为 195 mm。

11. 解：已知 $m=250\ \text{kg}$，$t=16\ \text{s}$，$\mu=0.41$，$h_0=25\ \text{cm}$

因为浇注系统是顶注式：$h_p=h_0=25\ \text{cm}$

$\sum A_{内}=\dfrac{m}{0.31\mu t\sqrt{h_p}}=\dfrac{250}{0.31\times0.41\times16\sqrt{25}}=24.6(\text{cm}^2)$

（公式 2 分，计算式 2 分，结果 2 分）

$\sum A_{横}=\sum A_{内}\times1.1=24.6\times1.1=27.1(\text{cm}^2)$

（计算式 1 分，结果 1 分）

$\sum A_{直}=\sum A_{内}\times1.2=24.6\times1.2=29.15(\text{cm}^2)$

（计算式 1 分，结果 1 分）

答：$\sum A_{内}$ 为 24.6 cm²，$\sum A_{横}$ 为 27.1 cm²，$\sum A_{直}$ 为 29.5 cm²。

12. 解：

$M_{甲}=\dfrac{V}{A}=\dfrac{2\ 100}{1\ 050}=2(\text{cm})$

$M_{乙}=2.1\ \text{cm}$

（公式 4 分，计算式 2 分，结果 2 分）

答：甲铸件模数较小，故冷却较快(2分)。

13. 解：已知总长为 120 mm，内径为 36 mm，外径为 60 mm，轴向收缩率为 0.9%，径向收缩率为 0.6%，则

长度尺寸$=120\times(1+\varepsilon_{轴})=120\times(1+0.9\%)\approx121(mm)$(计算式 2 分，结果 2 分)

内径$=36\times(1+\varepsilon_{径})=36\times(1+0.6\%)\approx36(mm)$(计算式 2 分，结果 1 分)

外径$=60\times(1+\varepsilon_{径})=60\times(1+0.6\%)\approx60(mm)$(计算式 2 分，结果 1 分)

答：模样内径约为 36 mm，外径约为 60 mm，长度约为 121 mm。

14. 解：(1)计算线收缩率：$\varepsilon_L=\varepsilon_{珠前}-\varepsilon_{vr\rightarrow a}+\varepsilon_{珠后}=1.47\%-0.11\%+1.04\%=2.4\%$(计算式 3 分，结果 3 分)

(2)计算总收缩率：$\varepsilon_{v总}=\varepsilon_{v液}+\varepsilon_{v凝}+\varepsilon_L=3.4\%+3\%+2.4\%=8.8\%$(计算式 2 分，结果 2 分)

答：35 号钢的线收缩率为 2.4%，体积总收缩率为 8.8%。

15. 解：已知 $m=800$ kg，$h_c=40$ cm，$h_0=56$ cm，$\mu=0.48$，$S_1=2$，$d=10$ mm，则

$h_p=h_0-h_c/2=56-40/2=36(cm)$

$t=S_1\sqrt[3]{d\cdot m}=2\times\sqrt[3]{10\times800}=40(s)$

(公式 2 分，计算式 2 分，结果 1 分)

$A_{内}=\dfrac{m}{0.31\mu\cdot t\sqrt{h_p}}=\dfrac{800}{0.31\times0.48\times40\sqrt{36}}=22.4(cm^2)$

(公式 2 分，计算式 2 分，结果 1 分)

答：内浇道截面积总值为 22.4 cm²。

16. 解：(1)求上法兰处模数

已知 $a=5$ cm，$b=10$ cm，$d=4$ cm，则

$M_{上}=\dfrac{ab}{2(a+b)-d}=\dfrac{5\times10}{2\times(5+10)-4}=2.08(cm)$

(公式 2 分，计算式 2 分，结果 1 分)

(2)求下法兰处模数

已知 $a=6$ cm，$b=10$ cm，$d=4$ cm，则

$M_{下}=\dfrac{ab}{2(a+b)-d}=\dfrac{6\times10}{2\times(6+10)-4}=2.14(cm)$

(公式 2 分，计算式 2 分，结果 1 分)

答：上法兰处模数为 2.08cm，下法兰处模数为 2.14 cm。

17. 解：零件的外径 $L_0=250$ cm，加工余量 $L_1=2\times4=8(mm)$(计算式 1 分，结果 1 分)

零件材料的线收缩率 $\varepsilon=1\%$，则

金属模的尺寸 $L=(L_0+L_1)(1+\varepsilon)=(250+8)\times(1+1\%)=260.58(mm)$(公式 2 分，计算式 1 分，结果 1 分)

对母模而言，已求得最大外形尺寸为 261mm，模样材料的线收缩为 1.3%，则

$L_{母}=(L_{模}+L_{艺})(1+\varepsilon_{模材})=(261+8)\times(1+1.3\%)=272(mm)$(公式 2 分，计算式 1 分，结果 1 分)

答:铝模样的尺寸为 272 mm,母模样的尺寸为 261 mm。

18. 解:

表 1

冒口尺寸(cm)	$\phi10\times20$	$8.9\times8.9\times20$	$1.5\times5.3\times20$
冒口形状	圆柱体	正方柱体	长方柱体
表面积(cm²)	785	870	971
体积(cm³)	1 570	1 584	1 590
模数(cm)	2	1.82	1.64

(8分,每空错扣0.5分)

圆柱体冒口模数最大,补缩效果最好(2分)。

19. 解:T字形铸件由热应力引起的弯曲变形,如图1所示。

(每条线1.5分,全对10分)

20. 答:铝合金的特点是:热容量小,热导率大(2分),在流动过程中温度迅速降低,易吸气和氧化结膜(1分),且氧化膜一旦卷入铝液中就又难以上浮去除,体积收缩大,容易产生缩孔和缩松(1分)。因此铝合金铸件浇注系统,应保持充型平衡,不产生涡流、飞溅和

图1 T字形铸件弯曲变形情况

冲击(2分),浇注时间要短(1分),挡渣能力要强,并有利于补缩(1分)。所以铝合金铸件宜采用底注开放式浇注系统或垂直缝隙式浇注系统(2分)。

21. 答:按造型机的布置形式可分为串联式和并联式两大类(2分)。串联式是造型机沿铸型输送机布置的(2分),砂型从主机到合型机之间的运行方向平行或基本平行(2分)。并联式是将造型机组垂直于铸型输送机布置(2分),砂型从主机到合型机之间的运行方向和铸型输送机相垂直或成一定角度(2分)。

22. 答:零件结构的铸造工艺性分析要满足以下几方面的要求:满足铸造的最小壁厚要求(2分);零件要有铸造圆角(2分),力求壁厚均匀,避免厚大热节(2分);零件结构应能尽量避免翘曲变形(2分);零件结构应尽量简化(2分)。

23. 答:从题干图7中可以看出,A 点和 B 点的纯金属(1分),C 点共晶成分的合金(1分),都具有较好的流动性(2分),因它们是在一定温度下结晶的,有结晶间隔,已结晶的凝固层内表面较平滑,对未凝固的金属液流动阻力较小(4分),所以,A 点、B 点 C 点成分的金属具有较好的流动性(2分)。

24. 答:球墨铸铁常见的铸造缺陷及防止方法如下:

(1)缩松:由于球铁呈糊状凝固,容易在铸件最后凝固处形成缩松,可采用增加铸型刚度、设置冷铁、冒口和控制铸件定向凝固等措施防止(2分);

(2)球化不良:即球化处理未达到预期效果,要防止铁水过分氧化,注意脱硫,加入足够的球化剂等(2分);

(3)皮下气孔:要严格控制砂型中的水分,提高型砂透气性,尽量降低镁的残留量(2分);

(4)夹渣:降低原铁水中的含硫量和残留镁量,使杂质上浮并去除(2分);

(5)石墨飘浮:在铸件银白色断口上,夹有一层清晰而密集的黑斑,它是一种比重偏析,主要是根据铸件壁厚严格控制碳当量,并可适当降低浇注温度或配置冷铁等来防止(2分)。

25.答:铸件壁厚应尽可能地均匀,避免壁厚突变和厚大断面(2分);铸件应按定向凝固的原则,(2分)采取充分补缩的工艺措施,如合理安置冒口、采用冷铁、补贴等工艺措施(2分);正确选择铸件的浇注位置(2分);严格控制砂型、砂芯的紧实度,保证铸型有足够的刚度(2分)。

26.答:合金的流动性对铸件质量影响,主要表面在以下三个方面:

(1)流动性好的铸造合金,容易获得尺寸准确,轮廓清晰的铸件(3分)。

(2)流动性好的铸造合金,能使铸件在凝固期间内产生的缩孔得到液态金属的补缩,以及铸件在凝固末期内因收缩受阻而出现的热裂得到液态金属的补充而弥合(4分)。

(3)良好的流动性有利于气体和非金属夹杂物上浮,提高铸件内部质量(3分)。

27.答:(1)对于收缩大的合金,铸件的厚大部分应置于浇注位置的上方,以便于安放冒口补缩(2分);(2)重要的加工面,受力部位应置于底面或侧面,以保证重要面的质量(2分);(3)铸件的大平面应放在底面或侧面,以避免形成夹砂等缺陷(2分);(4)应尽量减少砂芯数量,以减少尺寸误差(2分);(5)保证砂芯在型内安放牢固,通气顺利,合箱检验方便等(2分)。

28.答:高压造型时砂箱承受的压力要比普通机器造型大几倍(1分)。为了便于落砂和实砂,箱内取消了箱带(1分),所以设计高压造型用的砂箱时,设法提高强度和刚度,防止砂箱变形和侧壁破裂是首要问题(2分)。此外,高压造型线上都采用辊道输送砂箱,用机械手和合箱机进行翻箱和合箱,砂箱受的冲击力和磨损较大(2分),为满足上述要求,高压造型砂箱多采用球铁或铸钢(2分),并经消除应力后加工(2分)。

29.答:稀土硅铁镁合金是我国目前应用最广泛的球化剂(1分)。合金中的镁含量占7%～9%(1分)。这种合金的熔点高,球化处理反应平衡,球化剂利用率高,操作简单(2分)。稀土元素也是一种球化元素,但球化能力较弱,单独使用易形成团、片状石墨(2分)。稀土元素具有强烈的脱硫能力,并能细化基体,改善铸造性能,消除反球化元素的有害作用(2分)。因此,稀土硅铁镁合金作球化剂,综合了镁和稀土的优点,扩大了应用范围(2分)。

30.答:由于石墨的强度很低(2分),所以基体中的石墨像切口一样,一方面减少了金属基体承受载荷的有效截面积(缩减作用),使实际应力大大增加(2分)。而另一方面石墨片边缘的夹角处造成了应力集中(2分)。因此,即使灰铸铁承受较小的拉应力(1分),在其内部也能产生很大的实际应力,促使材料由局部损坏而迅速扩展,形成脆性断裂(2分)。这就是灰铸铁抗拉强度较差、塑性较低的内在原因(1分)。

31.答:孕育铸铁的组织,是在致密的珠光体基体上,均匀地分布着细小的片状石墨(2分),所以孕育铸铁的强度、耐磨性等均比普通灰铸铁高(1分)。另一特点是断面敏感性小(2分)。但减震性、缺口敏感性略低于普通灰铸铁(2分)。由于碳、硅含量低,所以流动性差,收缩较大(2分)。因此,在浇注形状复杂的大型薄壁铸件时,应有足够的收缩量,并采取必要的工艺措施,防止产生铸造缺陷(1分)。

32.答:当金属液浇入铸型后,铸件表面生成的氧化铁与砂型中的黏土和硅砂作用(2分),生成低熔点的化合物(2分),在毛细压力的作用下,渗入砂粒空隙,形成粘砂层(2分),粘砂层与铸件的连接关键在于铸件氧化物薄层的厚度(2分),当氧化物层极薄时,与低熔点化合物紧密结合,不易清除掉(2分),就形成了化学粘砂。

33.答:为了保证机床床身导轨面的质量,在确定浇注位置时,要将导轻面置于下方(2

分)。为了防止床身导轨变形,在导轨面应留反变形量(2分)。如采用低牌号铸铁(1分),应在导轨面放冷铁,加快局部冷却速度、细化晶粒(2分);采用高牌号铸铁(1分),铁液须经充分孕育处理,以便提高导轨面强度和铸态硬度(2分)。

34. 答:因为铸件的表面贴放冷铁,贴放冷铁部分的凝固速度(2分),要比邻近的截面快(2分),因此,在贴放冷铁的这个截面上,首先形成"V"形凝固前沿(2分),"V"形凝固前沿形成的温度差,等于自然末端区形成的温度差(2分)。所以冷铁可使原来几乎没有温度差存在的中间区,变为有较大温度差的激冷区(2分),故冷铁具有激冷作用。

35. 答:严格控制铁水的化学成分(2分)和进行充分的孕育(2分),保证铸型有足够的刚度(2分),按同时凝固原则设计浇注系统(2分),并使浇道在凝固阶段初期就凝结,就可以利用石墨化膨胀的自补缩能力,在没有冒口或冒口很小的情况下获得健全铸件(2分),实现球墨铸铁无冒口铸造。

36. 答:钢水中碳氧生成 CO 气泡,并在钢液中上浮。在刚生成的 CO 气泡中,并没有 H_2 和 N_2,所以气泡中氮和氢的分压力为零(2分)。这时 CO 气泡对于[H]、[N]就相当于一个真空室,溶解在钢液中的氢和氮将不断向 CO 气泡扩散,随气泡上浮而带出熔池(2分)。去气同时,高温熔体也会从炉气中吸收气体(2分),当脱碳速度不小于 0.6%/h,脱碳量达到 0.3%就可以将气体降低到一定范围(2分)。必须指出,脱碳速率过大容易造成喷溅、跑钢等事故(2分)。

37. 答:悬浮在钢液中的 SiO_2、TiO_2、Al_2O_3 等细小固体夹杂物,在氧化性的钢液中易形成 $FeO \cdot SiO_2$、$FeO \cdot TiO_2$、$FeO \cdot Al_2O_3$ 等低熔点大颗粒夹杂物,在沸腾的钢液中夹杂物容易相互碰撞形成更大的夹杂物,并上浮到渣中被炉渣吸收(5分)。碳氧反应生成的 CO 气泡在上浮过程中,其表面会粘附一些氧化物夹杂,在钢液沸腾时去除(5分)。

38. 答:扩散脱氧的原理是:在一定温度下,钢液和炉渣中氧的浓度比是一个常数(3分)。当向渣面上加入脱氧剂时,渣中氧化铁含量随之减少,从而使钢液中的氧逐步地扩散到炉渣中,使炉渣中的氧和钢液中的氧浓度值继续保持常数关系(3分)。当向渣面上重新加入新的脱氧剂时,炉渣中的氧化铁和其他某些氧化物再次受到还原,钢液中的氧又继续向炉渣中扩散。经过多次加入脱氧剂进行还原,最终使钢中的氧降到一定的数值(4分)。

39. 答:氧在钢中是一种有害元素(1分)。(1)氧在钢中的溶解度随温度的降低而降低,若含氧量高,在凝固结晶时,以 FeO 的形式从钢水中析出,并与碳起作用形成 CO 气泡,在铸件内形成气孔、气泡和疏松(3分)。(2)当钢水中含硫量高时,在结晶过程中,以 FeO 状态分离出来的氧与钢水内的 FeS 生成 FeO-FeS 夹杂,造成钢的热裂(3分)。(3)钢水在结晶过程中,分离出来的氧,不但与碳发生反应,而且与硅、锰、铝等元素发生反应,形成钢的夹杂(2分)。

由于上述氧的作用,使钢产生内部缺陷,钢的机械性能降低(1分)。

40. 答:还原期碳高只能是吹氧降碳,即重氧化,直到碳达到规格,再重新还原(2分)。

防止方法如下:

(1)氧化期做好脱碳工作(1分)。(2)氧化期取样分析要有代表性(1分)。(3)不准带料进入还原期(1分)。(4)加入含碳铁合金时慎重考虑增碳问题(1分)。(5)还原期不要造强电石渣(1分)。(6)炭粉(碳化硅粉)不要集中加入,避免碳进入钢水造成增碳(1分)。(7)若加电石还原时,注意炉渣不要太稠或太稀,两者都易增碳(1分)。(8)避免电极头折断落入钢水中造成增碳(1分)。

铸造工(初级工)技能操作考核框架

一、框架说明

1. 依据《国家职业标准》[注],以及中国北车确定的"岗位个性服从于职业共性"的原则,提出铸造工(初级工)技能操作考核框架(以下简称:技能考核框架)。

2. 本职业等级技能操作考核评分采用百分制。即:满分为 100 分,60 分为及格,低于 60 分为不及格。

3. 实施"技能考核框架"时,考核制件(活动)命题可以选用本企业的加工件(活动项目),也可以结合实际另外组织命题。

4. 实施"技能考核框架"时,考核的时间和场地条件等应依据《国家职业标准》,并结合企业实际确定。

5. 实施"技能考核框架"时,其"职业功能"的分类按以下要求确定:

(1)"砂型制造"、"特种铸造"、"铸造合金熔炼与浇注"属于本职业等级技能操作的核心职业活动,其"项目代码"为"E"。

(2)"工艺分析"、"铸件后处理与检验"属于本职业等级技能操作的辅助性活动,其"项目代码"分别为"D"和"F"。

6. 实施"技能考核框架"时,其"鉴定项目"和"选考数量"按以下要求确定:

(1)按照《国家职业标准》有关技能操作鉴定比重的要求,本职业等级技能操作考核制件的"鉴定项目"应按"D"+"E"+"F"组合,其考核配分比例相应为:"D"占 10 分,"E"占 75 分(其中:型砂和芯砂混制 10 分,造型与制芯 30 分,原材料与工具的准备 10 分,熔化过程控制 10 分,浇注 15 分),"F"占 15 分(其中:铸件清整 10 分,铸件热处理 5 分)。

(2)依据本职业等级《国家职业标准》的要求,技能考核时,鉴定项目中的砂型制造、特种铸造两个职业功能任选其一进行考核。特种铸造中的工作内容分为熔模铸造和压力铸造两部分,根据铸造工从事的相关工作,选择其中之一进行培训考核。

(3)依据中国北车确定的"核心职业活动选取 2/3,并向上取整"的规定,以及上述"第 6 条(2)"的要求,在"E"类鉴定项目——"砂型制造"和"特种铸造"两个职业功能任选其一,在全部"E"类全部项目中,至少选择 4 项。

(4)依据中国北车确定的"其余'鉴定项目'的数量可以任选"的规定,"D"和"F"类鉴定项目——"工艺分析"、"铸件清整"、"铸件热处理"中,分别选取 1 项。

(5)依据中国北车确定的"确定'选考数量'时,所涉及'鉴定要素'的数量占比,应不低于对应'鉴定项目'范围内'鉴定要素'总数的 60%,并向上取整"的规定,考核制件(活动)的鉴定要素"选考数量"应按以下要求确定:

①在"D"类"鉴定项目"中,在已选定的 1 个或全部鉴定项目中,至少选取已选鉴定项目所对应的全部鉴定要素的 60%项,并向上保留整数。

②在"E"类"鉴定项目"中,在已选的 4 个鉴定项目所包含的全部鉴定要素中,至少选取总

数的 60％项,并向上保留整数。

③在"F"类"鉴定项目"中,对应"铸件清整"和"铸件热处理",在已选定的 1 个或全部鉴定项目中,至少选取已选鉴定项目所对应的全部鉴定要素的 60％项,并向上保留整数。

举例分析:

按照上述"第 6 条"要求,若命题时按最少数量选取,并按照《国家职业标准》要求,选择砂型制造作为考试项目,即:在"D"类鉴定项目中选取了"工艺分析"1 项,在"E"类鉴定项目中选取了"造型与制芯"、"原材料与工具的准备"、"型砂和芯砂混制"、"浇注"4 项,在"F"类鉴定项目中分别选取了"铸件清整"、"铸件热处理"2 项,则:

此考核制件所涉及的"鉴定项目"总数为 7 项,具体包括:"工艺分析"、"型砂和芯砂混制"、"造型与制芯"、"原材料与工具的准备"、"浇注"、"铸件清整"、"铸件热处理";

此考核制件所涉及的鉴定要素"选考数量"相应为 23 项,具体包括:"工艺分析"鉴定项目包含的全部 7 个鉴定要素中的 5 项,"型砂和芯砂混制"、"造型与制芯"、"原材料与工具的准备"、"浇注"4 个鉴定项目包括的全部 22 个鉴定要素中的 14 项,"铸件清整"、"铸件热处理"鉴定项目包含的全部 5 个鉴定要素中的 4 项。

7. 本职业等级技能操作需要两人及以上共同作业的,可由鉴定组织机构根据"必要、辅助"的原则,结合实际情况确定协助人员的数量。在整个操作过程中,协助人员只能起必要、简单的辅助作用。否则,每违反一次,至少扣减应考者的技能考核总成绩 10 分,直至取消其考试资格。

8. 实施"技能考核框架"时,应同时对应考者在质量、安全、工艺纪律、文明生产等方面行为进行考核。对于在技能操作考核过程中出现的违章作业现象,每违反一项(次)至少扣减技能考核总成绩 10 分,直至取消其考试资格。

注:按照中国北车规定,各《职业技能操作考核框架》的编制依据现行的《国家职业标准》或现行的《行业职业标准》或现行的《中国北车职业标准》的顺序执行。

二、铸造工(初级工)技能操作鉴定要素细目表

职业功能	鉴定项目				鉴定要素		
	项目代码	名　称	鉴定比重(％)	选考方式	要素代码	名　称	重要程度
一、砂型制造	D	(一)工艺分析	10	必选	001	能识读铸件名称、材质及技术要求	X
					002	能识读铸件形状、结构及轮廓尺寸	X
					003	能识别相应的铸件模样及模板	X
					004	能识读砂芯的数目和形状	X
					005	能识别相应的芯盒	X
					006	能识读冒口的数量、形状和设置位置	X
	E	(二)型砂和芯砂混制	10	砂型制造与特种铸造任选1项(若选择特种铸造,则在熔模铸造和压力铸造中任选1项)	007	能识读冷铁的数量和摆放位置	X
					001	能识别常用原砂种类、规格、质量	X
					002	能识别常用黏结剂的种类、规格及质量	X
					003	能按工艺要求选择和配制型芯砂	Y
		(三)造型与制芯	30		004	能读懂型、芯砂的强度、透气性、水分等性能报告	Y
					001	能完成简单铸件手工造型前砂箱、模样、底板的准备工作	X

续上表

职业功能	鉴定项目				鉴定要素		
	项目代码	名　称	鉴定比重(%)	选考方式	要素代码	名　称	重要程度
一、砂型制造	E	（三）造型与制芯	30	砂型制造与特种铸造任选1项(若选择特种铸造,则在熔模铸造和压力铸造中任选1项)	002	能独立完成撬砂操作	X
					003	能完成简单铸件的起模操作	X
					004	能完成简单铸件手工制芯芯盒、底板的准备工作	X
					005	能对简单铸件进行手工制芯操作	X
					006	能按图纸要求开设简单浇注系统	X
					007	能按图纸要求开设冒口	X
					008	能进行铸型及砂芯的涂料涂刷	X
					009	能进行简单铸件的合箱操作	X
					010	能培放浇口杯	X
					011	能采取相应的防止抬箱措施	X
二、特种铸造		（一)熔模铸造	30		001	能进行蜡料混制	X
					002	能进行简单的蜡模压制	X
					003	能涂挂涂料	X
					004	能进行撒砂	X
					005	能进行脱蜡	X
					006	能焙烧模壳	Y
		（二)压力铸造	20		001	能拆卸与吊装压铸型	X
					002	能喷涂压铸型涂料	X
					003	能操作小型压铸机开合型	X
三、铸造合金熔炼与浇注		（一）原材料与工具的准备	10	至少选择2项	001	能识别生铁、焦炭、铁合金等常用炉料	X
					002	能进行金属炉料、熔剂、燃料及各种辅料的准备	Y
					003	能对浇注包进行维修	Z
		（二)熔化过程控制	10		001	能根据熔炉进行顺序加料	Y
					002	能进行除渣操作	Z
		（三)浇注	15		001	能进行扒渣、挡渣操作	Z
					002	能进行引火操作	Z
					003	能使用手端包浇注小型简单铸件	Y
					004	能控制浇注速度	X
四、铸件后处理与检验	F	（一)铸件清整	10	必选	001	能进行浇注后的开箱与落砂操作	X
					002	能清除铸钢件、铸铁、铝合金和铜合金等铸件的浇冒口	Y
					003	能用砂轮机、角磨机修磨铸件表面	Y
					004	能操作抛丸滚筒、履带抛丸机、悬挂清理等铸件清整设备进行铸件内外表面清理	Z
		（二）铸件热处理	5	必选	001	能按要求进行铸件装窑操作	Z

注:重要程度中X表示核心要素,Y表示一般要素,Z表示辅助要素。下同。

铸造工(初级工)技能操作考核
样题与分析

职业名称：＿＿＿＿＿＿＿＿＿＿＿＿＿

考核等级：＿＿＿＿＿＿＿＿＿＿＿＿＿

存档编号：＿＿＿＿＿＿＿＿＿＿＿＿＿

考核站名称：＿＿＿＿＿＿＿＿＿＿＿＿

鉴定责任人：＿＿＿＿＿＿＿＿＿＿＿＿

命题责任人：＿＿＿＿＿＿＿＿＿＿＿＿

主管负责人：＿＿＿＿＿＿＿＿＿＿＿＿

中国北车股份有限公司劳动工资部制

职业技能鉴定技能操作考核制件图示或内容

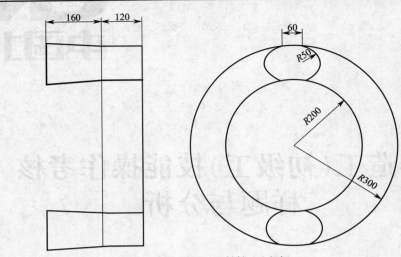

名称:滚圈　　　材料:B+级钢

考核要求:

1. 读零件图、工艺图、计算铸件质量,填写准备通知单。

2. 工件铸造考核内容:1)砂型质量;2)型腔形状、尺寸、表面质量;3)开设浇冒口系统;4)砂芯质量;5)砂型定位、合型;6)合金熔炼与浇注;7)铸件清理。

3. 工时定额:2h/型。

4. 安全文明生产:1)能正确执行安全技术操作规程;2)能按企业有关文明生产的规定,做到工作地整洁,工件、工具摆放整齐。

考试规则:

1. 每违反一次工艺纪律、安全操作、劳动保护等扣除10分。

2. 有重大安全事故、考试作弊者取消其考试资格。

职业名称	铸造工
考核等级	初级工
试题名称	滚圈
材质等信息:B+钢	

职业技能鉴定技能操作考核准备单

职业名称	铸造工
考核等级	初级工
试题名称	滚圈

一、材料准备

材料规格：

1)型芯砂：脂硬化水玻璃砂；

2)钢水：B+钢，浇注温度不超过 1 580 ℃；

3)冷铁；

4)芯骨；

5)芯撑。

注意：冷铁、芯骨、芯撑的选用，需由参赛者自行看工艺图选择。

二、设备、工、量、卡具准备清单

序号	名称	规格	数量	备注
1	模样		1套	
2	通气针		1个	
3	起模针		2个	
4	分型砂		1袋	
5	砂冲		1个	
6	提钩		1个	
7	压勺		1个	
8	冒口棒		1个	
9	卷尺	3 m	1个	
10	石笔	白色	1盒	
11	直浇口棒		1个	
12	直挫刀		1把	

三、考场准备

1. 相应的公用设备、工具：

①电炉、混砂机、风包、铁锹；

②工作台；

③砂轮、扁铲、测温仪、锤子、吊索具。

2. 相应的场地及安全防范措施：

①安全帽、防尘口罩、防砸鞋、工作服、手套(可自带)；

②防目镜(可自带)；

③划出安全区域。

3. 其他准备。

四、考核内容及要求

1. 考核内容(按考核制件图示及要求制作)；

2. 考核时限：120 分钟；

3. 考试过程中出现违反质量、安全、工艺纪律等现象，每违反一项（次）至少扣减技能考核总成绩 10 分，直到取消其考试资格；

4. 考核评分（表）

职业名称	铸造工		考核等级	初级工		
试题名称	滚圈		考核时限	120 分钟		
鉴定项目	考核内容	配分	评分标准		扣分说明	得分
砂型制造	能识读铸件名称、材质及技术要求	2	少识别一个扣 0.5 分			
	能识读铸件形状、结构及轮廓尺寸	2	少识别一个扣 0.5 分			
	能识别相应的铸件模样	2	选错模样不给分			
	能识别相应的芯盒	2	选错模样不给分			
	能识读砂芯的数目和形状	2	少识别一个扣 1 分			
	能识别常用的原砂种类、规格及质量	3	少识别一个要点扣 1 分			
	能识别常用黏结剂种类、规格及质量	3	少识别一个要点扣 1 分			
	能读懂型芯砂的强度、透气性、水分等性能报告	4	少读懂一个报告扣 1 分			
	能完成简单铸件手工造型前模样、底板的准备	3	视准备情况给分			
	能独立完成舂砂操作	3	视舂砂情况给分			
	能完成铸件的起模操作	4	视铸型和模样情况给分			
	能对简单铸件进行手工制芯操作	4	视操作情况给分			
	能按图纸要求开设简单浇注系统	4	视操作情况和浇注系统位置、大小给分			
	能进行铸型及砂芯的涂料涂刷	4	视操作过程及结果给分			
	能按图纸要求开设冒口	4	视操作情况和冒口位置、大小及数量给分			
	能进行简单铸件的合箱操作	4	视操作情况给分			
铸造合金熔炼与浇注	能识别生铁、焦炭、铁合金等常用炉料	10	少识别一种扣 2 分			
	能进行金属炉料、熔剂、燃料及各种辅料的准备	10	少准备一种扣 2 分			
	能进行扒渣、挡渣操作	5	视操作情况给分			
	能使用手端包浇注小型简单铸件	5	视操作情况给分			
	能控制浇注速度	5	视操作情况给分			
铸件后处理与检验	能进行浇注后的开箱与落砂操作	3	视操作情况给分			
	能清除铸件的浇冒口	3	视操作情况和结果给分			
	能用砂轮机修磨铸件表面	4	视铸件表面质量给分			
	能按要求进行铸件装窑操作	5	视操作过程给分			
质量、安全、工艺纪律、文明生产等综合考核项目	考核时限	不限	每超时 5 分钟，扣 10 分			
	工艺纪律	不限	依据企业有关工艺纪律规定执行，每违反一次扣 10 分			
	劳动保护	不限	依据企业有关劳动保护管理规定执行，每违反一次扣 10 分			
	文明生产	不限	依据企业有关文明生产管理定执行，每违反一次扣 10 分			
	安全生产	不限	依据企业有关安全生产管理规定执行，每违反一次扣 10 分			

职业技能鉴定技能考核制件（内容）分析

职业名称	铸造工
考核等级	初级工
试题名称	滚圈
职业标准依据	中国北车职业标准（铸造工）

试题中鉴定项目及鉴定要素的分析与确定

分析事项＼鉴定项目分类	基本技能"D"	专业技能"E"	相关技能"F"	合计	数量与占比说明
鉴定项目总数	1	5	2	8	
选取的鉴定项目数量	1	4	2	7	
选取的鉴定项目数量占比（%）	100	80	100	87.5	"E"占总项目2/3以上
对应选取鉴定项目所包含的鉴定要素总数	7	22	5	34	
选取的鉴定要素数量	5	15	4	24	
选取的鉴定要素数量占比（%）	71	68	80	71	占总数60%以上

所选取鉴定项目及鉴定要素分解

鉴定项目类别	鉴定项目名称	北车职业标准规定比重（%）	《框架》中鉴定要素名称	本命题中具体鉴定要素分解	配分	评分标准	考核难点说明
"D"	工艺分析	10	能识读铸件名称、材质及技术要求	能识读铸件名称、材质及技术要求	2	少识别一个扣0.5分	
			能识读铸件形状、结构及轮廓尺寸	能识读铸件形状、结构及轮廓尺寸	2	少识别一个扣0.5分	铸件结构及尺寸
			能识别相应的铸件模样	能识别相应的铸件模样	2	选错模样不给分	
			能识别相应的芯盒	能识别相应的芯盒	2	选错模样不给分	
			能识读砂芯的数目和形状	能识读砂芯的数目和形状	2	少识别一个扣1分	
"E"	型砂和芯砂混制	10	能识别常用的原砂种类、规格及质量	能识别常用的原砂种类、规格及质量	3	少识别一个要点扣1分	原砂质量
			能识别常用黏结剂种类、规格及质量	能识别常用黏结剂种类、规格及质量	3	少识别一个要点扣1分	黏结剂质量
			能读懂型芯砂的强度、透气性、水分等性能报告	能读懂型芯砂的强度、透气性、水分等性能报告	4	少读懂一个报告扣1分	
	造型与制芯	30	能完成简单铸件手工造型前模样、底板的准备	能完成简单铸件手工造型前模样、底板的准备	3	视准备情况给分	
			能独立完成舂砂操作	能独立完成舂砂操作	3	视舂砂情况给分	
			能完成铸件的起模操作	能完成铸件的起模操作	4	视铸型和模样情况给分	
			能对简单铸件进行手工制芯操作	能对简单铸件进行手工制芯操作	4	视操作情况给分	
			能按图纸要求开设简单浇注系统	能按图纸要求开设简单浇注系统	4	视操作情况和浇注系统位置、大小给分	浇注系统的设置
			能进行铸型及砂芯的涂料涂刷	能进行铸型及砂芯的涂料涂刷	4	视操作过程及结果给分	
			能按图纸要求开设冒口	能按图纸要求开设冒口	4	视操作情况和冒口位置、大小及数量给分	冒口位置的选择
			能进行简单铸件的合箱操作	能进行简单铸件的合箱操作	4	视操作情况给分	错箱

鉴定项目类别	鉴定项目名称	国家职业标准规定比重(%)	《框架》中鉴定要素名称	本命题中具体鉴定要素分解	配分	评分标准	考核难点说明
"E"	原材料与工具的准备	20	能识别生铁、焦炭、铁合金等常用炉料	能识别生铁、焦炭、铁合金等常用炉料	10	少识别一种扣2分	
			能进行金属炉料、熔剂、燃料及各种辅料的准备	能进行金属炉料、熔剂、燃料及各种辅料的准备	10	少准备一种扣2分	
	浇注	15	能进行扒渣、挡渣操作	能进行扒渣、挡渣操作	5	视操作情况给分	
			能使用手端包浇注小型简单铸件	能使用手端包浇注小型简单铸件	5	视操作情况给分	
			能控制浇注速度	能控制浇注速度	5	视操作情况给分	
"F"	铸件后处理与检验	10	能进行浇注后的开箱与落砂操作	能进行浇注后的开箱与落砂操作	3	视操作情况给分	
			能清除铸件的浇冒口	能清除铸件的浇冒口	3	视操作情况和结果给分	
			能用砂轮机修磨铸件表面	能用砂轮机修磨铸件表面	4	视铸件表面质量给分	飞边、毛刺及缺陷
		5	铸件热处理	能按要求进行铸件装窑操作	5	视操作过程给分	
质量、安全、工艺纪律、文明生产等综合考核项目				考核时限	不限	每超过5分钟,扣10分	
				工艺纪律	不限	依据企业有关工艺纪律规定执行,每违反一次扣10分	
				劳动保护	不限	依据企业有关劳动保护管理规定执行,每违反一次扣10分	
				文明生产	不限	依据企业有关文明生产管理规定执行,每违反一次扣10分	
				安全生产	不限	依据企业有关安全生产管理规定执行,每违反一次扣10分	

铸造工(中级工)技能操作考核框架

一、框架说明

1. 依据《国家职业标准》^注，以及中国北车确定的"岗位个性服从于职业共性"的原则，提出铸造工(中级工)技能操作考核框架(以下简称:技能考核框架)。

2. 本职业等级技能操作考核评分采用百分制。即:满分为 100 分,60 分为及格,低于 60 分为不及格。

3. 实施"技能考核框架"时,考核制件(活动)命题可以选用本企业的加工件(活动项目),也可以结合实际另外组织命题。

4. 实施"技能考核框架"时,考核的时间和场地条件等应依据《国家职业标准》,并结合企业实际确定。

5. 实施"技能考核框架"时,其"职业功能"的分类按以下要求确定:

(1)"砂型制造"、"特种铸造"、"铸造合金熔炼与浇注"属于本职业等级技能操作的核心职业活动,其"项目代码"为"E"。

(2)"工艺分析"、"铸件后处理与检验"属于本职业等级技能操作的辅助性活动,其"项目代码"分别为"D"和"F"。

6. 实施"技能考核框架"时,其"鉴定项目"和"选考数量"按以下要求确定:

(1)按照《国家职业标准》有关技能操作鉴定比重的要求,本职业等级技能操作考核制件的"鉴定项目"应按"D"+"E"+"F"组合,其考核配分比例相应为:"D"占 10 分,"E"占 75 分(其中:型砂和芯砂混制 10 分,造型与制芯 20 分,配料与熔炼设备准备 10 分,熔化过程控制 15 分,合金液炉前处理 15 分,浇注 5 分),"F"占 15 分(其中:铸件清整 5 分,铸件热处理 5 分,质量检验 5 分)。

(2)依据本职业等级《国家职业标准》的要求,技能考核时,鉴定项目中的砂型制造、特种铸造两个职业功能任选其一进行考核。特种铸造中的工作内容分为熔模铸造和压力铸造两部分,根据铸造工从事的相关工作,选择其中之一进行培训考核。

(3)依据中国北车确定的"核心职业活动选取 2/3,并向上取整"的规定,以及上述"第 6 条(2)"的要求,在"E"类鉴定项目——"砂型制造"和"特种铸造"两个职业功能任选其一,在全部"E"类全部项目中,至少选择 4 项。

(4)依据中国北车确定的"其余'鉴定项目'的数量可以任选"的规定,"D"和"F"类鉴定项目——"工艺分析"、"铸件清整"、"铸件热处理"、"质量检验"中,至少分别选取 1 项。

(5)依据中国北车确定的"确定'选考数量'时,所涉及'鉴定要素'的数量占比,应不低于对应'鉴定项目'范围内'鉴定要素'总数的 60%,并向上取整"的规定,考核制件(活动)的鉴定要素"选考数量"应按以下要求确定:

①在"D"类"鉴定项目"中,在已选定的 1 个或全部鉴定项目中,至少选取已选鉴定项目所

对应的全部鉴定要素的 60％项，并向上保留整数。

②在"E"类"鉴定项目"中，在已选的 4 个鉴定项目所包含的全部鉴定要素中，至少选取总数的 60％项，并向上保留整数。

③在"F"类"鉴定项目"中，对应"铸件清整"的 2 个鉴定要素，至少选取 2 项；对应"质量检验"和"铸件热处理"，在已选定的 1 个或全部鉴定项目中，至少选取已选鉴定项目所对应的全部鉴定要素的 60％项，并向上保留整数。

举例分析：

按照上述"第 6 条"要求，若命题时按最少数量选取，即：在"D"类鉴定项目中的选取了"工艺分析"1 项，在"E"类鉴定项目中选取了"型砂和芯砂混制"、"造型与制芯"、"配料与熔炼设备准备"和"浇注"4 项，在"F"类鉴定项目中分别选取了"质量检验"和"铸件清整"2 项，则：

此考核制件所涉及的"鉴定项目"总数为 7 项，具体包括："工艺分析"、"型砂和芯砂混制"、"造型与制芯"、"配料与熔炼设备准备"、"浇注"、"铸件清整"、"质量检验"；

此考核制件所涉及的鉴定要素"选考数量"相应为 23 项，具体包括："工艺分析"鉴定项目包含的全部 11 个鉴定要素中的 7 项，"型砂和芯砂混制"、"造型与制芯"、"配料与熔炼设备准备"、"浇注"4 个鉴定项目包括的全部 20 个鉴定要素中的 12 项，"铸件清整"鉴定项目包含的全部 2 个鉴定要素中的 2 项，"质量检验"鉴定项目包含的全部 3 个鉴定要素中的 2 项。

7. 本职业等级技能操作需要两人及以上共同作业的，可由鉴定组织机构根据"必要、辅助"的原则，结合实际情况确定协助人员的数量。在整个操作过程中，协助人员只能起必要、简单的辅助作用。否则，每违反一次，至少扣减应考者的技能考核总成绩 10 分，直至取消其考试资格。

8. 实施"技能考核框架"时，应同时对应考者在质量、安全、工艺纪律、文明生产等方面行为进行考核。对于在技能操作考核过程中出现的违章作业现象，每违反一项（次）至少扣减技能考核总成绩 10 分，直至取消其考试资格。

注：按照中国北车规定，各《职业技能操作考核框架》的编制依据现行的《国家职业标准》或现行的《行业职业标准》或现行的《中国北车职业标准》的顺序执行。

二、铸造工(中级工)技能操作鉴定要素细目表

职业功能	鉴定项目				鉴定要素		
	项目代码	名 称	鉴定比重(％)	选考方式	要素代码	名 称	重要程度
一、砂型制造	D	(一)工艺分析	10	必选	001	能识读铸件名称、材质及技术要求	X
					002	能识读铸件的形状、结构及轮廓尺寸	X
					003	能识别相应的铸件模样	X
					004	能识读砂芯的数目和形状	X
					005	能识别相应的芯盒	X
					006	能根据铸造工艺图识读铸件的浇注位置，分型、分模位置	X
					007	能识读冒口的数量、形状和设置位置	X
					008	能识读冷铁的数量、形状和摆放位置	X
					009	能识读铸件的主要壁厚，并选择适合尺寸类型的芯撑	X
					010	能确定芯骨的形状、结构和尺寸	X
					011	能计算简单铸件的毛坯重量和浇注重量	X

职业功能	鉴定项目				鉴定要素		
	项目代码	名　　称	鉴定比重(%)	选考方式	要素代码	名　　称	重要程度
一、砂型制造	E	（二）型砂和芯砂混制	10	砂型制造与特种铸造任选1项	001	能按铸件特点和生产条件选用型芯砂	X
					002	能配制树脂、水玻璃等型芯砂	X
		（三）造型与制芯	20		001	能选择使用芯盒、模板等工艺装备	X
					002	能按工艺要求放置冷铁、号芯	X
					003	能设置较简单铸件的浇冒口系统	X
					004	能完成中等复杂件的舂砂操作	X
					005	能按工艺要求完成中等复杂件的铸型起模和修型	X
					006	能按工艺要求完成铸型烘干工作	X
					007	能按工艺要求进行涂料涂刷	X
					008	能按工艺要求完成中等复杂件手工制芯的冷铁和芯骨放置	X
					009	能按工艺要求完成中等复杂件的手工制芯操作	X
					010	能完成中等复杂铸件的下芯操作	X
					011	能进行下芯后的溜风操作	X
					012	能完成中等复杂件的合箱操作	X
					013	能进行机械化、自动化造型、制芯操作，并对设备进行清洁、润滑等维护保养	Y
二、特种铸造		（一）熔模铸造	20		001	能使用压蜡机进行蜡模制造	X
					002	能焊接组装蜡模	X
					003	能对组装后的蜡模表面除油、脱脂	X
					004	能配制水玻璃涂料	X
					005	能配制水玻璃型壳硬化剂	X
					006	能进行蜡料回收操作	X
		（二）压力铸造	20		001	能根据铸件要求选择和安装压室，并进行润滑	X
					002	能对压铸型进行预热操作	X
					003	能根据压铸工艺要求，完成压铸工艺参数设置	X
					004	能操作大型压铸机进行压铸	X
三、铸造合金熔炼与浇注	E	（一）配料与熔炼设备准备	10	必须	001	能按铸件成分、技术要求或配料单称量各种炉料	X
					002	能进行冲天炉修炉、烘炉等	Y
					003	能进行电弧炉筑炉工作	X
					004	能进行感应炉筑炉和烧结工作	X
		（二）熔化过程控制	15		001	能操作熔炼设备熔化金属炉料	X
					002	能判断熔炼设备的冲天炉风口堵塞、棚料等常见故障	X
					003	能调整冲天炉风量、风压，控制铁液温度和熔炼速度	X
					004	能对电弧炉熔炼进行扒渣操作	X
		（三）合金液炉前处理	15		001	能进行各种铸造合金液的净化、变质孕育等操作	X
					002	能根据炉前试样初步判断合金液质量	X
					003	能使用测温仪器测量各种合金液温度	X
					004	能操作热分析仪等炉前检测仪器检测碳、硅及碳当量	X
		（四）浇注	5		001	能浇注中、大型铸件	X

职业功能	鉴定项目				鉴定要素		
	项目代码	名　　称	鉴定比重(%)	选考方式	要素代码	名　　称	重要程度
四、铸件后处理与检验	F	(一)铸件清整	5	任选	001	能对抛丸清理设备进行保养	Y
					002	能进行钢、铁等各合金铸件缺陷修补	Y
		(二)铸件热处理	5		001	能进行铸件退火热处理操作	X
					002	能进行铸钢件、球铁件的正火处理	X
					003	能进行非铁合金铸件热处理操作	Y
		(三)质量检验	5		001	能识别气孔、砂眼、缩孔、缩松等常见的铸件缺陷	X
					002	能根据图纸检测简单铸件尺寸	X
					003	能根据标准试块判断铸件表面粗糙度	X

铸造工(中级工)技能操作考核
样题与分析

职业名称：_____

考核等级：_____

存档编号：_____

考核站名称：_____

鉴定责任人：_____

命题责任人：_____

主管负责人：_____

中国北车股份有限公司劳动工资部制

职业技能鉴定技能操作考核制件图示或内容

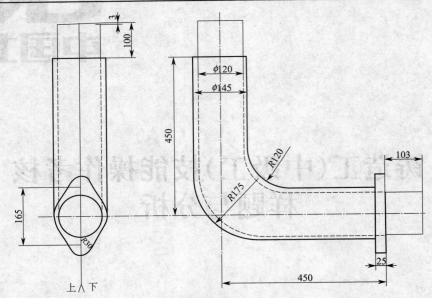

未注明铸造圆角 R2~3 mm

名称:弯管　材料:B+级钢

考核要求:

1. 读零件图、工艺图、计算铸件质量,填写准备通知单。

2. 工件铸造考核内容:1)砂型质量;2)型腔形状、尺寸、表面质量;3)开设浇冒口系统;4)砂芯质量;5)砂型定位、合型;6)合金熔炼与浇注;7)铸件质量。

3. 工时定额:4h/型。

4. 安全文明生产:1)能正确执行安全技术操作规程;2)能按企业有关文明生产的规定,做到工作地整洁,工件、工具摆放整齐。

考试规则:

1. 每违反一次工艺纪律、安全操作、劳动保护等扣除 10 分。

2. 有重大安全事故、考试作弊者取消其考试资格。

职业名称	铸造工
考核等级	中级工
试题名称	弯管
材质等信息:B+钢	

职业技能鉴定技能操作考核准备单

职业名称	铸造工
考核等级	中级工
试题名称	弯管

一、材料准备

材料规格：

1)型芯砂：脂硬化水玻璃砂；

2)钢水：B+钢，浇注温度不超过 1580℃；

3)冷铁；

4)芯骨；

5)芯撑。

注意：冷铁、芯骨、芯撑的选用，需由参赛者自行看工艺图选择。

二、设备、工、量、卡具准备清单

序号	名称	规格	数量	备注
1	模样		1套	
2	通气针		1个	
3	起模针		2个	
4	分型砂		1袋	
5	砂冲		1个	
6	提钩		1个	
7	压勺		1个	
8	冒口棒		1个	
9	卷尺	3 m	1个	
10	石笔	白色	1盒	
11	直浇口棒		1个	
12	直挫刀		1把	

三、考场准备

1. 相应的公用设备、工具：

①电炉、混砂机、风包、铁锹；

②工作台；

③砂轮、扁铲、测温仪、锤子、吊索具。

2. 相应的场地及安全防范措施：

①安全帽、防尘口罩、防砸鞋、工作服、手套(可自带)；

②防目镜(可自带)；

③划出安全区域。

3. 其他准备。

四、考核内容及要求

1. 考核内容(按考核制件图示及要求制作)；

2. 考核时限：240 分钟；

3. 考试过程中出现违反质量、安全、工艺纪律等现象，每违反一项（次）至少扣减技能考核总成绩 10 分，直到取消其考试资格；

4. 考核评分（表）

职业名称	铸造工		考核等级	中级工		
试题名称	弯管		考核时限	240 分钟		
鉴定项目	考核内容	配分	评分标准	扣分说明	得分	
砂型制造	能识读铸件名称、材质及技术要求	2	少识别一个扣 1 分			
	能识读铸件形状、结构及轮廓尺寸	1	识读错误不给分			
	能识别相应的铸件模样	1	选错模样不给分			
	能识别相应的芯盒	1	选错模样不给分			
	能识读砂芯的数目和形状	1	识读错误不给分			
	能识读冒口的数量、形状和位置	1	识读错误不给分			
	能确定芯骨的形状、结构及尺寸	1	视操作情况给分			
	能计算简单铸件的毛坯重量和浇注重量	2	计算错误不给分			
	能按铸件特点和生产条件选用型芯砂	4	视情况给分			
	能配制树脂、水玻璃等型芯砂	6	视配制情况给分			
	能选择芯盒、模板等工艺装备	2	视情况给分			
	能设置较简单铸件的浇冒口系统	2	视完成情况给分			
	能独立完成舂砂操作	2	视舂砂情况给分			
	能完成铸件的起模和修型操作	3	视铸型和模样情况给分			
	能对简单铸件进行手工制芯操作	3	视操作情况给分			
	能完成下芯操作	2	视操作情况给分			
	能进行下芯后的溜风操作	2	视操作情况给分			
	能进行简单铸件的合箱操作	2	视操作情况给分			
	能对模样、工具进行简单的维护保养	2	视操作情况给分			
铸造合金熔炼与浇注	能按铸件成分、技术要求或配料单称量各种炉料	15	视操作给分			
	能进行电弧炉筑炉工作	10	视过程和结果给分			
	能进行感应炉筑炉和烧结工作	10	视过程和结果给分			
	能浇注中、大型铸件	10	视情况给分			
铸件后处理与检验	能对抛丸清理设备进行保养	2	视操作情况给分			
	能进行钢、铁等分合金铸件缺陷修补	4	视修补情况给分			
	能识别气孔、砂眼、缩孔、缩松等常见的铸件缺陷	5	发现缺陷一处扣 2 分			
	能检测简单铸件尺寸	4	尺寸问题一处 2 分			
质量、安全、工艺纪律、文明生产等综合考核项目	考核时限	不限	每超时 5 分钟，扣 10 分			
	工艺纪律	不限	依据企业有关工艺纪律规定执行，每违反一次扣 10 分			
	劳动保护	不限	依据企业有关劳动保护管理规定执行，每违反一次扣 10 分			
	文明生产	不限	依据企业有关文明生产管理定执行，每违反一次扣 10 分			
	安全生产	不限	依据企业有关安全生产管理规定执行，每违反一次扣 10 分			

职业技能鉴定技能考核制件(内容)分析

职业名称	铸造工
考核等级	中级工
试题名称	弯管
职业标准依据	中国北车职业标准(铸造工)

试题中鉴定项目及鉴定要素的分析与确定

分析事项　　鉴定项目分类	基本技能"D"	专业技能"E"	相关技能"F"	合计	数量与占比说明
鉴定项目总数	1	6	3	10	
选取的鉴定项目数量	1	4	2	7	
选取的鉴定项目数量占比(%)	100	67	67	70	占总项目2/3以上
对应选取鉴定项目所包含的鉴定要素总数	11	20	5	36	
选取的鉴定要素数量	8	14	4	26	
选取的鉴定要素数量占比(%)	72	70	80	72	占60%以上

所选取鉴定项目及鉴定要素分解

鉴定项目类别	鉴定项目名称	北车职业标准规定比重(%)	《框架》中鉴定要素名称	本命题中具体鉴定要素分解	配分	评分标准	考核难点说明
"D"	工艺分析	10	能识读铸件名称、材质及技术要求	能识读铸件名称、材质及技术要求	2	少识别一个扣1分	
			能识读铸件形状、结构及轮廓尺寸	能识读铸件形状、结构及轮廓尺寸	1	识读错误不给分	铸件结构及尺寸
			能识别相应的铸件模样	能识别相应的铸件模样	1	选错模样不给分	
			能识别相应的芯盒	能识别相应的芯盒	1	选错模样不给分	
			能识读砂芯的数目和形状	能识读砂芯的数目和形状	1	识读错误不给分	识别工艺图
			能识读冒口的数量、形状和位置	能识读冒口的数量、形状和位置	1	识读错误不给分	
			能确定芯骨的形状、结构及尺寸	能确定芯骨的形状、结构及尺寸	1	视操作情况给分	
			能计算简单铸件的毛坯重量和浇注重量	能计算简单铸件的毛坯重量和浇注重量	2	计算错误不给分	
"E"	造型与制芯	10	型砂和芯砂混制	能按铸件特点和生产条件选用型芯砂	4	视情况给分	
		20	能配制树脂、水玻璃等型芯砂	能配制树脂、水玻璃等型芯砂	6	视配制情况给分	
			能选择芯盒、模板等工艺装备	能选择芯盒、模板等工艺装备	2	视情况给分	
			能设置较简单铸件的浇冒口系统	能设置较简单铸件的浇冒口系统	2	视完成情况给分	浇冒口的设置
			能独立完成舂砂操作	能独立完成舂砂操作	2	视舂砂情况给分	

鉴定项目类别	鉴定项目名称	北车职业标准规定比重(%)	《框架》中鉴定要素名称	本命题中具体鉴定要素分解	配分	评分标准	考核难点说明
"E"	造型与制芯	20	能完成铸件的起模和修型操作	能完成铸件的起模和修型操作	3	视铸型和模样情况给分	
			能对简单铸件进行手工制芯操作	能对简单铸件进行手工制芯操作	3	视操作情况给分	
			能完成下芯操作	能完成下芯操作	2	视操作情况给分	
			能进行下芯后的溜风操作	能进行下芯后的溜风操作	2	视操作情况给分	
			能进行简单铸件的合箱操作	能进行简单铸件的合箱操作	2	视操作情况给分	砂型的定位
			能对模样、工具进行简单的维护保养	能对模样、工具进行简单的维护保养	2	视操作情况给分	
	配料与熔炼设备准备	35	能按铸件成分、技术要求或配料单称量各种炉料	能按铸件成分、技术要求或配料单称量各种炉料	15	视操作给分	识别各种炉料
			能进行电弧炉筑炉工作	能进行电弧炉筑炉工作	10	视过程和结果给分	
			能进行感应炉筑炉和烧结工作	能进行感应炉筑炉和烧结工作	10	视过程和结果给分	
	浇注	10	浇注	能浇注中、大型铸件	10	视情况给分	
"F"	铸件清整	6	能对抛丸清理设备进行保养	能对抛丸清理设备进行保养	2	视操作情况给分	
			能进行钢、铁等分合金铸件缺陷修补	能进行钢、铁等分合金铸件缺陷修补	4	视修补情况给分	缺陷识别
	质量检验	9	能识别气孔、砂眼、缩孔、缩松等常见的铸件缺陷	能识别气孔、砂眼、缩孔、缩松等常见的铸件缺陷	5	发现缺陷一处扣2分	缺陷的识别
			能检测简单铸件尺寸	能检测简单铸件尺寸	4	尺寸问题一处2分	
质量、安全、工艺纪律、文明生产等综合考核项目				考核时限	不限	每超时5分钟,扣10分	
				工艺纪律	不限	依据企业有关工艺纪律规定执行,每违反一次扣10分	
				劳动保护	不限	据企业有关劳动保护管理规定执行,每违反一次扣10分	
				文明生产	不限	依据企业有关文明生产管理定执行,每违反一次扣10分	
				安全生产	不限	依据企业有关安全生产管理规定执行,每违反一次扣10分	

铸造工(高级工)技能操作考核框架

一、框架说明

1. 依据《国家职业标准》[注],以及中国北车确定的"岗位个性服从于职业共性"的原则,提出铸造工(高级工)技能操作考核框架(以下简称:技能考核框架)。

2. 本职业等级技能操作考核评分采用百分制。即:满分为 100 分,60 分为及格,低于 60 分为不及格。

3. 实施"技能考核框架"时,考核制件(活动)命题可以选用本企业的加工件(活动项目),也可以结合实际另外组织命题。

4. 实施"技能考核框架"时,考核的时间和场地条件等应依据《国家职业标准》,并结合企业实际确定。

5. 实施"技能考核框架"时,其"职业功能"的分类按以下要求确定:

(1)"砂型制造"、"铸造合金熔炼与浇注"属于本职业等级技能操作的核心职业活动,其"项目代码"为"E"。

(2)"工艺分析"、"铸件后处理与检验"属于本职业等级技能操作的辅助性活动,其"项目代码"分别为"D"和"F"。

6. 实施"技能考核框架"时,其"鉴定项目"和"选考数量"按以下要求确定:

(1)按照《国家职业标准》有关技能操作鉴定比重的要求,本职业等级技能操作考核制件的"鉴定项目"应按"D"+"E"+"F"组合,其考核配分比例相应为:"D"占 10 分,"E"占 70 分(其中:型砂和芯砂混制 5 分,造型与制芯 20 分,熔炼过程控制 15 分,合金液质量控制与调整 20 分,浇注 10 分),"F"占 20 分(其中:铸件热处理 5 分,质量检验 10 分,铸件清整 5 分)。

(2)依据本职业等级《国家职业标准》的要求,技能考核时,鉴定项目中的砂型制造、特种铸造两个职业功能任选其一进行考核。特种铸造中的工作内容分为熔模铸造和压力铸造两部分,根据铸造工从事的相关工作,选择其中之一进行培训考核。

(3)依据中国北车确定的"核心职业活动选取 2/3,并向上取整"的规定,以及上述"第 6 条(2)"的要求,在"E"类鉴定项目——"砂型制造"和"特种铸造"两个职业功能任选其一,在全部"E"类全部项目中,至少选择 4 项。

(4)依据中国北车确定的"其余'鉴定项目'的数量可以任选"的规定,"D"和"F"类鉴定项目——"工艺分析"、"铸件清整"、"铸件热处理"、"质量检验"中,至少分别选取 1 项。

(5)依据中国北车确定的"确定'选考数量'时,所涉及'鉴定要素'的数量占比,应不低于对应'鉴定项目'范围内'鉴定要素'总数的 60%,并向上取整"的规定,考核制件(活动)的鉴定要素"选考数量"应按以下要求确定:

①在"D"类"鉴定项目"中,在已选定的 1 个或全部鉴定项目中,至少选取已选鉴定项目所

对应的全部鉴定要素的 60％项,并向上保留整数。

②在"E"类"鉴定项目"中,在已选的 4 个鉴定项目所包含的全部鉴定要素中,至少选取总数的 60％项,并向上保留整数。

③在"F"类"鉴定项目"中,对应"铸件清整"的 2 个鉴定要素,至少选取 2 项;对应"质量检验"和"铸件热处理",在已选定的 1 个或全部鉴定项目中,至少选取已选鉴定项目所对应的全部鉴定要素的 60％项,并向上保留整数。

举例分析:

按照上述"第 6 条"要求,若命题时按最少数量选取,即:在"D"类鉴定项目中的选取了"工艺分析"1 项,在"E"类鉴定项目中选取了"型砂和芯砂混制"、"造型与制芯"、"熔炼过程控制"、"浇注"4 项,在"F"类鉴定项目中分别选取了"铸件热处理"、"质量检验"2 项,则:

此考核制件所涉及的"鉴定项目"总数为 7 项,具体包括:"工艺分析"、"型砂和芯砂混制"、"造型与制芯"、"熔炼过程控制"、"浇注"、"质量检验"、"铸件热处理";

此考核制件所涉及的鉴定要素"选考数量"相应为 26 项,具体包括:"工艺分析"鉴定项目包含的全部 13 个鉴定要素中的 9 项,"型砂和芯砂混制"、"造型与制芯"、"熔炼过程控制"、"浇注"等 4 个鉴定项目包括的全部 19 个鉴定要素中的 13 项,"铸件热处理"鉴定项目包含的全部 1 个鉴定要素中的 1 项,"质量检验"鉴定项目包含的全部 4 个鉴定要素中的 3 项。

7. 本职业等级技能操作需要两人及以上共同作业的,可由鉴定组织机构根据"必要、辅助"的原则,结合实际情况确定协助人员的数量。在整个操作过程中,协助人员只能起必要、简单的辅助作用。否则,每违反一次,至少扣减应考者的技能考核总成绩 10 分,直至取消其考试资格。

8. 实施"技能考核框架"时,应同时对应考者在质量、安全、工艺纪律、文明生产等方面行为进行考核。对于在技能操作考核过程中出现的违章作业现象,每违反一项(次)至少扣减技能考核总成绩 10 分,直至取消其考试资格。

注:按照中国北车规定,各《职业技能操作考核框架》的编制依据现行的《国家职业标准》或现行的《行业职业标准》或现行的《中国北车职业标准》的顺序执行。

二、铸造工(高级工)技能操作鉴定要素细目表

职业功能	鉴定项目				鉴定要素		
	项目代码	名称	鉴定比重(％)	选考方式	要素代码	名　称	重要程度
一、砂型制造	D	(一)工艺分析	10	必选	001	能识读铸件名称、材质及技术要求	X
					002	能识读铸件的形状、结构及轮廓尺寸	X
					003	能识别相应的铸件模样	X
					004	能识读砂芯的数目和形状	X
					005	能识别相应的芯盒	X
					006	能根据铸造工艺图识读铸件的浇注位置,分型、分模位置	X
					007	能识读冒口的数量、形状和设置位置	X

职业功能	鉴定项目				鉴定要素		
	项目代码	名称	鉴定比重（%）	选考方式	要素代码	名称	重要程度
一、砂型制造	D	（一）工艺分析	10	必选	008	能识读冷铁的数量、形状和摆放位置	X
					009	能识读铸件的主要壁厚，并选择适合尺寸类型的芯撑	X
					010	能确定芯骨的形状、结构和尺寸	X
					011	能计算铸件的毛胚重量和浇注重量	X
					012	根据工艺分析确定浇注系统位置	X
					013	能根据工艺分析确定冒口位置	X
	E	（二）型砂和芯砂混制	5	砂型制造和特种制造中任选1项	001	能根据各类型芯砂性能要求，调整型芯砂配比	X
					002	能根据铸件缺陷分析型芯砂不合格的原因，并提出改进措施	X
		（三）造型与制芯	20		001	能按工艺要求选用复杂铸件的砂箱、模样、底板、芯盒等工艺装备	X
					002	能根据工艺要求完成放置内外冷铁、培放特种砂、放置号芯等操作	X
					003	能设置复杂铸件的浇注系统	X
					004	能设置复杂铸件的补缩冒口、排气冒口及排气针和排气道	X
					005	能完成复杂铸件的铸型起模操作	X
					006	能完成复杂铸件的修型操作	X
					007	能根据铸型特点选择烘干工艺参数	X
					008	能合理地设置芯骨，合理地设置排气通道	X
					009	能使用活块较多、较为复杂的芯盒完成手工制芯操作	X
					010	能按工艺要求完成复杂铸件的下芯合箱操作	X
					011	能对机械化自动化造型与制芯所产生的质量问题进行分析，并提出解决方案	X
二、特种铸造		（一）熔模铸造	20		001	能配制蜡料	X
					002	能配制硅溶胶黏结剂涂料	X
					003	能进行硅溶胶模壳硬化操作	X
					004	能进行大型、薄壁、较大复杂蜡模的各种异型直浇口棒粘制操作	X
					005	能对残次模壳进行修理	X
					006	能操作撒砂机、制壳生产线等制壳设备	X
		（二）压力铸造	15		001	能安装、调试压铸型	X
					002	能根据压铸件出现质量问题调整压铸机参数，以满足压铸工艺要求	X
					003	能判断冷、热室压铸机故障	X

铸 造 工

职业功能	鉴定项目				鉴定要素			重要程度
	项目代码	名称	鉴定比重（%）	选考方式	要素代码	名　　　称		
三、铸造合金熔炼与浇注	E	（一）熔炼过程控制	15	任选	001	能调整冲天炉、感应电炉、电弧炉等熔炼设备工艺参数		X
					002	能判断常用熔炼设备的故障		X
					003	能对电弧炉熔炼进行氧化期和还原期操作		X
					004	能调整化学成分和温度		X
		（二）合金液质量控制与调整	20		001	能分析铸件缺陷与合金液质量间的关系，提出配料和熔炼等改进措施		X
					002	能判断各种合金的变质效果		X
					003	能根据炉前检验结果，对各种合金加入量进行调整		X
		（三）浇注	10	必选	001	能完成复杂铸件的浇注		X
					002	能识别由浇注原因引起的铸件质量问题		X
四、铸件后处理与检验	F	（一）铸件热处理	5	必选	001	能解决因热处理工艺操作不当造成的铸件变形等质量问题		Y
		（二）铸件清整	5		001	能根据复杂铸件清整要求选择清整方法		X
					002	能解决铸件内腔清整质量不合格等问题		Y
		（三）质量检验	10	必选	001	能鉴别夹砂、鼠尾、粘砂、结疤、裂纹等铸造缺陷		Y
					002	能使用检测工具进行较复杂铸件的尺寸和外观质量检验		X
					003	能根据铸件化学成分、物理性能检测报告，判断铸件冶金质量		X
					004	能填写质量检验报告		X

注：1. 砂型制造、特种铸造两个职业功能任选其一进行考核。

　　2. 特种铸造中的工作内容分为熔模铸造和压力铸造两部分，根据铸造工从事的相关工作，选择其中之一进行培训考核。

铸造工(高级工)技能操作考核
样题与分析

职　业　名　称：＿＿＿＿＿＿＿＿＿＿＿＿＿

考　核　等　级：＿＿＿＿＿＿＿＿＿＿＿＿＿

存　档　编　号：＿＿＿＿＿＿＿＿＿＿＿＿＿

考核站名称：＿＿＿＿＿＿＿＿＿＿＿＿＿

鉴定责任人：＿＿＿＿＿＿＿＿＿＿＿＿＿

命题责任人：＿＿＿＿＿＿＿＿＿＿＿＿＿

主管负责人：＿＿＿＿＿＿＿＿＿＿＿＿＿

中国北车股份有限公司劳动工资部制

职业技能鉴定技能操作考核制件图示或内容

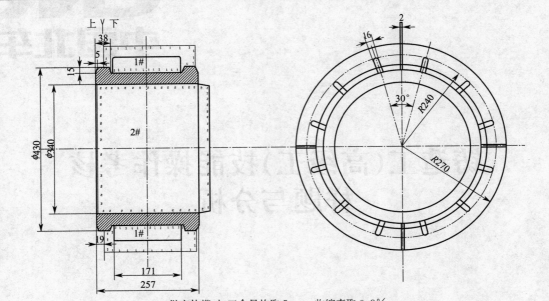

做实体模,加工余量均取 5 mm,收缩率取 0.8%

名称:散热套　　材料:HT200

考核要求:

1. 读零件图、工艺图、计算铸件质量,填写准备通知单。

2. 工件铸造考核内容:1)砂型质量;2)型腔形状、尺寸、表面质量;3)开设浇冒口系统;4)砂芯质量;5)砂型定位、合型;6)合金熔炼与浇注;7)铸件质量。

3. 工时定额:6h/型。

4. 安全文明生产:1)能正确执行安全技术操作规程;2)能按企业有关文明生产的规定,做到工作地整洁,工件、工具摆放整齐。

考试规则:

1. 每违反一次工艺纪律、安全操作、劳动保护等扣除 10 分。

2. 有重大安全事故、考试作弊者取消其考试资格。

职业名称	铸造工
考核等级	高级工
试题名称	散热套铸造
材质等信息:HT200	

职业技能鉴定技能操作考核准备单

职业名称	铸造工
考核等级	高级工
试题名称	散热套

一、材料准备

材料规格：

1）型芯砂：脂硬化水玻璃砂；

2）铁水：HT200，浇注温度不超过 1 350 ℃；

3）冷铁；

4）芯骨；

5）芯撑。

注意：冷铁、芯骨、芯撑的选用，需由参赛者自行看工艺图选择。

二、设备、工、量、卡具准备清单

序 号	名 称	规 格	数 量	备 注
1	模样		1套	
2	通气针		1个	
3	起模针		2个	
4	分型砂		1袋	
5	砂冲		1个	
6	提钩		1个	
7	压勺		1个	
8	冒口棒		1个	
9	卷尺	3 m	1个	
10	石笔	白色	1盒	
11	直浇口棒		1个	
12	直挫刀		1把	

三、考场准备

1. 相应的公用设备、工具：

①电炉、混砂机、风包、铁锹；

②工作台；

③砂轮、扁铲、测温仪、锤子、吊索具。

2. 相应的场地及安全防范措施：

①安全帽、防尘口罩、防砸鞋、工作服、手套（可自带）；

②防目镜（可自带）；

③划出安全区域。

3. 其他准备。

四、考核内容及要求

1. 考核内容（按考核制件图示及要求制作）；

2. 考核时限：360 分钟；

3. 考试过程中出现违反质量、安全、工艺纪律等现象，每违反一项（次）至少扣减技能考核总成绩 10 分，直到取消其考试资格；

4. 考核评分（表）

职业名称	铸造工		考核等级	高级工		
试题名称	散热套铸造		考核时限	360 分钟		
鉴定项目	考核内容	配分	评分标准	扣分说明	得分	
砂型制造	能识读铸件名称、材质及技术要求	1	错误不给分			
	能识读铸件形状、结构及轮廓尺寸	1	错误不给分			
	能识别相应的铸件模样	1	选错模样不给分			
	能识别相应的芯盒	1	选错模样不给分			
	能识读砂芯的数目和形状	1	错误不给分			
	能识读铸件的主要壁厚，并选择适合尺寸类型的芯撑	1	错误不给分			
	能计算铸件的毛坯重量和浇注重量	1	计算错误不给分			
	根据工艺分析确定浇注系统位置	1	视位置情况给分			
	能根据工艺分析确定冒口位置	2	视位置情况给分			
	能根据各类型芯砂性能要求调整型芯砂配比	2	视情况给分			
	能根据铸件缺陷分析型芯砂不合格的原因，并提出改进措施	3	视情况给分			
	能按工艺要求选用复杂铸件的砂箱、模样、底板、芯盒等工艺装备	2	视情况给分			
	能设置复杂铸件的浇注系统	4	视浇注系统位置和大小情况给分			
	能设置复杂铸件的补缩冒口、排气冒口及排气针和排气道	4	视冒口和排气针的位置和大小情况给分			
	能完成复杂铸件的铸型起模操作	2	视铸型和模样情况给分			
	能完成复杂铸件的修型操作	2	视操作情况给分			
	能合理的设置芯骨和排气通道	2	视操作情况给分			
	能完成手工制芯操作	2	视制芯情况给分			
	能按工艺要求完成复杂铸件的下芯合箱操作	2	视操作情况给分			

续上表

鉴定项目	考核内容	配分	评分标准	扣分说明	得分
铸造合金熔炼与浇注	能调整冲天炉、感应电炉、电弧炉等熔炼设备工艺参数	10	视情况给分		
	能判断常用熔炼设备的故障	10	视情况给分		
	能调整化学成分和温度	10	视情况给分		
	能完成复杂铸件的浇注	7	视操作情况给分		
	能识别由浇注原因引起的铸件质量问题	8	视回答情况给分		
铸件后处理与检验	能识别夹砂、鼠尾、粘砂、结疤、裂纹等铸件缺陷	5	一处缺陷扣2分		
	能使用检测工具进行较复杂铸件的尺寸和外观质量检验	5	视检验情况给分		
	能填写质量检验报告	5	视报告情况给分		
	能解决因热处理工艺操作不当造成的铸件变形等质量问题	5	视情况给分		
质量、安全、工艺纪律、文明生产等综合考核项目	考核时限	不限	每超时5分钟，扣10分		
	工艺纪律	不限	依据企业有关工艺纪律规定执行，每违反一次扣10分		
	劳动保护	不限	依据企业有关劳动保护管理规定执行，每违反一次扣10分		
	文明生产	不限	依据企业有关文明生产管理定执行，每违反一次扣10分		
	安全生产	不限	依据企业有关安全生产管理规定执行，每违反一次扣10分		

职业技能鉴定技能考核制件(内容)分析

职业名称	铸造工
考核等级	高级工
试题名称	散热套铸造
职业标准依据	中国北车职业标准(铸造工)

试题中鉴定项目及鉴定要素的分析与确定					
鉴定项目分类 分析事项	基本技能"D"	专业技能"E"	相关技能"F"	合计	数量与占比说明
鉴定项目总数	1	5	3	9	
选取的鉴定项目数量	1	4	2	7	
选取的鉴定项目 数量占比(%)	100	80	67	77	占总项的 2/3
对应选取鉴定项目所 包含的鉴定要素总数	13	19	5	37	
选取的鉴定要素数量	9	13	4	26	
选取的鉴定要素 数量占比(%)	69	68	80	70	占总要素数量的 60%

所选取鉴定项目及鉴定要素分解							
鉴定项目 类别	鉴定项目 名称	北车职业标准 规定比重(%)	《框架》中 鉴定要素名称	本命题中具体 鉴定要素分解	配分	评分标准	考核难 点说明
"D"	工艺分析	10	能识读铸件名称、材质及技术要求	能识读铸件名称、材质及技术要求	1	错误不给分	
			能识读铸件形状、结构及轮廓尺寸	能识读铸件形状、结构及轮廓尺寸	1	错误不给分	
			能识别相应的铸件模样	能识别相应的铸件模样	1	选错模样不给分	
			能识别相应的芯盒	能识别相应的芯盒	1	选错模样不给分	
			能识读砂芯的数目和形状	能识读砂芯的数目和形状	1	错误不给分	识别工艺图
			能识读铸件的主要壁厚,并选择适合尺寸类型的芯撑	能识读铸件的主要壁厚,并选择适合尺寸类型的芯撑	1	错误不给分	
			能计算铸件的毛坯重量和浇注重量	能计算铸件的毛坯重量和浇注重量	1	计算错误不给分	
			根据工艺分析确定浇注系统位置	根据工艺分析确定浇注系统位置	1	视位置情况给分	
			能根据工艺分析确定冒口位置	能根据工艺分析确定冒口位置	2	视位置情况给分	冒口的选择

鉴定项目类别	鉴定项目名称	北车职业标准规定比重(%)	《框架》中鉴定要素名称	本命题中具体鉴定要素分解	配分	评分标准	考核难点说明
"E"	型砂和芯砂混制	5	能根据各类型芯砂性能要求,调整芯砂配比	能根据各类型芯砂性能要求,调整型芯砂配比	2	视情况给分	
			能根据铸件缺陷分析型芯砂不合格的原因,并提出改进措施	能根据铸件缺陷分析型芯砂不合格的原因,并提出改进措施	3	视情况给分	
	造型与制芯	20	能按工艺要求选用复杂铸件的砂箱、模样、底板、芯盒等工艺装备	能按工艺要求选用复杂铸件的砂箱、模样、底板、芯盒等工艺装备	2	视情况给分	
			能设置复杂铸件的浇注系统	能设置复杂铸件的浇注系统	4	视浇注系统位置和大小情况给分	浇注系统的设置
			能设置复杂铸件的补缩冒口、排气冒口及排气针和排气道	能设置复杂铸件的补缩冒口、排气冒口及排气针和排气道	4	视冒口和排气针的位置和大小情况给分	
			能完成复杂铸件的铸型起模操作	能完成复杂铸件的铸型起模操作	2	视铸型和模样情况给分	
			能完成复杂铸件的修型操作	能完成复杂铸件的修型操作	2	视操作情况给分	
			能合理地设置芯骨和排气通道	能合理地设置芯骨和排气通道	2	视操作情况给分	排气道设置
			能完成手工制芯操作	能完成手工制芯操作	2	视制芯情况给分	
			能按工艺要求完成复杂铸件的下芯合箱操作	能按工艺要求完成复杂铸件的下芯合箱操作	2	视操作情况给分	砂型定位
	熔炼过程控制	30	能调整冲天炉、感应电炉、电弧炉等熔炼设备工艺参数	能调整冲天炉、感应电炉、电弧炉等熔炼设备工艺参数	10	视情况给分	
			能判断常用熔炼设备的故障	能判断常用熔炼设备的故障	10	视情况给分	
			能调整化学成分和温度	能调整化学成分和温度	10	视情况给分	
	浇注	15	能完成复杂铸件的浇注	能完成复杂铸件的浇注	7	视操作情况给分	
			能识别由浇注原因引起的铸件质量问题	能识别由浇注原因引起的铸件质量问题	8	视回答情况给分	

鉴定项目类别	鉴定项目名称	北车职业标准规定比重(%)	《框架》中鉴定要素名称	本命题中具体鉴定要素分解	配分	评分标准	考核难点说明
"F"	质量检验	15	能识别夹砂、鼠尾、粘砂、结疤、裂纹等铸件缺陷	能识别夹砂、鼠尾、粘砂、结疤、裂纹等铸件缺陷	5	一处缺陷扣2分	缺陷识别
			能使用检测工具进行较复杂铸件的尺寸和外观质量检验	能使用检测工具进行较复杂铸件的尺寸和外观质量检验	5	视检验情况给分	
			能填写质量检验报告	能填写质量检验报告	5	视报告情况给分	
	铸件热处理	5	能解决因热处理工艺操作不当造成的铸件变形等质量问题	能解决因热处理工艺操作不当造成的铸件变形等质量问题	5	视情况给分	
质量、安全、工艺纪律、文明生产等综合考核项目				考核时限	不限	每超时5分钟,扣10分	
				工艺纪律	不限	依据企业有关工艺纪律规定执行,每违反一次扣10分	
				劳动保护	不限	依据企业有关劳动保护管理规定执行,每违反一次扣10分	
				文明生产	不限	依据企业有关文明生产管理定执行,每违反一次扣10分	
				安全生产	不限	依据企业有关安全生产管理规定执行,每违反一次扣10分	